復刻版

大学院への解析学演習

梶原 壤二 著

THEORY OF FUNCTIONS
FUNCTIONAL EQUATION
FUNCTIONAL ANALYSIS
NUMERICAL ANALYSIS
THEORY OF PROBABILITY

現代数学社

は し が き

この本の内容は，昭和55年6月から始まり現在に至るも雑誌「BASIC 数学」に連載中の「大学院入試問題演習」の「解析」のうち約2年間にわたる最初の26回分に相当するものである．読者の対象としては，教養部並びに学部の理工科系学生を予想し，大学院入試問題を素材としながら，解析学とは何かを読者に訴える事を目的としている．雑誌では代数と解析に区分けされ，筆者は解析を担当したが，ヤクザの仁義ではないが，解析学の守備範囲はいささか広いのである．日本数学会は10の分科会を持つ，即ち，I 数学基礎論，II 代数学，III 幾何学，IV 函数論，V 函数方程式論，VI 実函数論，VII 函数解析学，VIII 統計数学，IX 応用数学，X トポロジーである．このうち，最も狭い意味に解析学を把えてもIVからVII迄の4分科会であり，常識的にはVIIIに属する確率論とIXに属する数値解析は解析学として把握されているので，これらを0.5に数えても，実質的には5分科会，実に，日本数学会の過半数を制する．それなのに，全国主要大学数学教室の講座の割り振りは二つ位であって，そのポストを得ようとしても，上記分科会の大半ははみ出す事になる．これが現状である．従って，講議に際しては，全ゆるレパートリーをこなさねばならない．更に，現代科学の発展は，解析学を明確に他の分野から隔離する事を困難にしている．その上，数学の他の自然科学への応用も要請されている．我国が世界に誇るノーベル賞受賞者のうち3人は，その業績において数学の計算が本質的な役割を演じているものと思われる．

本書の内容は上記分科のうちIIからX迄，即ち，数学の殆んど全ての分野と，更に数学を超えて，化学反応，熱力学，古典力学，量子力学等の化学，物理，力学の分野から解説の素材を求めた．勿論，この様に広範囲に渉る解析学を僅か26回の解説でカバー出来る筈がない．それ故にこそ，上記雑誌の連載は無期間と約束されているのである．従って，連載にあたっては，貴重な時間を最も効果的に用いるべく，解析学とは何であるかを読者に理解して頂く事に力点を置き，解析学の精髄を抽出したエキスを提供する様に心掛けた．それ故，本書は問題集ではあるが，問題作成それ自身を自己目的とした巷間のふぬけた問題集とはいささか趣を異にする．各大学の大学院の夫々の専攻が，良き後継者の獲得を念じ，人材の確保に心血を注いで作成した珠玉の様な作品の中から精選した入試問題こそ本書の素材である．本書の密度は濃いが，余り予備知識を仮定しないですむ様に執筆した．高々，文中に明示されており，「関連図書」でも紹介する拙著の該当部分を参照されれば十分である．本書は解析学のエキスであるから，時間を掛けてゆるゆると読まれれば，優に5冊以上の書物の値打はあるものと自負している．読者が貴重な青春を割くに値するものと信じる．

本書は，移り気な読者を対象とする雑誌に連載した拙文を基にしている．従って，各回は，それぞれ独立であって，しかも，一つのテーマに焦点を紋って書かれている．各回毎に，そのテーマを具現するメインとなる問題があって，他の問題は，そのアントレ，云わば，主要問題を解く準備体操となる様に配備した．本書は読切り様式の26回の解説よりなり，互に独立な各回を第1話，第2話，…と数えた．それは，本書が

解析学講話

と云う性格を持つからである．各講話は互に独立であるばかりでなく，その難易もその番号付けとは全く無関係で，しかも多様である．教養程度と学部程度が相半ばしている．学部程度の問題も教養の学生が理解出来る様に解説した．教養から学部への水先案内も本書の目的の一つとしたからである．教養の学生も，学部の学生も，そして，高校の先生も，大学の先生も，気の向くままに本書をめくり，気に入った部分を読まれる事を希望する．上に述べた理由により，夫々の講話が，数学，又は物理，化学，力学の一つの分野がどの様なものであるかを読者に概観させる水先案内となるであろう．

一般に，書物は完成したものを通して評価され，何らかのプラスの寄与があるとすれば，それを著者に属させるのが通念であろう．しかし，雑誌や書物を本当に創り出しているのは，編集者である．音楽にたとえれば，音を創造するのは指揮者である編集者であり，著者は物理的に音を出しているに過ぎない．「BASIC数学」の連載並びに本書の発行を企画された，現代数学社の古宮修氏に心から敬意を表したい．本書の原稿料は著者に属し，その3割強は税金となるが，本書が我国の科学水準の高揚に寄与する所が若干でもあるとすれば，その業績は古宮修氏に属すべきものである．読者の中からノーベル賞科学者が出ることを念じながら筆を執っている．資源の少ない我国は科学以外に立国する道は無いと思われるからである．

昭和58年3月

梶原　壤二

関 連 図 書

本書に収録されている大学院入試問題については，数学専攻の問題は

日本数学教育学会（〒171 東京都豊島区雑司が谷２の１の３）発行の大学院入学試験数学問題集

より選んだ．また数学以外の理工科系全般に渉る問題については

大学院入試問題研究所（〒160 東京都新宿局私書箱288号）

発行の問題集より選ぶとともに，特に化学専攻については，更に

東京化学同人発行，高橋博彰著，物理化学演習―大学院入試問題を中心にして――をも参照した．この機会に厚く御礼申し上げるとともに，興味を持たれた読者が更に進んでこれらの入試問題集より直接研究されることをおすすめします．

本書は26の講話よりなり，各講話は独立であり，どこから読まれてもよい．それぞれは self-contained に，つまり，それだけで間に合う様に執筆したつもりである．しかし，冗長となり，読者の読書意欲にブレーキを掛けると思われる場合にはその定理を述べ，拙著

独修微分積分学，現代数学社

新修線形代数，現代数学社

新修解析学，現代数学社

のどこに詳述されているかを明示するに留め，本書では証明を与えなかった．引用された定理の証明をも修得したい読者は，上の拙著，特に「新修解析学」を参照されたい．これらの三著は本書同様大学院入試問題を素材にしているが，本書との相違は，各章が系統的かつ組織的に構成されている点にある．一方，本書での構成は全くランダムである．拙著

解析学序説，森北出版

は位相数学の言葉で解析学を解説し，各章末の演習問題はやはり大学院入試問題より収録している．８年間の入試問題中解析学に関連するものは全て収めたので，それ以後の各大学院の出題の殆んどは，その演習問題のどれかに対応していると云って過言ではない．なお，拙著，「独修微分積分学」と「新修線形代数」はその力点の半ばが教員採用試験に向けられているので，教職志望の学生諸君がこれらの拙著を参考にされれば，幸である．

新版に際しての謝辞

十年一昔と申しますが，昭和58年3月付けで，本書旧版「大学院数学入試問題演習　解析学講話」のはしがきを書かせて頂いて22年，現代数学社より，1980年に「新修解析学」を，1982年に「独修微分積分学」を，1983年に本書旧版を発行して頂きました．その執筆をお勧め下さいました現代数学社の富田栄様に，再び御礼申し上げます．又，長い間，愛読下さった読者の方々に篤く御礼申し上げます．

執筆当時は極く少数の大学にしか大学院研究科は設置されて居りませんでした．それ故，多くの大学の学生が，憧憬度の高い大学の大学院に進学出来る様に，後期高等教育の大衆化を念じ大学院入試問題より解説の素材を選びました．九大教授として在職の頃，学会でお会いした新進気鋭の一流の数学者が，上記拙著で受験勉強して，旧帝大の在籍校の大学院に進学しました，と密かに打ち明けて下さいました事は著者冥利に尽きます．念じました大学院教育の大衆化が，既に10年近く前に現実のものとなりました事は，筆者の喜びの一つであります．

上記拙著が品切れで在庫がなくなりました機会に，その改訂版を発行下さる企画となり，平成15年5月30日付のお手紙で現代数学社の富田栄様より，解説の素材の大学院入試問題の若干を最新の問題に差し替えて，「改訂増補：新修解析学」，「改訂増補：独修微積学」，「大学院への解析学演習」へと，面目を新たに致す様御提案下さいました．上記を著す時は，雑司が谷の日本数学教育学会発行の「大学院修士課程入学試験数学問題集」と新宿局私書箱の大学院入試問題研究所発行の「大学院入学試験問題集」より解説の素材を借用しましたが，25年以上の月日の経過は，浦島太郎的でございまして，雑司が谷と新宿局私書箱に問題集を求める手紙を出しても，共に宛先に受取人不存在で還って来るばかりでした．従いまして，文教協会発行の「平成15年度　全国大学一覧」の北から順に，平成15年7月27日より毎日各専攻に，その専攻の最近数年間の入試問題のコピーを拙宅に恵送下さる様お願い申し上げました所，先ず，東大数理科学専攻様が7月30日に，その後は二ケ月間毎日最低一専攻より，数学関連の専攻対非数学専攻は9対1の比率で最新の問題を送って頂きました．この機会に篤く御礼申し上げます．この様に新たに追加・差し替えました，最新の大学院入試問題は，東北大学大学院理学研究科数学専攻，名古屋大学大学院多元数理学研究科多元数理学専攻の様に，新版に際しての最新の問題である事を識別出来ます様に，大学院名，研究科名，専攻名の三つを律儀すぎる程明記し，旧版での問題と区別出来る様にしました．ただし，数学上の命題の価値は時間parameter t に無関係でして，旧版の問題も新たに採択した問題より価値が決して劣るものではございません．寧ろ，大学院教育の大衆化の現れとして，選別よりも多数合格を優先させる，新版の問題の方が易しく，より教育的に誘導されて居ります．

以前は，国立大学の教官は，学部に所属して，余分なサービスの形態で大学院で指導し，大学院手当を頂戴していました．然し，本音は，あくまでも大学院での教育に最も情熱を注いで居ました．上記二大学院の様に，大学院大学としての重点化は，教官（独立法人化後は教員）を大学院に所属させ，停年の少し前の筆者の記憶では，修士が三倍，博士はそれ以上に定員増，予算と共に教員の労働も重点化されました．

重点化初の新入生のガイダンスで筆者を指導教官とする，教官私一人が指導する，新入院生の説明会に出席した，東京の有力私立女子大卒業生はセミナー室に溢れる新入生を見て，うちの数学専攻の院生全体より多いと呟きました．東京大学大学院数理科学研究科の様に修士定員が学部定員を超える，これらの大学は他大学よりの学生を期待する必然性があります．それ故，在籍校の大学院を目指す限り特別の受験準備は全く必要ありません．資本の要請で大学院教育が大衆化された今であるからこそ，複数回受験の前期入試で第一志望に入学出来ず，後期日程入試で合格した第二志望大学で勉学中の読者が，最初に憧れた大学の大学院を目指されるには極めて良好な環境になりました．上の様に，入試問題の送付をお願いしました所，稲は実る程穂を垂れるの諺の様に，憧憬度の高い大学の大学院程，速く入試問題を送って下さいました．

Basic 数学に連載中，同職数学者の方は，機関購読で大学の談話室に置かれているBasic 数学の拙文を，数学は飛ばして随筆のみ読んでいると歓迎して下さいました．講義もその様に行いました．然し，80年代後半より学生の様相が一変しました．その様な数学の理解を深める雑談には全く反応せず，講義中，勢い余って教卓から飛び出しそうになり，踏みとどまった筆者を見て，女子学生等が笑い崩れるだけでした．

停年の前年，学生による教官の評価が行われ，未公開でしたが，教授室の前が学科事務室でしたので，早朝郵便物を受け取る為鍵を開けて入室，ふと横の学生による教官の評価を見ますと，私は出来る学生からはすこぶる評判が良いのですが，出来ない学生からは，拙著「改訂増補　新修解析学」（現代数学社）の表紙のイラストの由来でもあるその３頁のレマン湖に遊んだ時の complet の意味より，完備 vollständig の意味等を，この様に独仏語を交えて解説する様な講義に対して，外国での経験や学識をひけらして極めて不愉快との酷評を受けました．九大で受けました教育より学識を披瀝するのが教授の習わしと思っていましただけに，大いなる衝撃を受け，もはや，大学が紳士淑女にエリート教育する場でなくなった時の変化を感じました．

新版に際しましては，この様な数学上の思い入れを，憧憬度の高い大学の大学院入試問題で差し替えました．その結果，新版の問題は骨太にレベルアップして居ります．随分昔，卒業式 commencement と言う題の映画を見ました．主人公男性は学部では優等生であったにも拘らず，両親恋人の嘱望を無視して，大学院に進学せず……と言う内容で，その時は大学院学生指導中でありましたにも拘らず，既に，アメリカでは大学院を出ていないと人並みではない，と言う，大学院教育の大衆化を認識して居りませんでした．

大学院教育の大衆化が既に10年以上前に実現しました今，最高学府は大学でなく，大学院であります．本書が，入試問題を通して紹介して居ります様な，憧憬度のより高い他大学の大学院に読者が進学される契機となれば，幸いであります．

上にも記しました様に，在籍大学の同じ専門の大学院進学を希望される限り，読者は，大学院入試準備をなさる必要は全くありません．然し，より憧憬度の高い大学院に進学を志望される読者は，現代数学社刊行の拙著「改訂増補　独修微分積分学」，「改訂増補　新修解析学」で junior 微積や senior 解析の数学を，「新修応用解析学」，「大学院入試問題解説」で理学や工学の数学を準備なさって下さい．上に記した事情で他大学の学生大歓迎の，one rank も two rank も上の重点化された，より憧憬度の高い大学院に合格なさるでしょう．

又，新版に新たに採用した問題の解答は，数式処理 soft Mathematica に拙著「Macintosh などによるパソコン入門—Mathematica と Theorist での大学院入試への挑戦」（現代数学社）に紹介したコマンドで検算させました．又，数式処理ワープロ TeX 出力を原稿としました．パソコン活用も時の流れでございましょう．

重ねて，読者と，入試問題を提供して下さった大学院，本書で大変お世話になって居ります，現代数学社の富田栄様と旧版ではお世話下さったにも拘らず，故人となられた古宮修様に心から御礼申し上げます．

平成17年7月

梶　原　壌　二

校正時に追記　10月の校正時に，代数と同時に来春刊行される光栄を有し，校正の時間は十分過ぎる程有る事が分かりましたので，旧版の問題の解答も Mathematica に検算させました．

目次
CONTENTS

ここで「22→37」は22頁より37頁に飛ぶ事を意味します．
途中で迷子になられたら，この目次に戻り，行き先を探して下さい．

第 1 話

関数行列

問題 1　$\boldsymbol{R}^2$ から $\boldsymbol{R}^2$ への C^1-級写像 $f=(f_1(x_1, x_2), f_2(x_1, x_2))$ で各点において

$$J=\begin{bmatrix} \dfrac{\partial f_1}{\partial x_1} & \dfrac{\partial f_1}{\partial x_2} \\ \dfrac{\partial f_2}{\partial x_1} & \dfrac{\partial f_2}{\partial x_2} \end{bmatrix} \tag{1}$$

が直交行列になるものすべて決定せよ．

（九州大大学院入試）

問題 2　次の行列を計算し，2×2 型の行列にせよ．

$$A=\begin{bmatrix} \cos\alpha & -\sin\alpha \\ \sin\alpha & \cos\alpha \end{bmatrix}\begin{bmatrix} \cos\beta & -\sin\beta \\ \sin\beta & \cos\beta \end{bmatrix}\begin{bmatrix} \cos\gamma & -\sin\gamma \\ \sin\gamma & \cos\gamma \end{bmatrix} \tag{2}$$

（福岡県高等学校教員採用試験）

問題 3　領域 D で正則な関数 f は，$|f|=$定数 であれば，$f=$定数 である事を示せ．

（九州大，京都大大学院入試）

開講の辞　昭和54年5月より55年4月迄の一年間の「解析学周遊」の連載において，従来の定義，公理，定理，証明の繰り返しによる数学の展開の代りに，大学院入試問題の解説をつないで，解析学を周り遊んだ所，予期に反して好評で，全く意外にも，多くの高校生の逸材が大学院入試問題を楽しみつつ，数学への眼を開いて下さった．この読者の声こそ，編集者をして，この新連載へと踏み切らせたのであろう．それ故，本シリーズは著者が医学的問題に直面するか，読者から見捨てられるか，いずれかが起らぬ限り，継続して連載されるであろう．

本問のルーツと筆者の真意　問題1が今回の目玉商品であり，線形代数，微分幾何と関数論が混然一体となった博多チャンポンである．

問題1の解答の指針とその解説の道筋　f が C^1 級であると言うのは，その成分 f_i の偏導関数 $\dfrac{\partial f_i}{\partial x_j}$ $(i, j=1, 2)$ が連続である事を言う．2次の正方行列 J を f の**関数行列**，又は，**ヤコビの行列**と言い，微分幾何の縄張りであるが，その直交性は，正に，線形代数の学力で論じる事が出来る．しかし，この直交性を正しく総括する為には，関数論的考察を必要とする．問題1が解けた人は2, 3を解く必要はない．ここでは，逆に，先ず問題2を考察して線形代数の，次に，問題3を考察して関数論の準備体操をしよう．急がば回れのことわざもある．

問題2の解説　正方行列は，列のなす列ベクトル，又は同値であるが，行のなす行ベクトルが互に直交して大きさが1の時，**直交行列**と呼ばれる．2次の正方行列

$$A=\begin{bmatrix} a_{11} & a_{12} \\ a_{21} & a_{22} \end{bmatrix} \tag{3}$$

について，高校で学んでいる様に，二つの列ベクトル

$$\begin{pmatrix} a_{11} \\ a_{21} \end{pmatrix}, \begin{pmatrix} a_{12} \\ a_{22} \end{pmatrix}$$

が直交する為の必要条件は，成分の積の和が零，即ち，

$$a_{11}a_{12}+a_{21}a_{22}=0 \tag{4}$$

であり，共に大きさが1である為の必要十分条件は

$$a_{11}{}^2+a_{21}{}^2=a_{12}{}^2+a_{22}{}^2=1 \tag{5}$$

である．(5) より，$|a_{11}|\leqq 1, |a_{22}|\leqq 1$ なので，実数 α, β があって，$a_{11}=\cos\alpha$, $a_{22}=\cos\beta$. (5) より $a_{21}{}^2=1-\cos^2\alpha=\sin^2\alpha$ なので，$a_{21}=\pm\sin\alpha$. $a_{21}=-\sin\alpha$ の時は，α の代りに $-\alpha$ を考察すれば，$a_{11}=\cos\alpha, a_{21}=\sin\alpha$．かくして

$$a_{11}=\cos\alpha, a_{21}=\sin\alpha, a_{22}=\cos\beta, a_{12}=\sin\beta \tag{6}$$

と出来る．(6) を (4) に代入して，

$$a_{11}a_{12}+a_{21}a_{22}=\sin\beta\cos\alpha+\cos\beta\sin\alpha=\sin(\beta+\alpha) \tag{7}$$

を得るので，整数 n があって，$\beta+\alpha=n\pi$．この時，$a_{12}=\sin(n\pi-\alpha)=(-1)^{n-1}\sin\alpha$, $a_{22}=\cos(n\pi-\alpha)=(-1)^n\cos\alpha$. n の偶奇に伴って，次の二通りの場合がある：

$$A=\begin{bmatrix} \cos\alpha & -\sin\alpha \\ \sin\alpha & \cos\alpha \end{bmatrix} \quad (8), \qquad A=\begin{bmatrix} \cos\alpha & \sin\alpha \\ \sin\alpha & -\cos\alpha \end{bmatrix} \quad (9).$$

(8) の行列式$=\cos^2\alpha+\sin^2\alpha=1$，(9) の行列式$=-\cos^2\alpha-\sin^2\alpha=-1$ なので，(8) は**正の直交行列**，(9) は**負の直交行列**と呼ばれる．本問は正の直交行列全体が群をなす事の証明のサワリの部分である．高校で学んでいる行列の積の定義より

$$\begin{bmatrix}\cos\alpha & -\sin\alpha\\ \sin\alpha & \cos\alpha\end{bmatrix}\begin{bmatrix}\cos\beta & -\sin\beta\\ \sin\beta & \cos\beta\end{bmatrix}$$
$$=\begin{bmatrix}\cos\alpha\cos\beta-\sin\alpha\sin\beta & -\cos\alpha\sin\beta-\sin\alpha\cos\beta\\ \sin\alpha\cos\beta+\cos\alpha\sin\beta & -\sin\alpha\sin\beta+\cos\alpha\cos\beta\end{bmatrix}$$
$$=\begin{bmatrix}\cos(\alpha+\beta) & -\sin(\alpha+\beta)\\ \sin(\alpha+\beta) & \cos(\alpha+\beta)\end{bmatrix}$$

が成立するので，本問の解答は

$$A=\begin{bmatrix}\cos(\alpha+\beta+\gamma) & -\sin(\alpha+\beta+\gamma)\\ \sin(\alpha+\beta+\gamma) & \cos(\alpha+\beta+\gamma)\end{bmatrix} \quad (10).$$

問題3の解説 本問は「新修解析学」の7章の問題6として詳説した．複素変数 $z=x+iy$ の複素数値関数 $f(z)=u(x,y)+iv(x,y)$ は二つの実数値関数 u,v が C^1 級であって，**コーシー–リーマンの偏微分方程式系**

$$u_x=v_y,\ u_y=-v_x \quad (11)$$

が成立する時，**正則**と言う．2実変数 x,y の関数 u において，y を定数と考え，x を変数と考え微分したものを u_x や $\dfrac{\partial u}{\partial x}$ と書き，u の x に関する**偏導関数**と言う．

条件より，定数 c があって，$|f|=c$．$c=0$ であれば $f\equiv 0$ であり，証明すべきものはないので，$c>0$ の時を考察しよう．$|f|^2=u^2+v^2=c^2$ の両辺を，夫々，x,y で偏微分して

$$uu_x+vv_x=0,\quad uu_y+vv_y=0 \quad (12).$$

(12)を u,v に関する連立1次方程式と考えると，u,v はそのノン・トリビヤルな解なので，その係数の行列式

$$\begin{vmatrix}u_x & v_x\\ u_y & v_y\end{vmatrix}=u_xv_y-u_yv_x=0 \quad (13)$$

を得る線形代数的手法が，本問の解決の鍵である．(11)を(13)に代入して

$$u_x{}^2+u_y{}^2=v_x{}^2+v_y{}^2=0 \quad (14)$$

を得るので，$u_x=u_y=v_x=v_y\equiv 0$．u,v の定義域 D は**領域**，即ち，**連結な開集合**である．「新修解析学」の問題4で解説した様に，D の連結性より，u,v，従って，f は定数関数

である．

問題1の解答　ウォーミング・アップが終了し，試合開始となった．行列 J は直交であるから，各点 (x, y) にて様相は異なるにせよ，正又は負の直交行列である．その行列式の値は，± 1 であるが，元来連続関数なので，$\boldsymbol{R}^2$ 上の局所定数関数である．「新修解析学」の12章の問題1で解説した様に，連結な $\boldsymbol{R}^2$ 上の局所定数関数である J の行列式は定数関数である．従って，$\boldsymbol{R}^2$ の上で，一斉に正の直交行列となるか，負の直交行列となるかのいずれかである．問題2で解説した様に，$\boldsymbol{R}^2$ 上の関数 $\alpha(x, y)$ があって，前者の場合は

$$\frac{\partial f_1}{\partial x_1}=\frac{\partial f_2}{\partial x_2}=\cos\alpha, \quad \frac{\partial f_1}{\partial x_2}=-\frac{\partial f_2}{\partial x_1}=\sin\alpha \tag{15}$$

であり，後者の場合は

$$\frac{\partial f_1}{\partial x_1}=-\frac{\partial f_2}{\partial x_2}=\cos\alpha, \quad \frac{\partial f_1}{\partial x_2}=\frac{\partial f_2}{\partial x_1}=\sin\alpha \tag{16}$$

である．J が正の直交行列である(15)の場合は，複素変数 $z=x_1+ix_2$ の複素数値関数 $f=f_1+if_2$ がコーシー－リーマンの偏微分方程式系(11)を満し，f は $\boldsymbol{C}=\boldsymbol{R}^2$ 上の正則関数である．従って，その複素微係数

$$f'(z)=\frac{\partial f_1}{\partial x_1}+i\frac{\partial f_2}{\partial x_1}=\frac{1}{i}\left(\frac{\partial f_1}{\partial x_2}+i\frac{\partial f_2}{\partial x_2}\right) \tag{17}$$

も「新修解析学」の7章の問題5で解説した様に正則である．

$$|f'(z)|^2=\left(\frac{\partial f_1}{\partial x_1}\right)^2+\left(\frac{\partial f_2}{\partial x_1}\right)^2=1 \tag{18}$$

より(18)が成立するので，正則関数 $f'(z)$ は，その絶対値が定数であり，$\boldsymbol{C}=\boldsymbol{R}^2$ は実数の連続性公理より連結なので，問題3が適用され，$f'(z)$は定数関数である．これは(15)において α 自身が定数である事を意味する．

$$f'(z)=e^{i\alpha}=\cos\alpha+i\sin\alpha \tag{19}$$

であるから，定数 $c=\beta+i\gamma$ があって，$f(z)$ は z の1次式

$$f(z)=e^{i\alpha}z+c \tag{20}$$

で表される．独立変数 z，従属変数 f を共に実部と虚部に分けるとやはり1次関数

$$\begin{aligned} f_1(x_1, x_2)&=x_1\cos\alpha-x_2\sin\alpha+\beta, \\ f_2(x_1, x_2)&=x_1\sin\alpha+x_2\cos\alpha+\gamma \end{aligned} \tag{21}$$

を得る．J が負の直交行列の場合は，複素変数 $z=x_1-ix_2$ の複素数値関数 $f=f_1+if_2$ は正則であり，全く同様の議論を用いて，1次式

$$f_1(x_1, x_2)=x_1\cos\alpha+x_2\sin\alpha+\beta,$$
$$f_2(x_1, x_2)=x_1\sin\alpha-x_2\cos\alpha+\gamma \tag{22}$$

に達する．

教訓　純粋数学を代数，位相，幾何，解析等に意味がある様に厳密に分類する事は出来ない．新版に際して，次問を追加する：

問題 4　$x+y+z=u, y+z=uv, z=uvw$ によって定義する，写像 $T：\mathbf{R}^3\to\mathbf{R}^3$ の**関数行列式**

$$J(u, v, w)=\begin{vmatrix} \dfrac{\partial x}{\partial u} & \dfrac{\partial x}{\partial v} & \dfrac{\partial x}{\partial w} \\ \dfrac{\partial y}{\partial u} & \dfrac{\partial y}{\partial v} & \dfrac{\partial y}{\partial w} \\ \dfrac{\partial z}{\partial u} & \dfrac{\partial z}{\partial v} & \dfrac{\partial z}{\partial w} \end{vmatrix} \tag{23}$$

と領域 $\Omega=\{(u, v, w)\in\mathbf{R}^3 \mid 0<u<1, 0<v<1, 0<w<1\}$ の T による像 $T(\Omega)$ を求め，領域 $D=\{(x, y, z)\in\mathbf{R}^3 \mid x>0, y>0, z>0, x+y+z<1\}$ 上の3重積分

$$I=\iiint_D (x^2+y^2+z^2)\, dxdydz \tag{24}$$

を計算せよ．　（東北大学大学院理学研究科数学専攻入試）

問題 4 の解答　逆写像 T^{-1} は $x=u(1-v), y=uv(1-w), z=uvw$ であるから，(23)右辺は $1-v, -u, 0$ を第1行，$v(1-w), u(1-w), -uv$ を第2行，vw, uw, uv を第3行に持つ．第3行を第2行に加えた後に，新第2行を新第1行に加えると，対角要素が $1, u, uv$ の下三角行列式を得，Jacobian(23) の値は対角要素の積 $J=u^2v$．ヒント $T(\Omega)=D$ に従い，四面体 D 上の三重積分 I を立方体 Ω 上の三重積分に変数変換，Fubini の定理より累次積分し，

$$I=\iiint_\Omega ((u(1-v))^2+(uv(1-w))^2+(uvw)^2)\, u^2 v dudvdw=$$
$$\int_0^1 dw\int_0^1 dv\int_0^1 (u^4v-2u^4v^2+2u^4v^3-2u^4v^3w+2u^4v^3w^2)\, du=$$
$$\frac{1}{5}\int_0^1 dw\int_0^1 (v-2v^2+2v^3-2v^3w+2v^3w^2)\, dv=$$
$$\frac{1}{5}\int_0^1\left(-\frac{1}{6}+\frac{1-w+w^2}{2}\right)dw=\frac{1}{20}. \tag{25}$$

第 2 話

微分方程式の初期値問題

問題 1　関数 $f(t, x)$ が $|t-a| \leqq r$, $|x-b| \leqq \rho$ において連続，かつ，リプシッツ条件

$$|f(t, x)-f(t, y)| \leqq L|x-y| \quad (L\text{は正の定数}) \tag{1}$$

を満す時，初期条件

$$x(a)=b \tag{2}$$

を満す微分方程式

$$\frac{dx}{dt}=f(t, x) \tag{3}$$

の解が，$|t-a| \leqq r'=\min\left\{r, \frac{1}{L}\log\left(1+\frac{L\rho}{M_0}\right)\right\}$ において唯一つ存在する事を示せ．ただし，M_0 は $|t-a| \leqq r$ における関数 $|f(t, b)|$ の最大値である．

（東京工業大学，金沢大学大学院入試）

問題 2　微分方程式

$$\frac{dx_j}{dt}=f_j(t, x_1, x_2, \cdots, x_n) \quad (1 \leqq j \leqq n) \tag{4}$$

の初期値問題の解の存在及び一意性に関する Cauchy-Lipschitz の定理を正確に述べなさい (証明する必要はない)．

(慶応大学大学院工学研究科入試)

問題 3

$$\frac{dy}{dx}=y-1 \tag{5}$$

で

$$x=0 \text{ の時，} y=a \tag{6}$$

とする．

(i)　$y>1$ として，微分方程式を解け．

(ii)　(i)を用いて $\int_0^1 (y-x-1)^2 dx$ が最小となる様に a の値を定めよ．

（北海道中学校教員採用試験）

問題 4　次の初期値問題を考える：

$$\begin{cases} \dfrac{d}{dt}(f(t))=a-(f(t))^2 \quad (t \geqq 0) \\ f(0)=0 \end{cases} \tag{7}$$

ここで $a>0$ とする．

(i)　実解 $f(t)$ は $0 \leqq f(t) \leqq a^{\frac{1}{2}}$ $(t \geqq 0)$ となる事を示せ．

(ii)　実解 $f(t)$ は増加関数であるか．

(iii)　$f(t)=a^{\frac{1}{2}}$ となる t が存在するか．　（北海道大学大学院入試）

今回の主題　本文のメーンテーマは変数分離形微分方程式である．これは高校の数学のカリキュラムにくり込まれていて，問題 3 の様に求積法によって解けるので，高校生の読者諸君の大学受験勉強の合い間のよい息抜きである．しかし，変数分離形と言っても，問題 4 の様に理論的に追求するには，問題 1, 2 の様なリプシッツ条件を満す微分方程式の初期値問題の解の存在の一意性の素養がなければならない．

忍ぶれど　色に出にけり　わが恋は

問題 1, 2 の解説　条件 (1) を満す関数 $f(t,x)$ は**リプシッツ条件**を満すと言う．例えば，連続関数 $f(t,x)$ が x について偏微分可能で，$f_x(t,x)$ が連続であれば，平均値の定理より，x, y には関係するが，$0<\theta<1$ を満す正数 θ があって

$$f(t,x)-f(t,y)=f_x(t,y+\theta(x-y))(x-y) \tag{8}$$

が成立するから，f はリプシッツ条件を満す．条件 (2) を**初期条件**と言い，この初期条件を満す微分方程式 (3) の解を求める事を**初期値問題**と言う．問題 1 は関数 f がリプシッツ条件を満す時，初期値問題 (1)-(2) の解が，少し狭くなるかも知れぬ a を含む区間で一意的に存在する事の証明を求めている．これは逐次近似法によって解かれ，拙著「新修解析学」（現代数学社）の 2 章の E-1 であり，179 頁で解答したので，ここでは，その反例について述べよう．なお，従属変数が n 変数 $x_1, x_2, \cdots, x_n$ の時は，ベクトル表記法

$$x=\begin{bmatrix} x_1 \\ x_2 \\ \vdots \\ x_n \end{bmatrix}, \quad f=\begin{bmatrix} f_1 \\ f_2 \\ \vdots \\ f_n \end{bmatrix} \tag{9}$$

を用い，$|x|$ や $|f|$ をノルムと考えれば，問題1と全く同様であり，合唱つきの第9ならぬ，証明付きの問題2の解答となる．

特別な場合

$$f(t, x)=x^{\frac{2}{3}} \tag{10}$$

を考察しよう．微分方程式

$$\frac{dx}{dt}=x^{\frac{2}{3}} \tag{11}$$

に対して，$x\equiv 0$ は，勿論，その一つの解である．高校数学の手法を用い，(11)の dt を右辺に移項し，$x^{-\frac{2}{3}}dx=dt$．両辺に積分記号を付けて

$$\int x^{-\frac{2}{3}}dx=\int dt+c \tag{12}$$

定積分の公式より，$3x^{\frac{1}{3}}=t+c$．従って

$$x=\frac{(t+c)^3}{27} \tag{13}$$

も解である．$x\equiv 0$ 以外にも，初期条件 $t=0$ の時 $x=0$ を満す解は，$\alpha<0$ の時の

$$x=\frac{(t-\alpha)^3}{27} \ (t\leqq\alpha), \ x=0 \ (t\geqq\alpha) \tag{14}$$

$\beta>0$ の時の

$$x=0 \ (t\leqq\beta), \ x=\frac{(t-\beta)^3}{27} \ (t\geqq\beta) \tag{15}$$

及び，$\alpha<0<\beta$ の時の

$$\begin{aligned} &x=\frac{(t-\alpha)^3}{27} \ (t\leqq\alpha), \quad x=0 \ (\alpha\leqq t\leqq\beta), \\ &x=\frac{(t-\beta)^3}{27} \ (t\geqq\beta) \end{aligned} \tag{16}$$

と無数にある．これは f がリプシッツ条件を満さないからである．この様な例を**反例**と言う．かくして，f がリプシッツ条件を満さない時は，初期値問題の解は一意的でないので，注意を要するが，f が C^1 級の様にリプシッツ条件を満す時は，解は一意的に存在するの

で，安心してよい．

変数分離型微分方程式　連続関数 $P(x), Q(y)$ の積である様な $f(x,y)=P(x)Q(y)$ を(3) の右辺とする様な微分方程式

$$\frac{dy}{dy}=P(x)Q(y) \tag{17}$$

を**変数分離型**と言う．(17)の解 $y=y(x)$ が一点 a で，値 β を取り，$Q(\beta)\neq 0$ であるとしよう．関数 $y(x)$ は $x=a$ で連続であるから，a の近傍で $Q(y(x))\neq 0$. 従って，関数 $y(x)$ は

$$\frac{1}{Q(y(x))}\frac{dy(x)}{dx}=P(x) \tag{18}$$

を満し，(18)の両辺は a の近傍で x の連続関数として，等しい．従って，α から x 迄の積分も等しく

$$\int_\alpha^x \frac{1}{Q(y(x))}\frac{dy(x)}{dx}dx=\int_\alpha^x P(x)dx \tag{19}.$$

(19)の左辺は，変数変換 $y=y(x)$ を施して，変数を y とすると，$\beta=y(\alpha)$ であるから

$$\int_\beta^y \frac{dy}{Q(y)}=\int_\alpha^x P(x)dx \tag{20}$$

を得る．

次に，$Q(y)=0$ となる様な解を，$Q(y)$ がリプシッツ条件を満すと言う仮定の下で求めよう．$Q(\beta)=0$ を満す β に対して，定数関数 $y=\beta$ は(17)の解である．(17)の解 $y(x)$ が一点 $x=a$ において，値 β を取れば，問題1より $x=a$ の時，$y=\beta$ となる様な解は一つしかないから，$y(x)$ は上の定数関数 β に一致する．

結論として，$Q(y)$ がリプシッツ条件を満す時は，定数関数以外の(17)の解は，皆，求積法

$$\int\frac{dy}{Q(y)}=\int P(x)dx+\text{定数} \tag{21}$$

によって与えられる．

問題3の解答　変数分離型であるから，公式(20)より

$$\int_a^y \frac{dy}{y-1}=\int_0^x dx \tag{22}.$$

(22)より，$\log(y-1)-\log(a-1)=\log\frac{y-1}{a-1}=x$ なので，

$$y=1+(a-1)e^x \tag{23}$$

が初期値問題の解である．a の 2 次関数

$$\int_0^1 (y-x-1)^2 dx = \int_0^1 ((a-1)^2 e^{2x} - 2(a-1)xe^x + x^2) dx$$
$$= \frac{e^2-1}{2}(a-1)^2 - 2(a-1) + \frac{1}{3} \quad (24)$$

を最小にするのは

$$a = \frac{2}{e^2-1} + 1 = \frac{e^2+1}{e^2-1} \quad (25).$$

問題 4 の解答　変数分離型の初期値問題

$$\begin{cases} \dfrac{dx}{dt} = a - x^2 \\ x(0) = 0 \end{cases} \quad (26)$$

の解は(20)より

$$\int_0^x \frac{dx}{a-x^2} = \int_0^t dt \quad (27).$$

で与えられるので，部分分数分解して積分を実行し，

$$\frac{1}{2\sqrt{a}} \int_0^x \left(\frac{1}{\sqrt{a}-x} + \frac{1}{\sqrt{a}+x} \right) dx = t,$$
$$\frac{1}{2\sqrt{a}} \log \frac{\sqrt{a}+x}{\sqrt{a}-x} = t$$

より，解

$$x(t) = \sqrt{a}\, \frac{e^{2\sqrt{a}t}-1}{e^{2\sqrt{a}t}+1} \quad (28)$$

を得る．もしも，(26)の解 $f(t)$ が一点ででも $a-f^2=0$ を満せば，関数 $a-f^2$ はリプシッツ条件を満すので，既述の様に，$f(t)$ は定数関数 $\pm\sqrt{a}$ となり，初期条件 $f(0)=0$ に反し，矛盾である．従って，初期値問題 (26) の解は決して $a-f^2=0$ を満す事なく，$a-f^2>0$ となり，$f(0)=0$ であるから，$f(t)<\sqrt{a}$ $(t>0)$．更に，$f'(t)=a-(f(t))^2>0$ であるから，関数 $f(t)$ は狭義増加関数であり，$f(t)>0$．従って，$t>0$ の時，$0<f(t)<\sqrt{a}$ である．本問の解答は以上の議論によって得られ，求積法 (28)は不要であって，計算なしに見通せる．

第 3 話

完全連続作用素

問題 1　Mをヒルベルト空間Hの閉凸集合とし，Hの点 $h\notin M$ に対して

$$d=\inf\{\|h-f\| \mid f\in M\} \tag{1}$$

とおけば，$\|h-g\|=d$ となるMの点gが一意に存在することを説明せよ．

（富山大学大学院入試）

問題 2　X a complete metric space, K a closed subset of X なる時，次の三命題 (a), (b), (c) は同値であることを示せ．(a)　K は compact である．(b)　すべての infinite subset of K が a limit point in K を持つ．(c)　Kは totally bounded (precompact) である．

（東北大学大学院入試）

問題 3　$\{\varphi_k\}_{k=1}^{\infty}$ を $L^2(0,1)$ の完全正規直交系，$\{m_k\}_{k=1}^{\infty}$ を複素数列とする．$f\in L^2(0,1)$に対して，形式的に

$$Tf(x)=\sum_{k=1}^{\infty} m_k C_k \varphi_k(x) \tag{2}$$

とする．ただし，$C_k=\int_0^1 f(x)\varphi_k(x)dx$ である．

(i)　T が $L^2(0,1)$ から $L^2(0,1)$ への有界作用素であるための必要十分条件は $\{m_k\}\in l^\infty$ であることを示せ．またこのときTのノルムは

$$\|T\|=\sup_k |m_k| \tag{3}$$

であることを示せ．

(ii)　Tがコンパクト(完全連続)であるための必要十分条件は $m_k\to 0$ $(k\to\infty)$ であることを示せ．

(iii) Tはコンパクトとする．$Tf=\lambda f$ なる $f\in L^2(0,1)$，$f\neq 0$，が存在しないならば，$(T-\lambda I)^{-1}$ が存在することを示し，そのノルムを求めよ．　（東北大学大学院入試）

今回の主題　問題3を中心とした完全連続作用素．

問題1の解説　Mに属さない点 h から，M への最短距離 d を実現する点 $g\in M$ があることを主張しているが，拙著，「新修解析学」（現代数学社）の11章の E-1 として解説したので，重複を避ける．特に Mが Hの閉部分空間であれば，この $g\in M$ は，任意の実数 λ と任意の $k\in M$ に対して，Mの線形性より $g+\lambda k, g+i\lambda k\in M$ が成立するので，

$$d^2\leqq\|h-g-\lambda k\|^2=\langle h-g-\lambda k, h-g-\lambda k\rangle$$
$$=\|h-g\|^2-2\lambda\,\mathrm{Re}\langle h-g, k\rangle+\lambda^2\|k\|^2$$

より，$\lambda^2\|k\|^2-2\lambda\,\mathrm{R}\langle h-g, k\rangle\geqq 0$，及び，

$$d^2\leqq\|h-g-i\lambda k\|^2=\langle h-g-i\lambda k, h-g-i\lambda k\rangle$$
$$=\|h-g\|^2-2\lambda\,\mathrm{Im}\langle h-g, k\rangle+\lambda^2\|k\|^2$$

より，$\lambda^2\|k\|^2-2\lambda\,\mathrm{Im}\langle h-g, k\rangle\geqq 0$ を得る．忘れえぬ高数の2次関数の議論より$\langle h-g, k\rangle=0$，即ち，$h-g$ はMに直交する．Mの任意の元と直交する Hの元全体の集合は H の閉部分空間であり，M の**直交補空間**と呼ばれ，$M^\perp$ と記される．以上の議論より，閉部分空間 $M\subset H$に対して，$M^\perp\neq 0$，即ち，$M^\perp$ は0でない元をもつ．

問題2の解説　位相空間Xの部分集合KはKの任意の点列が K の点に收束する部分列を持つ時，**点列コンパクト**と云う．「新修解析学」の12章の問題5で解説した様に，距離空間の部分集合のコンパクト性は，全有界かつ完備である事を媒介にして，点列コンパクト性と同値である．

完全正規直交系　内積を持つ線形空間 X は $\|x\|=\sqrt{\langle x, x\rangle}$ $(x\in X)$ によって導かれるノルムが導く距離 $d(x,y)=\|x-y\|$ に関して完備な時，**ヒルベルト空間**と云う．X の点列 $(e_n)_{n\geqq 1}$ は，$\langle e_m, e_n\rangle=0$ $(m\neq n)$，$=1$ $(m=n)$ を満足する時，**正規直交系**と云い，任意の $x\in X$ に対して，$a_n=\langle x, e_n\rangle$ を**フーリエ係数**，$\sum_{n=1}^{\infty}a_ne_n$ を**フーリエ級数**と云う．Xの任意の元xに対して，

$$（\text{フーリエ展開}）\qquad x=\sum a_ne_n \tag{4}$$

が成立する時，**完全正規直交系**と云う．これは，「新修解析学」の6章の問題3で解説した様に，無限次元のピタゴラスの定理

$$（パーセバルの関係式）\quad \|x\|^2=\sum_{n=1}^{\infty}|\alpha_n|^2 \tag{5}$$

が成立する事と同値である．例えば，$[0,1]$ で自乗可積分な可測関数の類全体のなす線形空間 $L^2[0,1]$ において

$$\langle f,g\rangle=\int_0^1 f(x)g(x)dx \tag{6}$$

によって内積を定義すると $L^2[0,1]$ はヒルベルト空間となり，その完全正規直交系 $(\varphi_k)_{k\geqq 1}$ に対する $L^2[0,1]$ の元 f のフーリエ展開は

$$f(x)=\sum_{k=1}^{\infty}C_k\varphi_k(x),\ C_k=\int_0^1 f(x)\overline{\varphi_k(x)}dx \tag{7}$$

である．

有界線形作用素　一般に，ノルム空間 X からノルム空間 Y の中への線形作用素 T は，正数 M があって

$$\|Tx\|\leqq M\|x\|\quad (x\in X) \tag{8}$$

が成立する時，**有界**であると云い，M の下限を T の**ノルム**と云い，$\|T\|$ と書く．「新修解析学」の11章の問題5で解説した様に，線形作用素の有界性と連続性は同値である．問題3の作用素(2)が有界であれば，そのノルム $\|T\|$ は，$k\geqq 1$ に対して，$|m_k|=\|T\varphi_k\|\leqq \|T\|\|\varphi_k\|=\|T\|$ を満足する．

$$\sup_{k\geqq 1}|m_k|\leqq\|T\| \tag{9}$$

を得，$(m_k)\in l^\infty$，即ち，$(m_k)_{k\geqq 1}$ は有界数列である．逆に，$(m_k)\in l^\infty$ であれば，任意の $n\geqq 1$ に対して，

$$T_nf(x)=\sum_{k=1}^{n}m_kC_k\varphi_k(x) \tag{10}$$

とおくと，$l>n$ の時，$\sum_{k=1}^{\infty}|c_k|^2=\|f\|^2<\infty$ であるから，

$$\|T_lf(x)-T_nf(x)\|^2=\|\sum_{k=n+1}^{l}m_kC_k\varphi_k(x)\|^2$$

$$=\sum_{k=n+1}^{l}|m_k|^2|C_k|^2\leqq(\sup_{k\geqq 1}|mk|)^2\sum_{k=n+1}^{l}|C_k|^2\to 0\ (k\to\infty)$$

が成立し，級数(2)は収束する．パーセバルの関係式より

$$\|Tf\|^2=\sum_{k=1}^{\infty}|m_k|^2|C_k|^2\leqq(\sup_{k\geqq 1}|m_k|)^2\sum_{k=1}^{\infty}|C_k|^2$$

$$=(\sup_{k\geqq 1}|m_k|)^2\|f\|^2 \tag{12}$$

が成立し，$\|T\| \leqq \sup|m_k|$．(9)と併せて(3)を得る．

完全連続作用素　ヒルレは，完備な距離空間Xから完備な距離空間Yの中への作用素が，有界集合を全有界集合に写す時，**コンパクト作用素**と呼んだ．一方，リースはノルム空間Xからノルム空間Yの中への線形作用素Tが，Xの任意の有界点列の像に収束部分列を持たせる時，**完全連続作用素**と呼んだ．問題2より，線形写像のコンパクト性と完全連続性は同値である．

問題3の(ii)の必要性　$m_k \to 0$ $(k \to \infty)$ でなければ，正数 ε と部分列 $(m_{\nu_k})_{k \geqq 1}$ があって，$|m_{\nu_k}| \geqq \varepsilon$ $(k \geqq 1)$．$L^2[0,1]$ の有界点列 $(\varphi_{\nu_k})_{k \geqq 1}$ に対して，$l > n$ の時，$\|T\varphi_{\nu_l} - T\varphi_{\nu_n}\|^2 = \|m_{\nu_l}\varphi_{\nu_l} - m_{\nu_n}\varphi_{\nu_n}\|^2 = |m_{\nu_l}|^2 + |m_{\nu_n}|^2 \geqq 2\varepsilon^2$ が成立し，$(T\varphi_{\nu_k})_{k \geqq 1}$ の如何なる部分列も，コーシー列，従って，収束列ではない．これは，Tの完全連続性に反し，矛盾である．

問題3の(ii)の十分性　$L^2[0,1]$ の有界点列

$$f_n = \sum_{k=1}^{\infty} C_k^{(n)} \varphi_k \tag{13}$$

を考察しよう．正数Mがあって

$$\|f_n\|^2 = \sum_{k=1}^{\infty} |C_k^{(n)}|^2 \leqq M^2 \quad (n \geqq 1) \tag{14}$$

が成立する．各数列 $(C_k^{(n)})_{n \geqq 1}$ は有界であるから，自然数の単調増加列 $(\nu(n,k))_{n \geqq 1}$ の列を作り，第k成分の数列 $(C_k^{(\nu(n,k))})_{n \geqq 1}$ は収束し，各 $(\nu(n,k))_{n \geqq 1}$ は一つ手前の$(\nu(n,k-1))_{n \geqq 1}$ の部分列である様に出来る $(k \geqq 2)$．**カントールの対角論法**を用いて，$\nu(n) = \nu(n,n)$ $(n \geqq 1)$ とおくと，各kに対して，数列 $(C_k^{\nu(n)})_{n \geqq 1}$ は数 C_k に収束する．(14)より，$\sum_{k=1}^{\infty} |C_k|^2 \leqq M^2$ なので，

$$f = \sum_{k=1}^{\infty} C_k \varphi_k \tag{15}$$

は $L^2[0,1]$ の元である．任意の正数εに対して，自然数lがあって，$|m_k| < \dfrac{\varepsilon}{2M}$ $(k > l)$．このlに対して，自然数Nがあって

$$l|m_k|^2|C_k^{\nu(n)} - C_k|^2 < \frac{\varepsilon^2}{2} \quad (n \geqq N,\ 1 \leqq k \leqq l).$$

$n > N$ であれば，

$$\begin{aligned}\|Tf_{\nu(n)} - Tf\|^2 &= \sum_{k=1}^{\infty} |m_k|^2 |C_k^{\nu(n)} - C_k|^2 \\ &= \sum_{k \leqq l} + \sum_{k > l} < \frac{\varepsilon^2}{2} + \frac{\varepsilon^2}{2} = \varepsilon^2\end{aligned}$$

が成立するので，$L^2[0,1]$ の任意の有界点列 $(f_n)_{n\geqq 1}$ は部分列を持ち，$(Tf_{\nu(n)})_{n\geqq 1}$ は収束し，T は完全連続である．

問題3の (iii)　T は完全連続作用素なので，(ii) より $m_k\to 0\ (k\to\infty)$ が成立する．$m_k=\lambda$ を満す自然数 k があれば，(2) より φ_k は，$T\varphi_k=\lambda\varphi_k$ を満すので，固有値 λ に対する固有ベクトルであり，仮定に反する．故に，$k\geqq 1$ に対して，$m_k\neq\lambda$．$\lambda\neq 0$ の時は，$m_k\to 0\ (k\to\infty)$なので，　$\inf|m_k-\lambda|>0$ であり，　任意の $f=\sum_{k=1}^{\infty}C_k\varphi_k$ に対して，$\sum_{k=1}^{\infty}\left|\frac{C_k}{m_k-\lambda}\right|^2<+\infty$ なので

$$g=\sum_{k=1}^{\infty}\frac{C_k}{m_k-\lambda}\varphi_k \tag{16}$$

は収束して $L^2[0,1]$ の元を与え，$(T-\lambda I)g=f$ が成立する．よって，(16)で与えられる $g\in L^2[0,1]$は，$(T-\lambda I)g=f$ の一意的な解であり，$g=(T-\lambda I)^{-1}f$ が成立する．(3) より

$$\|(T-\lambda I)^{-1}\|=\sup_{k\geqq 1}\left|\frac{1}{m_k-\lambda}\right|=\frac{1}{\inf|m_k-\lambda|} \tag{17}.$$

$\lambda=0$ の時は，$m_k\to 0\ (k\to\infty)$ なので，自然数の単調増加列 $(\nu(k))_{k\geqq 1}$ があって，$m_{\nu(k)}\leqq\frac{1}{k}(k\geqq 1)$．

$$f=\sum_{k=1}^{\infty}m_{\nu(k)}\varphi_{\nu(k)}\in L^2[0,1]$$

に対して，(16)の $g\notin L^2[0,1]$ なので，T^{-1} は存在しない．**選別の為の陥し穴に落ちぬ様**注意を要する．

リースーシャウダーの理論への誘い　Xをバナッハ空間，$T: X\to X$を完全連続作用素としよう．先ず，$S=T-I$ によるXの像 SX はXの閉部分空間である事を示そう．$x_n\in X\ (n\geqq 1)$，$Sx_n\to y_0\ (n\to\infty)$ の時，$x_0\in X$ があって，　$Sx_0=y_0$ が成立する事を示せばよい．$\alpha_n=\inf\{\|x_n-x\|;\ Tx=0,\ x\in X\}$ とおくと，背理法により，数列 $(\alpha_n)_{n\geqq 1}$ の有界性が示される．$w_n\in X$ があって，$Tw_n=0,\ \alpha_n\leqq\|x_n-w_n\|\leqq\left(1+\frac{1}{n}\right)\alpha_n\ (n\geqq 1)$．有界な点列 $(x_n-w_n)_{n\geqq 1}$ に対して，Tの完全連続性より，部分列があって，　$T(x_{\nu_n}-w_{\nu_n})=Tx_{\nu_n}\to x_0+y_0\ (n\to\infty)$．この時，$y_0=Sx_0$ が成立し，SX は閉である．次に，$\lambda\neq 0$ が固有値でなければ，$S_\lambda=T-\lambda I$ は有界な逆作用素を持つ事を示そう．任意の自然数 n に対して，$x_n\in X$ があって，$\|S_\lambda x_n\|<\frac{\|x_n\|}{n}$ が成立したとしよう．Xの有界点列 $y_n=\frac{x_n}{\|x_n\|}\ (n\geqq 1)$ は部分列を持ち，$Ty_{\nu_n}\to y_0\ (n\to\infty)$．$Ty_0=\lambda y_0$ が成立し，λ が固有値

となり，矛盾である．故に，写像 $S_\lambda: X\to S_\lambda X$ は位相写像である．$S_\lambda X\subsetneqq X$ であれば，正数 a があって，$\|S_\lambda x\|\geqq a\|x\|\ (x\in X)$ が成立し，$S_\lambda{}^{n+1}X\subsetneqq S_\lambda{}^n X\ (n\geqq 1)$．バナッハ空間でも同様であるが，$X$がヒルベルト空間の場合は，$X$ の閉部分空間 $S_\lambda{}^n X$ はヒルベルト空間であり，問題1が適用出来て，$S_\lambda{}^{n+1}X$ に直交する $S_\lambda{}^n X$ の元 y_n があって，$\|y_n\|=1\ (n\geqq 1)$．$l>n$ の時，$y_l\in S_\lambda{}^l X$ は $-\lambda y_n+S_\lambda(y_l-y_n)$ と直交するから，ピタゴラスの定理より，

$$\|Ty_l-Ty_n\|^2=\|\lambda y_l+(-\lambda y_n+S_\lambda(y_l-y_n))\|^2$$
$$\geqq|\lambda|^2\|y_l\|^2\geqq|\lambda|^2>0$$

が成立し，$(Ty_n)_{n\geqq 1}$ は収束部分列を持たない．これは T の完全連続性に反し，矛盾である．故に $S_\lambda X=X$ が成立し，$S_\lambda{}^{-1}: X\to X$ は有界線形作用素である．$\lambda=0$ の時は，問題3に反例を与える様に，この命題は一般に成立しない．

問題 4　$(H, <\cdot|\cdot>)$ を可算無限次元ヒルベルト空間とした時，次に答えよ．

(i)　$\|e_n\|=1$ で，各 $\xi\in H$ に対して，

$$<e_n|\xi>\to 0 \quad (n\to\infty) \tag{18}$$

を満たすような $e_n\in H\ (n\geq 1)$ が存在することを示せ．

(ii)　$\{\xi\in H\mid\|\xi\|=1\}$ はコンパクトではないことを示せ．

(東京都立大学大学院理学研究科数学専攻入試)

(i)の解答　H の可算部分集合 $\Delta=\{x_n\ ;\ n\geq 1\}$ があって，Δ の閉包は H に等しい．n に関する数学的帰納法により，n 番目が 1 から $n-1$ 番目迄の一次結合の場合は，これを除く事により，Δ の任意の有限個は一次独立であると仮定してよい．**グラム-シュミットの方法**

$$e_1=\frac{x_1}{\|x_1\|},\qquad e_{i+1}=\frac{x_{i+1}-\sum_{k=1}^{i}<x_{i+1},\ e_k>e_k}{\|x_{i+1}-\sum_{k=1}^{i}<x_{i+1},\ e_k>e_k\|}\ (1\leq i\leq n-1) \tag{19}$$

によって正規直交化すると，$\overline{\Delta}=H$ であるから，$\{e_n\ ;\ n\geq 1\}$ は H の完全正規直交系である．各 $\xi\in H$ に対して，(5)より，$\sum_{n=1}^{\infty}|<e_n|\xi>|^2=\|\xi\|^2<\infty$ である．収束級数の一般項は 0 に収束するから，(18)が成立する．

(ii)の解答　$\overline{\Delta}=H$ が成立し，**可分**な距離空間 H の単位球面 $\{\xi\in H\mid\|\xi\|=1\}$ がコンパクトであれば，球面は拙著「改訂増補　新修解放学」(現代数学社) 第12章より，点列コンパクトで，その点列 $\{e_n\}$ は収束部分列 $\{e_{p,n}\}$ を持つ．極限を ξ とする．任意の m に対して，正規直交性 $<e_{p,n}|e_m>=0$ にて $n\to\infty$ として，$<\xi|e_m>=0$．すると，$1=\|\xi\|^2=\sum_{m=1}^{\infty}|<\xi|e_m>|^2=0$ を得，矛盾．

第 4 話

積分記号下の偏微分

問題 1　積分 $I=\int_{-\infty}^{+\infty}e^{-x^2}dx$ を求めよ．

(東京都立大学，慶応大学，熊本大学大学院入試)

問題 2　$f(x,t), f_x(x,t)$ ともに $a\leqq x\leqq b, a\leqq t\leqq b$ で連続の時，$\frac{d}{dx}\int_a^b f(x,t)dt=\int_a^b f_x(x,t)dt$ を証明せよ．

(東京理科大学，東北大学大学院入試)

問題 3　$f(x,t), f_x(x,t)$ ともに $[0,1)\times[0,\infty)$ で連続で $\int_0^\infty f(x,t)dt$ が収束し，$\int_0^\infty f_x(t,t)dt$ が一様に収束すれば，$\frac{d}{dx}\int_0^\infty f(x,t)dt=\int_0^\infty f_x(x,t)dt$ が成立する事を証明せよ．

(九州大学大学院入試)

問題 4　$\varphi(x)=\int_{-\infty}^{+\infty}e^{-t^2}\cos xtdt$ とおく時，$2\varphi'(x)+x\varphi(x)=0$，又，$\varphi(x)=\sqrt{\pi}\,e^{-\frac{x^2}{4}}$ である事を証明せよ．

(熊本大学大学院入試)

問題 5　実変数のパラメーター x を含む積分で定義される関数 $u(x)=\int_{-\infty}^{+\infty}e^{-ixt-\alpha t^2}dt$ $(\alpha>0)$ について，u は方程式 $\frac{du}{dx}+\frac{x}{2\alpha}u=0$ を満す事を証明し，$u(x)$ を求めよ．

(筑波大学大学院入試)

今回の主題とそのルーツ　問題 4,5 に見られる様な無限区間の上の助変数を含む積分を，問題 3 で説明する様な積分記号の下で偏微分する技法が今回の主題である．問題 5 の $u(x)$ は解析学では関数 $e^{-\alpha t^2}$ の**フーリエ変換**，確率論や統計学では**正規分布の特性関数**の計算に対応する．従って，**統計学**にルーツを持つものであろう．

問題 1 の計算　2 変数 x,y の正値関数 $e^{-x^2-y^2}$ の**累次積分は 2 重積分に等しく**，それは極座標で計算すると露骨に求める事が出来る：

$$I^2=\left(\int_{-\infty}^{+\infty}e^{-x^2}dx\right)\left(\int_{-\infty}^{+\infty}e^{-y^2}dy\right)$$

$$=\left(\int_{-\infty}^{+\infty}\left(\int_{-\infty}^{+\infty}e^{-x^2-y^2}dy\right)dx\right)=\iint e^{-x^2-y^2}dxdy$$

$$=\iint_{\substack{0\leqq r<\infty\\0\leqq\theta\leqq 2\pi}}e^{-r^2}rdrd\theta=\int_0^{2\pi}\left(\int_0^{\infty}e^{-r^2}rdr\right)d\theta$$

$$=\int_0^{2\pi}\left[-\frac{1}{2}e^{-r^2}\right]_0^{\infty}d\theta=\pi,$$

なので，$I=\sqrt{\pi}$ を得る．

問題2の解答　x の連続関数 $\int_a^b f_s(s,t)dt$ を $a\leqq s\leqq x$ において積分すると，累次積分を得る．2変数 $a\leqq s\leqq x$, $a\leqq t\leqq b$ の関数 $f_s(s,t)$ は連続なので，この累次積分は順序変更出来て，定積分と原始関数の関係に帰着され

$$\int_a^x\left(\int_a^b f_s(s,t)dt\right)ds=\int_a^b\left(\int_a^x f_s(s,t)ds\right)dt$$

$$=\int_a^b\Big[f(s,t)\Big]_{s=a}^{s=x}dt$$

$$=\int_a^b f(x,t)dt-\int_a^b f(a,t)dt,$$

$$\frac{d}{dx}\int_a^b f(x,t)dt=\int_a^b f_x(x,t)dt.$$

一様収束について　助変数 R を伴う $a\leqq x\leqq b$ 上の関数 $g(x,R)$ は，$a\leqq x\leqq b$ 上の関数 $g(x)$ があって，任意の正数 ε に対して，正数 R_0 があって，$R\geqq R_0$ の時，

$$|g(x,R)-g(x)|<\varepsilon\quad(a\leqq x\leqq b)$$

が成立する時，$[a,b]$ で**一様に**

$$g(x)=\lim_{R\to\infty}g(x,R)$$

が成立する，又は，この収束は $[a,b]$ で一様であると云う．この時，各 $g(x,R)$ が点 x_0 で連続であれば，次に示す様に極限関数 $g(x)$ も点 x_0 で連続である：任意の正数 ε に対して，上の一様収束性の定義の R_0 に対して，関数 $g(x,R_0)$ は点 x_0 で連続なので，正数 δ があって，$|g(x,R_0)-g(x_0,R_0)|<\varepsilon$ $(|x-x_0|<\delta,\ x\in[a,b])$．この R_0 を媒介にして，$|g(x)-g(x_0)|\leqq|g(x)-g(x,R_0)|+|g(x,R_0)-g(x_0,R_0)|+|g(x_0,R_0)-g(x_0)|<3\varepsilon$ $(a\leqq x\leqq b,\ |x-x_0|<\delta)$.

一様収束の利点は積分記号との可換性にある．$g(x, R)$ が $g(x)$ に $[a, b]$ で一様に収束しているとしよう．任意の正数 ε に対して，正数 R_0 があって，

$$|g(x, R)-g(x)|<\frac{\varepsilon}{b-a} \quad (R\geqq R_0,\ a\leqq x\leqq b)$$

が成立する．この R_0 に対して，$R\geqq R_0$ であれば

$$\begin{aligned}\left|\int_a^b g(x, R)dx-\int_a^b g(x)\,dx\right|&=\left|\int_a^b (g(x, R)-g(x))dx\right|\\&\leqq\int_a^b |g(x, R)-g(x)|dx\\&<\int_a^b \frac{\varepsilon}{b-a}dx=\varepsilon\end{aligned}$$

が成立するので

$$\lim_{R\to\infty}\int_a^b g(x, R)dx=\int_a^b g(x)=\int_a^b \lim_{R\to\infty} g(x,R)dx,$$

即ち，一様収束の仮定の下では，積分記号 $\int$ と極限記号 lim は可換である．反例として，次の入試問題を掲げるので計算を実行されたい：

問題 6　$[0, 1]$ 上の数列 $f_n(t)=t^{n-1}(4+nt)$ に対して

$$\int_0^1 \lim_{n\to\infty} f_n(t)dt=\lim_{n\to\infty}\int_0^1 f_n(t)dt$$

が成立するか．　（津田塾大学大学院入試）

$a\leqq x\leqq b,\ c\leqq t<\infty$ で連続な関数 $f(x, t)$ に対して，無限区間 $[c, \infty)$ 上の積分 $g(x)$ は，有限区間 $[c, R]$ 上の積分の極限

$$g(x)=\int_c^\infty f(x, t)dt=\lim_{R\to\infty}\int_c^R f(x, t)dt \tag{1}$$

で定義される．この収束が一様な時，積分 $\int_c^\infty f(x, t)\,dt$ は**一様収束**すると云う．この時，$g(x)$ は連続関数の一様収束極限であるから，上に見た様に連続である．

一様収束の判定法　上の $f(x, t)$ に対して，変数 x に無関係な連続関数 $h(t)$ があって，

$$|f(x, t)|\leqq h(t), \quad \int_c^\infty h(t)dt<\infty \tag{2}$$

が成立すれば，次に示す様に，積分 (1) は一様に収束する．積分 $\int_c^\infty h(t)dt$ が収束するから，任意の正数 ε に対して，正数 R_0 があって，$R_0<R_1<R_2$ の時 $\int_{R_1}^{R_2} h(t)dt<\varepsilon$．この時，

$\left|\int_{R_1}^{R_2} f(x, t)dt\right| \leqq \int_{R_1}^{R_2} |f(x, t)|dt \leqq \int_{R_1}^{R_2} h(t)dt < \varepsilon$ $(a \leqq x \leqq b,\ R_0 < R_1 < R_2)$. よって，積分 (1) は一様に収束する．

問題 3 の解答　任意の $x \in (0, 1)$ を取り固定する．任意の正数 R に対して，関数 $f_s(s, t)$ は 2 変数 $(s, t) \in [0, x] \times [0, R]$ の連続関数なので，$[0, x] \times [0, R]$ 上の累次積分は順序変更可能であり，定積分と原始関数の関係より

$$\int_0^x \left(\int_0^R f_s(s, t)dt\right) ds = \int_0^R \left(\int_0^x f_s(s, t)ds\right) dt$$
$$= \int_0^R \Big[f(s, t)\Big]_{s=0}^{s=x} dt$$
$$= \int_0^R f(x, t)dt - \int_0^R f(0, t)dt$$

が成立する．収束 $\int_0^R f_s(s, t)dt \to \int_0^\infty f_s(s, t)dt$ は一様であるから，上に論じた様に積分記号の下で，$R \to \infty$ と出来て

$$\int_0^x \left(\int_0^\infty f_s(s, t)dt\right) ds = \int_0^\infty f(x, t)dt - \int_0^\infty f(0, t)dt$$

を得るが，定積分と微分の関係は問題 3 の解答を与える．

問題 5 の解答　オイラーの公式より

$$e^{it} = \cos t + i \sin t$$

であるが，これを定義式としてよい．何れにせよ，$|e^{it}|^2 = \cos^2 t + \sin^2 t$，即ち，$|e^{it}| = 1$.

さて，$f(x, t) = e^{-ixt-\alpha t^2}$ に対して，$f_x(x, t) = -ite^{-ixt-\alpha t^2}$ なので，任意の正の定数 b に対して，

$$|f(x, t)| \leqq e^{-\alpha t^2}, \quad |f_x(x, t)| \leqq te^{-\alpha t^2} \quad (0 \leqq x \leqq b).$$

問題 1 を用いて露骨に計算する迄もなく，積分 $\int_0^\infty e^{-\alpha t^2}dt$ および $\int_0^\infty te^{-\alpha t^2}dt$ は収束しているので，上述の一様収束判定法より，積分 $\int_{-\infty}^\infty f(x, t)dt$, $\int_{-\infty}^\infty f_x(x, t)dt$ は共に $x \in [0, b]$ に対して一様収束である．問題 3 より，積分記号の下で微分が出来て

$$\frac{du}{dx} = \frac{d}{dx}\int_{-\infty}^\infty f(x, t)dt = \int_{-\infty}^\infty \frac{\partial f}{\partial x}(x, t)dt$$
$$= -i\int_{-\infty}^\infty te^{-ixt-\alpha t^2}dt.$$

$f' = -te^{-\alpha t^2}$, $g = e^{-ixt}$ に対して，$f = \dfrac{e^{-\alpha t^2}}{2a}$（上の f とは違う），$g' = -ixe^{-ixt}$ なので，部

分積分の公式 $\int_{-R}^{S} f'g\,dt = \Big[fg\Big]_{-R}^{S} - \int_{-R}^{S} fg'dt$ にて $R, S \to \infty$ とした式より

$$\frac{du}{dx} = i\int_{-\infty}^{\infty}(-te^{-\alpha t^2})e^{-\alpha t^2}dt = i\frac{ix}{2a}\int_{-\infty}^{\infty}e^{-itx-\alpha t^2}dt$$
$$= -\frac{x}{2a}u,$$

即ち，変数分離形の微分方程式 $\frac{du}{dx} = -\frac{x}{2a}u$ を得る．従って，$\frac{du}{u} = -\frac{x}{2a}dx$ の両辺を $\int$ して，$\log u = -\frac{x^2}{4a} + $定数，即ち，或る定数 C に対して

$$u = Ce^{-\frac{x^2}{4a}}$$

を得る．$x=0$ の時，変数変換 $s = \sqrt{a}\,t$ を施して，問題1より

$$u(0) = \int_{-\infty}^{+\infty} e^{-\alpha t^2}dt = \frac{1}{\sqrt{a}}\int_{-\infty}^{+\infty} e^{-s^2}ds = \sqrt{\frac{\pi}{a}}$$

を得る．従って，$C = \sqrt{\frac{\pi}{a}}$ であり，解答

$$u(x) = \sqrt{\frac{\pi}{a}}\, e^{-\frac{x^2}{4a}}$$

に達する．

問題4の解答　入試の解答としては，上と同様にして導くべきではあるが，オイラーの公式より

$$e^{-ixt} = \cos xt - i\sin xt$$

なので，問題5にて $a=1$ を代入し，実部を取ると解答

$$\varphi(x) = \sqrt{\pi}\, e^{-\frac{x^2}{4}}$$

に達する．

蛇足　伊藤清，確率論，岩波 の46頁にて正規分布 $N(m, v)$ の特性関数を

$$\varphi(z) = \int_{-\infty}^{+\infty} e^{ixz}\frac{1}{\sqrt{2\pi v}}e^{-\frac{(x-m)^2}{2v}}dx$$
$$= e^{izm}\int_{-\infty}^{+\infty} e^{i\sqrt{v}xz}\frac{1}{\sqrt{2\pi}}e^{-\frac{x^2}{2}}dx$$
$$= e^{izm - \frac{v}{2}z^2}$$

と求め，脚注に，留数計算による定積分法を用いる，と記されている．変数変換 $t = \frac{x - i\sqrt{v}\,z}{\sqrt{2}}$ を施し，問題1より

$$\int_{-\infty}^{+\infty} e^{i\sqrt{v}xz} e^{-\frac{x^2}{2}} dx = \int_{-\infty}^{+\infty} e^{-\frac{1}{2}(x-i\sqrt{v}z)^2 - \frac{vz^2}{2}} dx$$

$$= e^{-\frac{vz^2}{2}} \int_{-\infty}^{+\infty} \sqrt{2}\, e^{-t^2} dt = \sqrt{2\pi}\, e^{-\frac{vz^2}{2}}$$

なる計算を行う際，x から t への変数変換は複素変数 t をもたらすので，吟味を要するとの警告である．これは関数論における正則関数の閉曲線に沿っての複素積分が 0 であると云う**コーシーの積分定理**の応用問題：

問題 7　a を実数とする時，$-R+ia$, $R+ia$, $R+ib$, $-R+ib$, $(a<b)$ を頂点とする閉長方形の周に沿っての正則関数 $f(z)=e^{-z^2}$ の複素積分を考察する事により，実軸に平行な直線 l_a: $z=x+ia\ (-\infty<x<\infty)$ に沿っての関数 $f(z)$ の積分は a の取り方に無関係である事を示せ．

（九州大学大学院入試）

に帰着される．証明は第23話の156頁に記す．

問題 8　$X=\{(x,t)\in\mathbb{R}^2 : x\geq 0, 0\leq t\leq 1\}$ 上で定義された関数

$$f(x,t)=\mathrm{e}^{-x^2}\cos tx \qquad (3)$$

を考え，$g(x,t)=\dfrac{\partial f}{\partial t}(x,t)$ とおく．このとき，各 t に対して広義積分

$$\int_0^\infty f(x,t)\,dx = \lim_{a\to\infty}\int_0^a f(x,t)\,dx, \qquad (4)$$

$$\int_0^\infty g(x,t)\,dx = \lim_{a\to\infty}\int_0^a g(x,t)\,dx, \qquad (5)$$

はともに存在することが分かっている．t の関数 $F(t)$, $G(t)$, $G_a(t)\ (a>0)$ を

$$F(t)=\int_0^\infty f(x,t)\,dx, \qquad G(t)=\int_0^\infty g(x,t)\,dx, \qquad G_a(t)=\int_0^a g(x,t)\,dx \qquad (6)$$

とおいて定める．このとき，以下の問に答えよ．

(i)　$a>0, 0\leq t\leq 1$ のとき，

$$|G(t)-G_a(t)|\leq \int_a^\infty x\mathrm{e}^{-x^2}dx \qquad (7)$$

となることを示せ．

（この問題文と解答は第 6 話の37頁の「続名大多元積分」に続く）

（名古屋大学大学院多元数理科学研究科多元数理科学専攻入試）

第 5 話

フーリエ変換

問題 1　$[a, b]$ でルベッグ可積分な関数 $f(t)$ に対して

$$\lim_{x\to\infty}\int_a^b f(t)\cos xt\,dt=\lim_{x\to\infty}\int_a^b f(t)\sin xt\,dt=0 \tag{1}$$

を証明せよ．　　　　　　　　　　　　　　　（北海道大学，慶応大学大学院入試）

問題 2　公式

$$\int_{-\infty}^{+\infty}\frac{\sin x}{x}dx=\pi \tag{2}$$

を導け．　　（九州大学，東京教育(筑波)大学，大阪大学，東北大学，神戸大学大学院入試）

問題 3　$f(x)$ を $(-\infty, \infty)$ で定義された関数で，その台が有界でかつ無限回微分可能とする．$f(x)$ の Fourier 変換，

$$\hat{f}(\xi)=\frac{1}{\sqrt{2\pi}}\int_{-\infty}^{+\infty}e^{ix\xi}f(x)dx \tag{3}$$

は任意の自然数 m に対して，正数 C_m が存在して

$$|\hat{f}(\xi)|\leqq C_m(1+|\xi|)^{-m} \tag{4}$$

が全ての ξ に対して成り立つことを示せ．また，逆に $f(x)$ を台が有界な関数とする時，$f(x)$ の Fourier 変換 $\hat{f}(\xi)$ が (4) を満す時，$f(x)$ は無限回微分可能である事を証明せよ．

（筑波大学大学院入試）

問題 4　ヒルベルト空間上の有界作用素の定義と連続作用素の定義を述べ，その 2 つが同値である事を証明せよ．　　　　　　　　　　　　　　　（津田塾大学大学院入試）

問題 5　複素 Hilbert 空間 $X=L^2(-\infty, \infty)$ において，作用素 K：

$$(Kf)(x)=\int_0^\infty f(x-y)e^{-y}dy \qquad (f\in X) \tag{5}$$

を考える.

(i) K は X 全体で定義された連続線型作用素である事を示せ.

(ii) $f\in X$ の Fourier 変換を $F_f(\xi)$ と書く時, 全ての $f\in X$ に対して, $F_{Kf}(\xi)=\varphi(\xi)F_f(\xi)$ *a.e.* となる様な関数 $\varphi(\xi)$ を求めよ.

(iii) $\lambda I+K$ が X 全体で定義された連続な逆作用素 $(\lambda I+K)^{-1}$ を持たない様な, 複素数 λ の集合を求め, それを複素平面上に図示せよ. 但し, I は恒等作用素を表す.

(東京大学大学院入試)

今回の主題 前回に続いて, 問題 3, 5 のフーリエ変換であり, 他の問題はそれに至るアクセスである.

問題 1 の解説 階段関数 $g(t)$ に対しては, $[a,b]$ の分割 $a=t_0<t_1<\cdots<t_p=b$ が存在して, 各小区間 (t_k,t_{k+1}) $(0\leqq k\leqq p-1)$ では, $g(t)$ は定数 C_k である. 従って, $|x|\to\infty$ の時

$$\begin{aligned}\left|\int_a^b g(t)\sin xtdt\right|&=\left|\sum_{k=0}^{p-1}C_k\int_{t_k}^{t_{k+1}}\sin xtdt\right|\\&=\frac{1}{|x|}\left|\sum_{k=0}^{p-1}C_k\cos xt_k-\sum_{k=0}^{p-1}C_k\cos xt_{k+1}\right|\\&\leqq\frac{2}{|x|}\sum_{k=0}^{p-1}|C_k|\to 0.\end{aligned}$$

可積分関数はノルムの意味で階段関数で近似されるから, 任意の正数 ε に対して, 上記の様な階段関数 g があって, $\int_a^b|f(t)-g(t)|dt<\frac{\varepsilon}{2}$. 上の議論より, 正数 R があって, $\left|\int_a^b g(t)\sin xtdt\right|<\frac{\varepsilon}{2}\ (|x|\geq R)$. この時, $|x|\geq R$ であれば

$$\begin{aligned}&\left|\int_a^b f(t)\sin xtdt\right|\\&\leqq\left|\int_a^b (f(t)-g(t))\sin xtdt\right|+\left|\int_a^b g(t)\sin xtdt\right|\\&\leqq\int_a^b|f(t)-g(t)|dt+\left|\int_a^b g(t)\sin xtdt\right|\\&<\frac{\varepsilon}{2}+\frac{\varepsilon}{2}=\varepsilon.\end{aligned}$$

問題 2 の解説 正則関数 $\dfrac{e^{iz}}{z}$ を, 原点を中心とする円弧が原点の近くで内側に迂回す

る閉曲線に沿って複素積分すると，コーシーの積分定理より0である．関数論を用いるこの証明法は，拙著，「新修解析学」の93頁で解説したので参照されたい．

問題3の解答　関数 f の台 car$f$ は，集合 $\{x\in\mathbf{R};\ f(x)\neq 0\}$ の閉包である．仮定より car$f$ が有界なので，有限区間 $[-a, a]$ があって，その外側で $f(x)\equiv 0$．従って，積分 (3) は実質的には有限な区間 $-a\leqq x\leqq a$ 上の積分に等しく

$$\hat{f}(\xi)=\frac{1}{\sqrt{2\pi}}\int_{-a}^{a}e^{ix\xi}f(x)\,dx \tag{6}$$

ここで，純虚数 $i\theta$ に対する指数関数 $e^{i\theta}$ は**オイラーの公式**

$$e^{i\theta}=\cos\theta+i\sin\theta \tag{7}$$

で与えられる．$f(a)=f(-a)=0$ に注意し，部分積分すると，

$$\begin{aligned}\hat{f}(\xi)&=\left[\frac{1}{\sqrt{2\pi}}\cdot\frac{e^{ix\xi}}{i\xi}f(x)\right]_{-a}^{a}-\frac{1}{\sqrt{2\pi}}\cdot\frac{1}{i\xi}\int_{-a}^{a}e^{ix\xi}f'(x)dx\\&=\frac{1}{\sqrt{2\pi}}\cdot\frac{i}{\xi}\int_{-a}^{a}e^{ix\xi}f'(x)dx\quad(\xi\neq 0).\end{aligned}$$

$f(-a)=f'(-a)=\cdots=f^{(m-1)}(-a)=f^{(m-1)}(a)=\cdots=f'(a)=f(a)=0$ に注意し，数学的帰納法を用いて，部分積分を続行すると

$$\hat{f}(\xi)=\frac{1}{\sqrt{2\pi}}\cdot\left(\frac{i}{\xi}\right)^{m}\int_{-a}^{a}e^{ix\xi}f^{(m)}(x)dx\quad(\xi\neq 0) \tag{8}$$

$[-a, a]$ 上の $f^{(m)}(x)$ の最大値 M_m とすると，

$$|\hat{f}(\xi)|\leqq\frac{2a}{\sqrt{2\pi}}|\xi|^{-m}M_m\quad(\xi\neq 0) \tag{9}$$

即ち，$C_m=\dfrac{2a}{\sqrt{2\pi}}2^m(M_0+M_m)$ に対して，(4) が成立する．

さて，任意の実数 y を取り固定し，次に，R を任意の正数とすると，連続関数の有限区間の直積 $[-R, R]\times[-a, a]$ 上の累次積分は順序変更出来て，

$$\begin{aligned}&\frac{1}{\sqrt{2\pi}}\int_{-R}^{R}\hat{f}(\xi)e^{-iy\xi}d\xi\\&=\frac{1}{2\pi}\int_{-R}^{R}\left(\int_{-a}^{a}e^{ix\xi}f(x)dx\right)e^{-iy\xi}d\xi\\&=\frac{1}{2\pi}\int_{-a}^{a}\left(\int_{-R}^{R}e^{i(x-y)\xi}d\xi\right)f(x)dx\\&=\frac{1}{2\pi}\int_{-a}^{a}\frac{e^{iR(x-y)}-e^{-iR(x-y)}}{i(x-y)}f(x)dx\end{aligned}$$

$$=\frac{1}{\pi}\int_{-a}^{a}\frac{\sin R(x-y)}{x-y}f(x)\,dx$$

$$=\frac{1}{\pi}\int_{-y-a}^{-y+a}\frac{\sin Rt}{t}f(y+t)\,dt. \tag{10}$$

$y\in(-a,a)$ と仮定してよく，公式(2)を考慮に入れ，(10)と $f(y)$ との差を作り，$\dfrac{f(y+t)-f(y)}{t}$ が有界ならば，(1)を考慮に入れ $S=Rt$ と置き，$R\to\infty$ とすると，

$$\frac{1}{\sqrt{2\pi}}\int_{-R}^{R}\hat{f}(\xi)\,e^{-iy\xi}d\xi-f(y)$$

$$=\frac{1}{\pi}\int_{-y-a}^{-y+a}\frac{f(y+t)-f(y)}{t}\sin Rtdt$$

$$-\frac{f(y)}{\pi}\left(\int_{-\infty}^{R(-y-a)}+\int_{R(-y+a)}^{+\infty}\right)\frac{\sin s}{s}dt\to 0.$$

下記の論法で，台が有界な一般の関数 $f(x)$ の Fourier 変換 $\hat{f}(\xi)$ に対しても，**反転公式**

$$f(y)=\frac{1}{\sqrt{2\pi}}\int_{-\infty}^{+\infty}\hat{f}(\xi)e^{-iy\xi}d\xi \tag{11}$$

を得る．更に条件(4)が成立すれば，任意の自然数 k に対して

$$\left|\frac{\partial^k}{\partial y^k}(\hat{f}(\xi)\,e^{-iy\xi})\right|\leqq|\xi|^kC_{k+2}(1+|\xi|)^{-k-2}\leqq C_{k+2}(1+|\xi|)^{-2}$$

が成立するので，積分(11)は任意の k 回積分記号の下で y について偏微分出来て

$$f^{(k)}(y)=\frac{1}{\sqrt{2\pi}}\int_{-\infty}^{+\infty}\hat{f}(\xi)(-i\xi)^ke^{-iy\xi}d\xi \tag{12}$$

を得る．それは上述の理由で(12)の右辺の無限積分が y について一様収束し第4話の問題4が使えるからである．

関数空間 $L^2(-\infty,\infty)$ におけるフーリエ変換　数直線 $\boldsymbol{R}$ 上の C^∞ 級関数 f は任意の整数 $k\geqq 0$ と自然数 m に対して，正数 $C_{k,m}$ があって，$|f^{(k)}(x)|\leqq C_{k,m}\ (1+|x|)^{-m}$ が成立する時，**急減少関数**と云う．この様な f の作る線形空間を $\mathcal{S}$ で表す．$f\in\mathcal{S}$ とその Fourier 変換 $\hat{f}$ に対しては，問題3の様な形式的計算が許されて(11), (12), 及び，

$$\hat{f}^{(k)}(\xi)=\frac{1}{\sqrt{2\pi}}\int_{-\infty}^{+\infty}(ix)^ke^{ix\xi}f(x)dx$$

$$=\frac{1}{\sqrt{2\pi}}\left(\frac{i}{\xi}\right)^m\int_{-\infty}^{+\infty}e^{ix\xi}\frac{\partial^m}{\partial x^m}((ix)^kf(x))dx\quad(\xi\neq 0)$$

が成立する．従って，Fourier 変換は $\mathcal{S}$ から $\mathcal{S}$ の上への1対1線形写像である．更に

$f, g \in \mathcal{S}$ に対して，$\hat{f}(\xi)e^{-ix\xi}g(x)$ は2変数 ξ, x の関数として可積分であるから，Fubini の定理より積分の順序変更が出来，更に(11)を適用すると

$$\int_{-\infty}^{+\infty}\hat{f}(\xi)\overline{\hat{g}(\xi)}d\xi=\int_{-\infty}^{+\infty}\hat{f}(\xi)\left(\frac{1}{\sqrt{2\pi}}\int_{-\infty}^{+\infty}e^{-ix\xi}\overline{g(x)}dx\right)d\xi$$
$$=\int_{-\infty}^{+\infty}\left(\frac{1}{\sqrt{2\pi}}\int_{-\infty}^{+\infty}e^{-ix\xi}\hat{f}(\xi)d\xi\right)\overline{g(x)}dx$$
$$=\int_{-\infty}^{+\infty}f(x)\overline{g(x)}dx \qquad (13)$$

を得る．$L^2(-\infty,\infty)$ の稠密部分空間 $\mathcal{S}$ にて，フーリエ変換 $\mathcal{S}\ni f\to Ff=\hat{f}\in\mathcal{S}$ は，(13) よりノルムを不変にするから，$L^2(-\infty,\infty)$ から $L^2(-\infty,\infty)$ の上への線形写像 F に拡張されて，$\|Ff\|=\|f\|$ $(f\in L^2(-\infty,\infty))$ が成立する．

問題4の解説　ノルム空間 X からノルム空間 Y の中への線形写像 T は，正数 M があって，$\|Tx\|\leqq M\|x\|$ $(x\in X)$ が成立する時，**有界**であると云う．「新修解析学」の11章の問題5で論じた様に，線形写像の有界性は，その連続性，又は，一点における連続性と同値である．従って，フーリエ変換は $L^2(-\infty,\infty)$ から $L^2(-\infty,\infty)$ の上への連続写像である．

問題5の解答　(i)　シュワルツの不等式より

$$|(Kf)(x)|^2=\left|\int_0^\infty f(x-y)e^{-\frac{y}{2}}e^{-\frac{y}{2}}dy\right|^2$$
$$\leqq\left(\int_0^\infty|f(x-y)e^{-\frac{y}{2}}e^{-\frac{y}{2}}|dy\right)^2$$
$$\leqq\left(\int_0^\infty|f(x-y)|^2e^{-y}dy\right)\left(\int_0^\infty e^{-y}dy\right)$$
$$\leqq\int_0^\infty|f(x-y)|^2dy\leqq\int_{-\infty}^{+\infty}|f(z)|^2dz<+\infty \qquad (14)$$

が成立するから，積分 (5) は収束し，関数 Kf は旨く定義される．上の不等式の1部を活用し，Fubini の定理を用いて積分の順序を変更し，

$$\|Kf\|^2=\int_{-\infty}^{+\infty}|Kf|^2(x)dx$$
$$\leqq\int_{-\infty}^{+\infty}\left(\int_0^\infty|f(x-y)|^2e^{-y}dy\right)dx$$
$$=\int_0^\infty\left(\int_{-\infty}^{+\infty}|f(x-y)|^2dx\right)e^{-y}dy$$
$$=\int_0^\infty\left(\int_{-\infty}^{+\infty}|f(z)|^2dz\right)e^{-y}dy$$
$$=\int_{-\infty}^{+\infty}|f(z)|^2dz=\|f\|^2 \qquad (15)$$

を得るので，線形作用素 K は $\|Kf\|\leqq\|f\|\ (f\in X)$ を満し，有界，即ち，連続である．

(ii) X の稠密部分空間 $\mathcal{S}\ni f$ を考えれば十分で，$e^{ix\xi}f(x-y)e^{-y}$ は (x,y) の関数として可積分であるから，中年のワン・パターンで Fubini の定理を用いて積分の順序を変更すると露骨に計算出来る所がミソで，

$$
\begin{aligned}
F_{Kf}(\xi)&=\frac{1}{\sqrt{2\pi}}\int_{-\infty}^{+\infty}e^{ix\xi}\left(\int_0^{\infty}f(x-y)e^{-y}dy\right)dx\\
&=\int_0^{\infty}\left(\frac{1}{\sqrt{2\pi}}\int_{-\infty}^{+\infty}e^{ix\xi}f(x-y)dx\right)e^{-y}dy\\
&=\int_0^{\infty}\left(\frac{1}{\sqrt{2\pi}}\int_{-\infty}^{+\infty}e^{i(z+y)\xi}f(z)dz\right)e^{-y}dy\\
&=F_f(\xi)\int_0^{\infty}e^{(i\xi-1)y}dy=\frac{F_f(\xi)}{1-i\xi}
\end{aligned}
\tag{16}
$$

を得るので，答は

$$
\varphi(\xi)=\frac{1}{1-i\xi} \tag{17}
$$

(iii) フーリエ変換 $F: X\to X$ は双射であるから，$^{\forall}g\in X$ に対する方程式 $(\lambda I+K)f=g\ (^{\exists}f\in X)$ と，その両辺のフーリエ変換を，(ii)を考慮に入れて，作った方程式 $\left(\lambda-\frac{1}{i\xi-1}\right)\hat{f}=\hat{g}\ (\hat{f}=F_f,\ \hat{g}=F_g\in X)$ とは同値である．これより

$$
\hat{f}(\xi)=\frac{i\xi-1}{i\lambda\xi-\lambda-1}\hat{g}(\xi) \tag{18}
$$

を得る．任意の $\hat{g}\in X$ に対して，(18)の $\hat{f}\in X$ である為の必要十分条件は，分母が零とならぬ事，即ち，

$$
\xi=\frac{\lambda+1}{i\lambda} \tag{19}
$$

が実数とならない事である．この時，$\dfrac{i\xi-1}{i\lambda\xi-\lambda-1}$ は有界なので，線形写像 $X\ni\hat{g}\to\hat{f}\in X$ は有界，即ち，連続である．従って，$\lambda I+K$ が逆写像を持たない λ 全体の集合 S は，ξ 平面の実軸の1次変換

$$
\lambda=\frac{1}{i\xi-1} \tag{20}
$$

による像である．1次変換(20)は等角な円—円対応である．ξ 平面上の虚軸は3点 $0,\ -i,\ \infty$ を通る半径 ∞ の円と考えられ，これらの3点は，夫々，点 $-1,\infty,0$ に写るので，ξ 平面の虚軸の像は λ 平面のこれらの3点を通る円，即ち，実軸である．懸案の ξ 平面

の実軸は2点 0, ∞ にて，この円に直交する円と考えられるから，１次変換(20)によるその像は λ 平面において上の2点 0, ∞ の像点 $-1, 0$ にて，実軸に直交する円 $S=\left\{\lambda\in \boldsymbol{C};\ \left|\lambda+\frac{1}{2}\right|=\frac{1}{2}\right\}$ である．くどくなるが，$\lambda\in \boldsymbol{C}-S$ に対しては，$(\lambda I+K)^{-1}$ が存在して連続であり，下図の円周 S が求める集合である．なお，原典とは λ の符号を変えてみた．

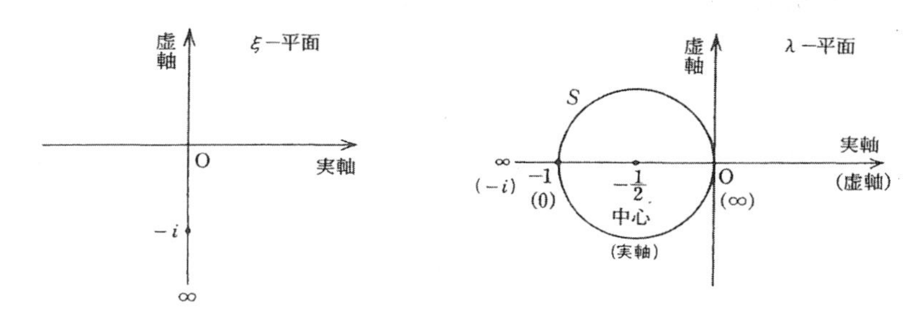

（第16話有理関数の定積分103頁に式番号を継承する「**続京大電子九大量子**」）

(ii)の解答　101頁下図の積分路に沿って $f(z)$ を積分する．留数定理(10)より，

$$\int_{-R}^{R} f(x)\,dx+\int_{C_R^+} f(z)\,dz=2\pi i(\mathrm{Res}(f, z_0)+\mathrm{Res}(f, z_1)). \tag{27}$$

$R\to\infty$ とすると，(16)の心で積分 $\displaystyle\int_{-\infty}^{+\infty}\frac{x^2}{x^4+1}dx=\frac{\pi}{\sqrt{2}}$.

問題 8 の解答　正関数 $f(x)$ を奇関数として接続し，$f(x)=-e^x(x<0)$．第5話の Fourier 変換(3)は

$$(\mathcal{F}f)(\xi)=\frac{1}{\sqrt{2\pi}}\int_{-\infty}^{\infty}e^{ix\xi}f(x)\,dx=-\frac{1}{\sqrt{2\pi}}\int_{-\infty}^{0}e^{ix\xi}e^{x}dx+\frac{1}{\sqrt{2\pi}}\int_{0}^{\infty}e^{ix\xi}e^{-x}dx=$$

$$-\frac{1}{\sqrt{2\pi}}\int_{-\infty}^{0}e^{(1+i\xi)x}dx+\frac{1}{\sqrt{2\pi}}\int_{0}^{\infty}e^{(-1+i\xi)x}dx=$$

$$-\frac{1}{\sqrt{2\pi}}\left(\frac{1}{1+i\xi}+\frac{1}{-1+i\xi}\right)=\sqrt{\frac{2}{\pi}}\frac{i\xi}{\xi^2+1} \tag{28}$$

の虚部が，Euler の公式 $e^{i\theta}=\cos\theta+i\sin\theta$ より，題意の正弦 Fourier 変換である．

$f=g$ の時の第5話の(13)こそ，題意の Parseval の関係式であり，

$$\int_{-\infty}^{\infty}\frac{x^2}{(1+x^2)^2}dx=\left\|\sqrt{\frac{\pi}{2}}(\mathcal{F}f)\right\|^2=\left\|\sqrt{\frac{\pi}{2}}f\right\|^2=\frac{\pi}{2}2\int_{0}^{\infty}e^{-2x}dx=\frac{\pi}{2} \tag{29}$$

は問題3の(3)の解答に整合するが，この正弦 Fourier 変換→Parseval の関係式による解答の方が楽である．

第 6 話

線形微分方程式の記号的解法

問題 1　微分方程式

$$L\frac{dy}{dx}+Ry=Ee^{sx} \tag{1}$$

において L, R, E は実の定数，$s=-\dfrac{R}{L}$ とする．初期条件を $x=0, y=0$ とする時，y が最大値を取る x の値を定めよ．　（慶応義塾大学大学院工学研究科修・博士課程入試）

問題 2　次の微分方程式の一般解を求めよ：

$$\frac{d^2y}{dx^2}-5\frac{dy}{dx}+6y=4e^x-e^{2x} \tag{2}$$

（慶応義塾大学大学院入試）

問題 3　次の微分方程式を解け：

$$\frac{d^2y}{dx^2}+2\frac{dy}{dx}+2y=2e^x\cos x \tag{3}$$

（東京工業大学大学院入試）

問題 4　次の微分方程式を解け：

$$\frac{d^2y}{dx^2}+\frac{dy}{dx}-y=x^2 \tag{4}$$

（東京工業大学大学院入試）

問題 5　次の微分方程式を解け：

$$\frac{d^2y}{dx^2}+2\frac{dy}{dx}+2y=xe^{-2x} \tag{5}$$

（東京工業大学大学院入試）

問題 6　次の微分方程式の一般解を求めよ：

$$\frac{d^2y}{dx^2}+2\frac{dy}{dx}+5y=xe^{-x}\cos 2x \tag{6}$$

（東京工業大学大学院入試）

問題 7　次の微分方程式を解け：

$$x^2\frac{d^2y}{dx^2}+2x\frac{dy}{dx}-6y=x\log x \tag{7}$$

（東京工業大学大学院入試）

問題 8　$f(x)$ は $x\geqq 1$ において連続，かつ絶対積分可能とする．この時，次の微分方程式の一般解を求めよ：

$$\frac{d^2y}{dx^2}+y=f(x) \tag{8}$$

（東京工業大学大学院入試）

今回の主題　微分方程式の演算子法（記号的解法）を，中年の ワン・パターン よろしく，シツコク追求する．

演算子法　独立変数 x の関数 y を専ら考察する時，

$$D=\frac{d}{dx} \tag{9}$$

とおき，Dy は $\dfrac{dy}{dx}$，即ち，y を微分したものを表すと約束すれば，Dは関数を微分すると云う演算を表し，**演算子**と呼ばれる．変数 t の多項式

$$f(t)=a_0t^n+a_1t^{n-1}+\cdots+a_n \tag{10}$$

の t の所に，演算子Dを代入した

$$f(D)=a_0D^n+a_1D^{n-1}+\cdots+a_{n-1}D+a_n \tag{11}$$

も演算子であって，これを関数yに左から掛けたものは

$$f(D)y=a_0\frac{d^ny}{dx^n}+a_1\frac{d^{n-1}y}{dx^{n-1}}+\cdots+a_{n-1}\frac{dy}{dx}+a_ny \tag{12}$$

と云うyの導関数の一次結合を表すものと約束する．定数 α に対して，$D^ne^{\alpha x}=\alpha^ne^{\alpha x}$ であるから，公式

$$f(D)e^{\alpha x}=f(\alpha)e^{\alpha x} \tag{13}$$

が成立する．x の関数 $X(x)$ に対して，微分方程式

$$f(D)y=X(x) \tag{14}$$

の一つの解 y を(14)の**特解**と呼び，$\dfrac{X}{f(D)}$ と書く．従って

$$f(D)\left(\frac{X(x)}{f(D)}\right)=X(x) \tag{15}$$

が成立するが，これは $\dfrac{X}{f(D)}$ の定義式である．$f(\alpha)\neq 0$ であれば，(13)より $f(D)\left(\dfrac{e^{\alpha x}}{f(\alpha)}\right)$ $=e^{\alpha x}$ なので，公式

$$\frac{e^{\alpha x}}{f(D)}=\frac{e^{\alpha x}}{f(\alpha)} \tag{16}$$

が成立し，D の所に α を代入すればよい．

非同次方程式(14)に伴う同次方程式

$$f(D)y=0 \tag{17}$$

を考察しよう．代数方程式

$$f(t)=0 \tag{18}$$

をその**特性方程式**と云う．(18) の根 (高数の用語の解は微分方程式の解に用いたい！) γ に対して，$f(D)e^{\gamma x}=f(\gamma)e^{\gamma x}=0$ が成立するので，$e^{\gamma x}$ は (17) の解である．従って，特性方程式 (18) の n 個の根 $\gamma_1, \gamma_2, \cdots, \gamma_n$ に対して，解 $e^{\gamma_i x}$ の一次結合

$$y=c_1e^{\gamma_1 x}+c_2e^{\gamma_2 x}+\cdots+c_ne^{\gamma_n x} \tag{19}$$

も(17)の解である．これらの γ_i が全て単根であれば，(19)は本当に n 個の任意定数 c_1, $c_2, \cdots, c_n$ を含み，(17)の**一般解**と呼ばれる．この時，(19)は非同次方程式(14) の**余関数**と呼ばれる．

$$\text{非同次方程式の一般解}=\text{余関数}+\text{特解} \tag{20}$$

関数 u と定数 α に対して，数学的帰納法により，$D^n(e^{\alpha x}u)=e^{\alpha x}(D+\alpha)^n u$ が示され，一次結合を取り，公式

$$f(D)(e^{\alpha x}u)=e^{\alpha x}f(D+\alpha)u \tag{21}$$

を得る．ここで α が特性方程式 $f(t)=0$ の m 重根であれば，$f(t)=g(t)(t-\alpha)^m$ と書けて，$g(\alpha)=\dfrac{f^{(m)}(\alpha)}{m!}$．(21)より

$$f(D)\left(\frac{x^m e^{\alpha x}}{f^{(m)}(\alpha)}\right)=\frac{e^{\alpha x}}{f^{(m)}(\alpha)}f(D+\alpha)x^m$$
$$=\frac{e^{\alpha x}}{f^{(m)}(\alpha)}g(D+\alpha)D^m x^m=\frac{m!g(\alpha)}{f^{(m)}(\alpha)}e^{\alpha x}=e^{\alpha x}$$

なので，公式

$$\frac{e^{\alpha}x}{f(D)}=\frac{x^m e^{\alpha x}}{f^{(m)}(\alpha)} \tag{22}$$

を得る．

問題1は $(LD+R)y=Ee^{sx}$ と書け，特性方程式 $Lt+R=0$ の根 $t=-\dfrac{R}{L}$ が丁度 s に等しく，余関数$=ce^{sx}$，特解は(22)より，$\dfrac{Ee^{sx}}{LD+R}=\dfrac{Exe^{sx}}{L}$ であり，一般解は

$$y=\left(c+\frac{E}{L}x\right)e^{sx} \tag{23}$$

$x=0$ の時，$y=0$ となる解は $y=\dfrac{E}{L}xe^{sx}$ で，最大値を取る点は $y'=0$ の根 $x=\dfrac{L}{R}$.

問題2は $(D^2-5D+6)y=4e^x-e^{2x}$ と書けて，特性方程式 $t^2-5t+6=0$ の根は2, 3なので，余関数$=c_1e^{2x}+c_2e^{3x}$．特解については，公式(16), (22)を夫々用いて

$$\frac{4e^x}{D^2-5D+6}=\frac{4e^x}{1^2-5\times1+6}=2e^x,$$
$$\frac{-e^{2x}}{D^2-5D+6}=\frac{-xe^{2x}}{2\times2-5}=xe^{2x}$$

なので，一般解は

$$y=c_1e^{2x}+c_2e^{3x}+2e^x+xe^{2x} \tag{24}$$

問題3は $(D^2+2D+2)y=2e^x\cos x$ と書け，特性方程式 $t^2+2t+2=0$ が虚根 $t=-1\pm i$ を持つ．一般に特性方程式(18)が虚根を持つ時は，動揺せずにオイラーの公式

$$e^{x+iy}=e^x(\cos y+i\sin y) \tag{25}$$

を想起し，虚根 $\alpha\pm i\beta$ に対し，同次解 $e^{(\alpha\pm i\beta)x}=e^{\alpha x}(\cos\beta x\pm i\sin\beta x)$ の代りにその一次結合

$$\frac{e^{(\alpha+i\beta)x}+e^{(\alpha-i\beta)x}}{2}=e^{\alpha x}\cos\beta x,$$
$$\frac{e^{(\alpha+i\beta)x}-e^{(\alpha-i\beta)x}}{2i}=e^{\alpha x}\sin\beta x$$

を考えればよい．本問では $\alpha=-1$, $\beta=1$ なので，余関数$=e^{-x}(c_1\cos x+c_2\sin x)$．特解を考える場合も，$e^x\cos x$ を実部とする $e^{(1+i)x}=e^x(\cos x+i\sin x)$ を考察し，

$$\frac{e^{(1+i)x}}{D^2+2D+2}=\frac{e^{(1+i)x}}{(1+i)^2+2(1+i)+2}=\frac{e^{(1+i)x}}{4(1+i)}$$
$$=\frac{(1-i)e^x(\cos x+i\sin x)}{4(1-i)(1+i)}$$
$$=\frac{e^x(\cos x+\sin x)}{8}+i\frac{e^x(-\cos x+\sin x)}{8}$$

の実部を取り，$\dfrac{e^x\cos x}{D^2+2D+2}=\dfrac{e^x(\cos x+\sin x)}{8}$．故に，(3) の一般解は

$$y=e^{-x}(c_1\cos x+c_2\sin x)+\frac{e^x(\cos x+\sin x)}{4} \qquad (26).$$

問題 4 は $(D^2+D-1)y=x^2$ と書けて，特性方程式 $t^2+t-1=0$ の根は $t=\dfrac{-1\pm\sqrt{5}}{2}$ なので，余関数$=e^{-\frac{x}{2}}(c_1e^{-\frac{\sqrt{5}x}{2}}+c_2e^{\frac{\sqrt{5}x}{2}})$．特解の方は少し準備が要る．一般に関数 $\dfrac{1}{f(t)}$ を $t=0$ でテイラー展開し

$$\frac{1}{f(t)}=b_0+b_1t+\cdots+b_mt^m+t^{m+1}R(t) \qquad (27)$$

と書けていれば，

$$1=f(t)(b_0+b_1t+\cdots+b_mt^m)+t^{m+1}g(t) \qquad (28)$$

において，$g(t)$ は多項式である．$X(x)$ が高々 m 次の多項式であれば，$D^{m+1}X=0$ なので，

$$X(x)=f(D)(b_0+b_1D+\cdots+b_mD^m)X(x)+g(D)D^{m+1}X$$
$$=f(D)(b_0+b_1D+\cdots+b_mD^m)X(x)$$

なので，公式

$$\frac{X(x)}{f(D)}=(b_0+b_1D+\cdots+b_mD_m)X(x) \qquad (29)$$

に達する．よって，(4) の特解は

$$\frac{x^2}{D^2+D-1}=-\frac{x^2}{1-(D+D^2)}$$
$$=-(1+(D+D^2)+(D+D^2)^2+\cdots)x^2$$
$$=-(1+D+2D^2)x^2=-x^2-2x-4.$$

(4) の一般解は

$$y=c_1e^{\frac{-1-\sqrt{5}}{2}x}+c_2e^{\frac{-1+\sqrt{5}}{2}x}-x^2-2x-4 \qquad (30).$$

問題 5 は $(D^2+2D+2)y=xe^{-2x}$ であり，余関数$=e^{-x}(c_1\cos x+c_2\sin x)$．公式(21)

より

$$f(D)\left(e^{\alpha x}\frac{e^{\alpha x}}{f(D+\alpha)}\right)=e^{\alpha x}f(D+\alpha)\frac{X}{f(D+\alpha)}=e^{\alpha x}X$$

なので，公式

$$\frac{e^{\alpha x}X(x)}{f(D)}=e^{\alpha x}\frac{X(x)}{f(D+\alpha)} \tag{31}$$

を得る．よって

$$\frac{xe^{-2x}}{D^2+2D+2}=e^{-2x}\frac{x}{(D-2)^2+2(D-2)+2}$$

$$=e^{-2x}\frac{x}{D^2-2D+2}=\frac{e^{-2x}}{2}\ \frac{x}{1-\left(D-\dfrac{D^2}{2}\right)}$$

$$=\frac{e^{-2x}}{2}(1+D+\cdots)x=\frac{(x+1)e^{-2x}}{2}.$$

(5) の一般解は

$$y=e^{-x}(c_1\cos x+c_2\sin x)+\frac{(x+1)e^{-2x}}{2} \tag{32}.$$

問題 6 は $(D^2+2D+5)y=xe^{-x}\cos 2x$ であり，特性方程式の根は虚根 $-1\pm2i$. 特解は

$$\frac{xe^{(-1+2i)x}}{D^2+2D+5}=e^{(-1+2i)x}\frac{x}{(D-1+2i)^2+2(D-1+2i)+5}$$

$$=e^{(-1+2i)x}\frac{1}{D}\left(\frac{x}{D+4i}\right)=e^{(-1+2i)x}\frac{1}{D}\cdot\frac{1}{4i}\ \frac{x}{1+\dfrac{D}{4i}}$$

$$=\frac{e^{(-1+2i)x}}{4i}\ \frac{1}{D}\left(1-\frac{D}{4i}+\cdots\right)x=\frac{e^{(-1+2i)x}}{4i}\ \frac{1}{D}\left(x-\frac{1}{4i}\right)$$

$$=\frac{e^{-x}(\cos 2x+i\sin 2x)}{4i}\left(\frac{x^2}{2}-\frac{x}{4i}\right)$$

$$=e^{-x}\left(\frac{x\cos 2x}{16}+\frac{x^2\sin 2x}{8}\right)+i\left(e^{-x}\left(\frac{x\sin 2x}{16}-\frac{x^2\cos 2x}{8}\right)\right)$$

の実部を取り，

$$\frac{xe^{-x}\cos 2x}{D^2+2D+5}=e^{-x}\left(\frac{x\cos 2x}{16}+\frac{x^2\sin 2x}{8}\right)$$

なので，(6) の一般解は

$$y=e^{-x}\left(\left(c_1+\frac{x}{16}\right)\cos 2x+\left(c_2+\frac{x^2}{8}\right)\sin 2x\right) \tag{33}.$$

問題7では $t=\log x$ を独立変数として,

$$x\frac{d}{dx}=x\frac{dt}{dx}\frac{d}{dt}=\frac{d}{dt},$$

$$\frac{d^2}{dt^2}=x\frac{d}{dx}\left(x\frac{d}{dx}\right)=x^2\frac{d^2}{dx^2}+x\frac{d}{dx}$$

なので, $x^2\frac{d^2}{dx^2}=\frac{d^2}{dt^2}-\frac{d}{dt}$. これらを(7)に代入して, $D=\frac{d}{dt}$ に対する微分方程式

$$(D(D-1)+2D-6)y=(D^2+D-6)y=te^t \tag{34}$$

を得る.

$$\frac{te^t}{D^2+D-6}=e^t\frac{t}{(D+1)^2+(D+1)-6}=e^t\frac{t}{D^2+3D-4}$$

$$=-\frac{e^t}{4}\frac{t}{1-\frac{3D+D^2}{4}}=-\frac{e^t}{4}\left(1+\frac{3D}{4}+\cdots\right)t$$

$$=\left(-\frac{t}{4}-\frac{3}{16}\right)e^t.$$

よって(7)の一般解は

$$y=c_1e^{-3t}+c_2e^{2t}-\left(\frac{t}{4}+\frac{3}{16}\right)e^t$$

$$=\frac{c_1}{x^3}+c_2x^2-\left(\frac{4\log x+3}{16}\right)x \tag{35}$$

問題8は $(D^2+1)y=f$ と書け, 特性方程式は虚根 $\pm i$ を持ち, 余関数 $=c_1\cos x+c_2\sin x$.
特解は, 微分作用素の分数式を部分分数に分解するテクニクがミソであり,

$$\frac{f(x)}{D^2+1}=\frac{f(x)}{(D-i)(D+i)}=\frac{1}{2i}\left(\frac{f(x)}{D-i}-\frac{f(x)}{D+i}\right) \tag{36}$$

に気付けばしめたもので, (21)より

$$(D\pm i)\left(e^{\mp ix}\frac{e^{\pm ix}f(x)}{D}\right)=e^{\mp ix}D\left(\frac{e^{\pm ix}f(x)}{D}\right)=f(x)$$

を得るので, オイラーの公式を駆使して得る

$$\frac{f(x)}{D\pm i}=e^{\mp ix}\int e^{\pm ix}f(x)dx$$

$$=(\cos x\mp i\sin x)\int(\cos x\pm i\sin x)f(x)dx$$

$$=\cos x\int\cos xf(x)dx+\sin x\int\sin xf(x)dx$$

$$\pm i\left(\cos x\int f(x)\sin x dx-\sin x\int f(x)\cos x dx\right)$$

を(36)に代入し，$\int dx=\int_1^x dt$ と解釈して，積分変数を t として (8) の一般解

$$y=c_1\cos x+c_2\sin x+\int_1^x f(t)\sin(x-t)dt \tag{37}$$

に達する．

（**第 4 話の22頁の問題 8** の問題文より式番号も継承しての「**続名大多元積分**」）

(ii)　$G(t)$, $G_a(t)$ は次の性質 (*) をもつことを示せ．

(*)　任意の $\epsilon>0$ に対して，正数 R が存在して，任意の $0\leq t\leq 1$ と任意の $a>R$ に対して $|G(t)-G_a(t)|<\epsilon$ となる．

(iii)　(ii)の性質を用いて，$G(t)$ が閉区間 $[0,1]$ 上の連続関数であることを示せ．

(iv)　(ii)の性質を用いて，$0\leq u\leq 1$ に対して，

$$\lim_{a\to\infty}\int_0^u (G(t)-G_a(t))\,dt=0 \tag{8}$$

となることを示せ．

(v)

$$\int_0^u G(t)\,dt=F(u)-F(0) \tag{9}$$

であることを示せ．

（名古屋大学大学院多元数理科学研究科多元数理科学専攻入試）

承前　無限区間 $[0,\infty)$ 上の広義積分(1), (2)は有限区間 $[0,1]$ 上と無限区間 $[1,\infty)$ 上の積分の和と考えると，その収束発散は無限区間 $[1,\infty)$ 上の収束発散と同値であるから，取り敢えず，$x\geq 1$ で広義積分の収束発散を論じる．任意の自然数 n に対し，指数関数 e^{x^2} のテイラー展開を x^{2n} の一項に留めて得る，$\mathrm{e}^{x^2}\geq x^{2n}/n!$ の逆数を取り，次の逆向きの不等式を得：

$$\mathrm{e}^{-x^2}\leq\frac{x^{-2n}}{n!}. \tag{10}$$

（第 7 話の43頁の「続々名大多元積分」に続く）

第 7 話

コーシーの積分表示

問題 1　D が有限個のなめらかな単純閉曲線 C で囲まれた領域，$f(z)$ が $\bar{D}$ を含む開集合で C^1 級の関数であるとき

$$\iint_D f_{\bar{z}} dxdy = \frac{1}{2i}\int_C f dz \qquad (1)$$

であることを示せ．つぎに $f(z)$ が z_0 の近傍で C^1 級の関数であるとき

$$\lim_{r\to 0}\frac{1}{\pi r^2}\int_{|z-z_0|=r} f(z)dz = 2if_{\bar{z}}(z_0) \qquad (2)$$

であることを示せ，ただし $f_{\bar{z}} = \dfrac{1}{2}(f_x + if_y)$ である．　（大阪市立大学大学院入試）

問題 2　f が $\{z\in \boldsymbol{C}\,|\,|z-z_0|<R\}$ において，正則であるとき，$0<r<R$ に対して

$$f(z_0) = \frac{1}{\pi r^2}\iint_{|z-z_0|\leq r} f(z)\,dxdy \ \ (z=x+iy) \qquad (3)$$

が成り立つことを示せ．　（東京女子大学大学院入試）

問題 3　D を $z=x+iy$ 平面上の上半平面 $\mathrm{I}(z)>0$ とし，$z_0 = x_0 + iy_0$ を D の 1 点とする．また開円板 $|z-z_0|<\dfrac{y_0}{2}$ を C とする．このとき，D 上の正則関数 $f(z)$ に対して

$$|f(z_0)| \leqq \frac{4}{\pi {y_0}^2}\iint_C |f(z)|dxdy \qquad (4)$$

が成立することを証明せよ．　（岡山大学大学院入試）

問題 4　$D=\{z\in \boldsymbol{C};\,|z|<1\}$ とする．D 上の正則関数 $f(z)$ で，$\displaystyle\iint_D |f(z)|^2 dxdy < \infty$，$z=x+iy$ をみたすもの全体を H とおく．次のことを証明せよ．

(i)　$w\in D, 0<\delta<1-|w|$ とする．任意の $f\in H$ に対し，

$$|f(\omega)|^2\leqq\frac{1}{\pi\delta^2}\iint_{D_\omega}|f(z)|^2dxdy \tag{5}$$

がなり立つ．ただし，$D_w=\{z\in D;\ |z-w|<\delta\}$．

(ii)　Hには

$$(f,g)=\iint_D f(z)\overline{g(z)}dxdy \quad (f,g\in H) \tag{6}$$

を内積とする Hilbert 空間の構造が入る．　(北海道大学大学院入試)

問題 5　$|z|<1$ で正則な関数 $f(z)$ が

$$\max_{|z|=r}|f(z)|=0(e^{-\frac{1}{r}}) \quad (r\to 0) \tag{7}$$

をみたすならば，$f(z)\equiv 0$ であることを証明せよ．　(名古屋大学大学院入試)

今回の主題　関数論の精髄である Cauchy の積分定理並びに積分表示とその若干の応用例である．

微分形式　複素変数 $z=x+iy$ の平面の集合E上で定義された関数 p, q に対して，$f=pdx+qdy$ なる形をしたものを**1次の微分形式**と言う．C^1 級の関数 p に対して1次の微分形式

$$dp=\frac{\partial p}{\partial x}dx+\frac{\partial p}{\partial y}dy \tag{8}$$

をその**微分**と呼ぶ．また，関数pに対して，$pdx\wedge dy$ や $pdy\wedge dx$ なる形をしたものを**2次の微分形式**と言うが，$dx\wedge dy=-dy\wedge dx, dx\wedge dx=dy\wedge dy=0$ と約束する．1次の微分形式 $f=pdx+qdy$ の微分を

$$df=dp\wedge dx+dq\wedge dy=\left(\frac{\partial p}{\partial x}dx+\frac{\partial p}{\partial y}dy\right)\wedge dx+\left(\frac{\partial q}{\partial x}dx+\frac{\partial q}{\partial y}dy\right)\wedge dy$$

$$=\left(\frac{\partial q}{\partial x}-\frac{\partial p}{\partial y}\right)dx\wedge dy$$

と約束する．

線積分　写像 $\gamma;[\alpha,\beta]\to \boldsymbol{C}$ は，$\gamma(t)=(x(t), y(t))$ とおくとき，関数 $x(t), y(t)$ が区分的になめらかで，かつ，$x'(t)^2+y'(t)^2>0$ であるとき，**区分的になめらかな曲線**であると言う．このとき，γ 上で連続な関数 p, q に対して，

$$\int_\gamma (pdx+qdy)=\int_\alpha^\beta \left(p(x(t),y(t))\frac{dx(t)}{dt}+q(x(t),y(t))\frac{dy(t)}{dt}\right)dt \tag{9}$$

でもって，1次の微分形式 $pdx+qdy$ の曲線 γ に沿っての**線積分**を定義する．領域D上の関数pに対して，2次の微分形式 $pdx\wedge dy$ の積分を2重積分

$$\iint_D pdx\wedge dy=\iint_D pdxdy \tag{10}$$

で定義する．有限個の閉曲線で囲まれた領域 D の閉包 $\bar{D}=D\cup\partial D$ の近傍で C^1 級の微分形式f に対して，高次元の場合にも，本質的には，積分と原始関数の関係に帰着される

$$(\textbf{Stokes の定理})\quad \int_{\partial D} f=\iint_D df \tag{11}$$

が成立する．ただし，Dを左に見る向きをDの境界 ∂D の向きとする．

複素積分　関数 $z=x+iy$, $\bar{z}=x-iy$ の微分は定義式(8)より $dz=dx+idy$, $d\bar{z}=dx-idy$ で与えられる．従って，$dx=\dfrac{dz+d\bar{z}}{2}$, $dy=\dfrac{dz-d\bar{z}}{2i}$ を得るが，これを(8)に代入すると，関数pの微分は，

$$\frac{\partial p}{\partial z}=\frac{1}{2}\left(\frac{\partial p}{\partial x}+\frac{1}{i}\frac{\partial p}{\partial y}\right),\quad \frac{\partial p}{\partial \bar{z}}=\frac{1}{2}\left(\frac{\partial p}{\partial x}-\frac{1}{i}\frac{\partial p}{\partial y}\right) \tag{12}$$

なる約束の下では，z と $\bar{z}$ があたかも独立変数であるかの様な公式

$$dp=\frac{\partial p}{\partial z}dz+\frac{\partial p}{\partial \bar{z}}d\bar{z} \tag{13}$$

などが得られて便利である．例えば，

$$dp\wedge dz=\left(\frac{\partial p}{\partial z}dz+\frac{\partial p}{\partial \bar{z}}d\bar{z}\right)\wedge dz=\frac{\partial p}{\partial \bar{z}}d\bar{z}\wedge dz=-\frac{\partial p}{\partial \bar{z}}dz\wedge d\bar{z},$$

$$d\bar{z}\wedge dz=(dx-idy)\wedge(dx+idy)=2idx\wedge dy$$

が成立することも確かめることが出来る．

問題1の解答　1次の微分形式fdz に対して，上の考察の下で(11)を適用すると(1)を得る．任意の正数 ε に対して，正数 δ があって，$z\in U_\delta=\{z\in C;\ |z-z_0|<\delta\}\subset D$ のとき，$|f_{\bar{z}}(z)-f_{\bar{z}}(z_0)|<\dfrac{\epsilon}{2}$．$0<r<\delta$ のとき，U_r に対して(1)を適用し，

$$\left|\frac{1}{\pi r^2}\int_{|z-z_0|=r} f(z)\,dz-2if_{\bar{z}}(z_0)\right|=\left|\frac{2i}{\pi r^2}\iint_{U_r}(f_{\bar{z}}(z)-f_{\bar{z}}(z_0))\,dxdy\right|<\varepsilon,$$

(2)を得る．(1)を一般化された Cauchy の積分定理，(1)の右辺を複素積分と言う．

Cauchy の積分定理と積分表示． $\dfrac{\partial f}{\partial \bar{z}}=0$ を満す C^1 級の関数は正則であると言う．領域 D の閉包で正則な関係 f に対しては，(1)より直ちに

$$\text{(Cauchy の積分定理)}\quad \int_{\partial D} f(z)dz=0 \tag{14}$$

を得る．問題1の状況の下で，Dの任意の点 a を取り固定し，正数 ε_0 を取り，$\{z\in \mathbf{C};\ |z-a|\leqq\varepsilon_0\}\subset D$ ならしめる．任意の正数 $\varepsilon<\varepsilon_0$ に対して，領域 $D_\varepsilon=D-\{z\in C;|z-a|\leqq\varepsilon\}$ と関数 $\dfrac{f(z)}{z-a}$ に (1) を適用すると

$$\iint_{D_\varepsilon}\frac{\dfrac{\partial f}{\partial \bar{z}}}{z-a}d\bar{z}\wedge dz=\int_{\partial D}\frac{f(z)}{z-a}dz-\int_{|z-a|=\varepsilon}\frac{f(z)}{z-a}dz \tag{15}$$

を得る．小円周 $|z-a|=\varepsilon$ 上では，$z=a+\varepsilon e^{i\theta}$ $(0\leqq\theta\leqq2\pi)$なので，$\dfrac{dz}{d\theta}=i\varepsilon e^{i\theta}=i(z-a)$ に注意すれば，(15)の右辺の第二項は

$$\int_{|z-a|=\varepsilon}\frac{f(z)}{z-a}dz=i\int_0^{2\pi}f(a+\varepsilon e^{i\theta})d\theta\to 2\pi i f(a)\quad(\varepsilon\to 0).$$

(15)にて $\varepsilon\to 0$ として，

(一般化された Cauchy の積分表示)

$$f(a)=\frac{1}{2\pi i}\left(\int_{\partial D}\frac{f(z)}{z-a}dz+\iint_D\frac{\dfrac{\partial f}{\partial \bar{z}}}{z-a}dz\wedge d\bar{z}\right) \tag{16}$$

を得る．特に f が正則であれば，$\dfrac{\partial f}{\partial \bar{z}}=0$ なので

$$\text{(Cauchy の積分表示)}\quad f(a)=\frac{1}{2\pi i}\int_{\partial D}\frac{f(z)}{z-a}dz \tag{17}$$

を得る．(17)は，正則関数の整級数展開や，一様収束極限の正則性など，関数論の重要な定理の源泉である．

問題2と3の解答　任意の正数 $\rho\leqq r$ に対して，$D=\{z\in\mathbf{C};\ |z-z_0|<\rho\}$ に対して，(17)を適用し，

$$2\pi f(z_0)=\frac{1}{i}\int_{|z-a|=\rho}\frac{f(z)}{z-z_0}dz=\int_0^{2\pi}f(z_0+\rho e^{i\theta})d\theta \tag{18}.$$

(18)の両辺に ρ を掛け，$0\leqq\rho\leqq r$ にて積分すれば，極座標の公式 $\rho d\rho d\theta=dxdy$ より(3)に達する．開円板 $|z-z_0|<\frac{y_0}{2}$ に対して，(3)を書き，両辺の絶対値を取ると(4)を得る．

問題 4 の解答 D_w 上の正則関数 $f^2(z)$ に対して,(3) を書き，両辺の絶対値を取ると(5)を得る．Schwarz の不等式より，(6) は内積の公理を満すことが示され，Hは prehilbert 空間である． そのノルムを $\|\cdot\|$ と略記する． 距離空間 H において，Cauchy 列 $\{f_n; n=1, 2, \cdots\}$ を考察しよう．任意の正数 ε を取り，以下固定する．自然数Nがあり，$\|f_m-f_n\|<\varepsilon\ (m, n\geqq N)$． D の任意の定点 z_0 を取り，正数 $\delta<\frac{1-|z_0|}{2}$ を取る．z_0 のコンパクト近傍 $K=\{w\in \boldsymbol{C}; |w-z_0|\leqq\delta\}$ の任意の点wの開近傍 $D_w=\{z\in C; |z-w|<\delta\}$ と正則関数 f_m-f_n に対して，不等式 (5) を適用し，$D_w\subset D$ に注意すると，$m, n\geqq N$ のとき

$$\max_{w\in K}|f_m(w)-f_n(w)|\leqq\frac{1}{\sqrt{\pi\delta^2}}\|f_m-f_n\|<\varepsilon \tag{19}$$

を得るので，関数列 $(f_n(z))$ はDで局所一様収束，即ち，広義一様収束する．その極限関数 f はDで正則である． 非負関数 $|f_n|^2$ の D 上の積分については，積分記号の下で極限が取れるので，三角不等式

$$\|f_n\|\leqq\|f_n-f_N\|+\|f_N\|<\varepsilon+\|f_N\|$$

にて $n\to\infty$ として，$\|f\|\leqq\varepsilon+\|f_N\|<+\infty$，即ち $f\in H$．更に，$\|f_n-f_m\|<\varepsilon\ (n, m\geqq N)$ にて， $m\to\infty$ として， $\|f_n-f\|\leqq\varepsilon\ (n\geqq N)$， 即ち， 距離空間 H にて， $f_n\to f\ (n\to\infty)$ を得る．Cauchy 列が収束する H は完備であり，Hilbert 空間をなす．

Cauchy の不等式 閉円板 $\{z\in \boldsymbol{C}; |z|\leqq r\}$ の近傍で正則な関数 $f(z)$ に対して，(17)を適用して得る

$$f(z)=\frac{1}{2\pi i}\int_{|\zeta|=r}\frac{f(\zeta)}{\zeta-z}d\zeta \tag{20}$$

の右辺は， 複素変数 z について任意の $n(\geqq 0)$ 回積分記号の下で微分が出来て

$$f^{(n)}(z)=\frac{n!}{2\pi i}\int_{|\zeta|=r}\frac{f(\zeta)}{(\zeta-z)^{n+1}}d\zeta \tag{21}.$$

特に，$z=0$ とすると，次の不等式を得る．

$$(\textbf{Cauchy の不等式})\quad |f^{(n)}(0)|\leqq\frac{n!}{r^n}\max_{|\zeta|=r}|f(\zeta)| \tag{22}.$$

問題 5 の解答 (22)と (7) より，任意の $n\geqq 0$ に対して

$$f^{(n)}(0)=0\left(\frac{e^{-\frac{1}{r}}}{r^n}\right) \qquad (23).$$

$t=\dfrac{1}{r}\to\infty$ の時，Taylor 展開 $e^t=\sum_{k=0}^{\infty}\dfrac{t^k}{k!}$ より

$$\frac{e^{-\frac{1}{r}}}{r^n}=\frac{t^n}{e^t}<\frac{t^n}{\frac{t^{n+1}}{(n+1)!}}=\frac{(n+1)!}{t}\to 0$$

なので，(23) にて $r\to 0$ として，$f^{(n)}(0)=0$ $(n\geqq 0)$．円板内で正則な関数は(17)を用いて中心で Taylor 展開出来るので，次式に達する：

$$f(z)=\sum_{n=0}^{\infty}\frac{f^{(n)}(0)}{n!}z^n=0 \quad (|z|<1).$$

（第6話37頁の「続名大多元積分」より式番号も継承しての「**続々名大多元積分**」）
広義積分の収束は

$$\int_1^{\infty}\frac{dx}{x^m}=\lim_{R\to\infty}\int_1^R\frac{dx}{x^m}=\lim_{R\to\infty}\frac{1-R^{1-m}}{m-1}=\frac{1}{m-1}<\infty \quad (m>1) \qquad (11)$$

であり，これが本問の hard part の要である．20頁問題3解答が soft part である．t に関して一様に不等式 $|f(x,t)|\leq e^{-x^2}$ が成立し，$n=1$ の時の(10)と $m=2$ の時の(11)より，t に無関係なこの右辺の無限区間 $[0,\infty)$ 上の積分が収束しているから，(1)-(2)の議論より，広義積分(4)は収束する．$g(x,t)=-xe^{-x^2}\sin tx$ の絶対値は $|g(x,t)|\leq xe^{-x^2}$ を満たし，$n=2$ の時の(10)と $m=4$ の時の(11)より，t に無関係なその右辺の無限区間 $[0,\infty)$ 上の積分が収束しているから，(1)-(2)の議論より，広義積分(4)は収束する．

(i)の解答　上に見た様に

$$G(t)-G_a(t)=\lim_{R\to\infty}\int_0^R g(x,t)\,dx-\int_0^a g(x,t)\,dx=\lim_{R\to\infty}\int_a^R g(x,t)\,dx, \qquad (12)$$

$$\left|\int_a^R g(x,t)\,dx\right|\leq\int_a^R|g(x,t)|\,dx\leq\int_a^R xe^{-x^2}dx \qquad (13)$$

にて，$R\to\infty$ とすると，関数としての $|\cdot|$ の連続性より，(7)を得る．

(ii)の解答　任意の正数 ϵ に対して $R=\dfrac{1}{2\sqrt{\varepsilon}}$ と置くと，$a>R$ の時，(13)より，

$$|G(t)-G_a(t)|\leq\int_a^{\infty}xe^{-x^2}dx\leq\int_a^{\infty}x\frac{x^{-4}}{2}dx=\frac{a^{-2}}{4}<\frac{1}{4R^2}=\epsilon. \qquad (14)$$

（第18話の117頁の「続々々名大多元積分」に続く）

第8話

留数定理

問題 1　$f(z)=e^{\frac{c}{2}\left(z-\frac{1}{z}\right)}$ を $z=0$ においてローラン展開したものを $\sum_{n=-\infty}^{\infty} a_n z^n$ とする時，

$$a_n=\frac{1}{2\pi}\int_0^{2\pi}\cos(n\theta-c\sin\theta)d\theta \qquad (1)$$

が成立する事を示せ．　　（岡山大学大学院入試）

問題 2　留数の定義を述べよ．　　（東京女子大学大学院入試）

問題 3　関数 f_1, f_2 は点 a で正則で，f_2 は点 a で1位の零点を持つが，$f_1(a)\neq 0$ とすると，関数 $f(z)=\dfrac{f_1(z)}{f_2(z)}$ の点 a における留数は，次の内どれか．

(i) $\dfrac{f_1(a)}{f_2(a)}$　(ii) $\dfrac{f_2(a)}{f_1(a)}$　(iii) $\dfrac{f_2'(a)}{f_1(a)}$　(iv) $\dfrac{f_1'(a)}{f_2'(a)}$　(v) $\dfrac{f_1(a)}{f_2'(a)}$

（国家公務員上級職数学専門試験）

問題 4　正則関数 $w=f(z)$ によって領域 D が一対一に領域 W に写される時，W の面積 $|W|$ は

$$|W|=\iint_D |f'(z)|^2 dxdy \quad (z=x+iy) \qquad (2)$$

で表される事を示せ．　　（東京女子大学大学院入試）

問題 5　複素平面上の点 a の近傍で正則な関数 f が $f'(a)\neq 0$ を満す時，$b=f(a)$ の近傍で定まる f の逆関数 g は次の様に表される事を証明せよ．

$$g(w)=\frac{1}{2\pi i}\int_{|z-a|=r}\frac{zf'(z)}{f(z)-w}dz \qquad (3)$$

（東京大学大学院入試）

問題 6　D は複素z平面上の有界領域，$w=f(z)$ は D を円板 $\{|w|<R\}$ の上に写す等角(即ち一対一正則)写像で $f(z_0)=0$ とする．$0<\rho<R$ なる任意の ρ に対して，$D_\rho=\{z\in D; |f(z)|<\rho\}$ とし，D_ρ の境界を C_ρ とする．この時，次の事を証明せよ．

(i)　$g(z)$ を D で正則な関数とすれば

$$\frac{g(z_0)}{f'(z_0)}=\frac{1}{2\pi i}\int_{C_\rho}\frac{g(z)}{f(z)}dz \tag{4}$$

ただし，積分は D_ρ に対して正の方向とする．

(ii)　$g(z)$ が D で正則でかつ 2 乗可積分ならば

$$g(z_0)=\frac{1}{\pi R^2}\iint_D g(z)\overline{f'(z)}f'(z_0)dxdy \tag{5}$$

ただし，$z=x+iy$.

（京都大学大学院入試）

今回の主題　留数定理の，計算力に重きを置かないタイプの，応用問題である．

問題 1 と 2 の解説　我々の関数 $f(z)$ は $0<|z|<\infty$ で正則である．この様に，$0<|z-a|<{}^\exists r$ で正則な時，a を f の**孤立特異点**と云い（${}^\exists r$ は，r が存在して，$0<|z-a|<r$ で……と読む），

$$f(z)=\sum_{n=-\infty}^{+\infty}a_n(z-a)^n \tag{6}$$

を f の a を中心とする**ローラン展開**と云う．級数 (6) は $0<|z-a|<r$ で広義一様収束するので，a の廻りを正の向きに一周する任意の閉曲線 $\gamma\subset\{0<|z-a|<r\}$ 上で $(z-a)^{-m-1}$ を (6) の両辺に掛けて項別積分出来るが，更に，公式

$$\int_\gamma\frac{dz}{z-a}=2\pi i,\quad \int_\gamma(z-a)^n dz=0\quad (n\neq-1) \tag{7}$$

を考慮に入れると，$z-a$ のベキの積分は $(z-a)^{-1}$ の項のみが生き残って

$$a_m=\frac{1}{2\pi i}\int_\gamma\frac{a_m}{z-a}dz=\sum_{n=-\infty}^{+\infty}\left(\frac{1}{2\pi i}\int_\gamma a_n(z-a)^{n-m-1}dz\right)$$

$$\underset{\text{項別積分可能}}{\overset{\text{一様収束なので}}{=}}\frac{1}{2\pi i}\int_\gamma\left(\sum_{n=-\infty}^{+\infty}a_n(z-a)^{n-m-1}dz\right)$$

$$=\frac{1}{2\pi i}\int_\gamma\frac{f(z)}{(z-a)^{m+1}}dz \tag{8}$$

を得る．特に，$m=-1$ の時，生き残る

$$a_{-1}=\frac{1}{2\pi i}\int_{\gamma} f(z)dz \tag{9}$$

を関数 f の点 a における留数と云い $\mathrm{Res}(f, a)$ 等と書く．従って，孤立特異点 a における留数の定義として

$$\mathrm{Res}(f, a)=\text{ローラン展開における}\ \frac{1}{a-z}\ \text{の係数} \tag{10}$$

を採用すると，公式

$$\int_{\gamma} f(z)\, dz=2\pi i\mathrm{Res}(f, a) \tag{11}$$

が導かれる．(9) の右辺を定義式とすると(10)が結果として導かれる．共に同値な定義である．有限個の曲線で囲まれた領域 D の閉包 $\bar{D}=D\cup\partial D$ の近傍で，D 内の有限個の孤立特異点を除いて正則な関数 f に対しては，コーシーの積分定理を用いて，有名な

$$\text{(留数定理)}\quad \int_{\partial D} f(z)dz=2\pi i\times\text{(留数和)} \tag{12}$$

を容易に導く事が出来るので，複素積分は所詮，留数和の計算に過ぎない．

問題 1 は受験生の学習がローラン展開迄到達しているかを問うている．公式 (8) を単位円周 γ: $z=e^{i\theta}\ (-\pi\leqq\theta\leqq\pi)$ に適用し，$\frac{dz}{d\theta}=ie^{i\theta}$ に注目し，**オイラーの公式**

$$e^{i\theta}=\cos\theta+i\sin\theta,\ \sin\theta=\frac{e^{i\theta}-e^{i\theta}}{2i} \tag{13}$$

を考慮に入れて，$\frac{c}{2}\left(z-\frac{1}{z}\right)=\frac{c}{2}(e^{i\theta}-e^{-i\theta})=ic\sin\theta,$

$$\frac{f(z)}{z^n}=e^{i(c\sin\theta-n\theta)}=\cos(c\sin\theta-n\theta)+i\sin(c\sin\theta-n\theta)$$

と計算し，余弦は偶，正弦は奇なので，正弦は消え

$$\begin{aligned} a_n&=\frac{1}{2\pi i}\int_{\gamma}\frac{f(z)}{z^{n+1}}dz=\frac{1}{2\pi}\int_{-\pi}^{\pi}\frac{f(z)}{z^n}d\theta \\ &=\frac{1}{2\pi}\int_{-\pi}^{\pi}\cos(c\sin\theta-n\theta)\,d\theta+\frac{i}{2\pi}\int_{-\pi}^{\pi}\sin(c\sin\theta-n\theta)\,d\theta \\ &=\frac{1}{2\pi}\int_{0}^{2\pi}\cos(n\theta-c\sin\theta)\,d\theta. \end{aligned} \tag{14}$$

問題 3 の解説 $f_2(z)=(z-a)g(z)$, $g(z)$ は値 0 を取らぬ正則関数，と点 a の近傍で表現されるので，$\frac{f_1(z)}{f_2(z)}=\frac{1}{z-a}\frac{f_1(z)}{g(z)}$ の点 a における留数，即ち，ローラン展開における $\frac{1}{z-a}$

の係数は $\dfrac{f_1(z)}{g(z)}=(z-a)\dfrac{f_1(z)}{f_2(z)}$ の $z=a$ における値に他ならない．更に，点 a における複素微係数 $f_2'(a)$ の定義に帰る所がミソで

$$\begin{aligned}\mathrm{Res}\left(\frac{f_1(z)}{f_2(z)},a\right)&=\lim_{z\to a}(z-a)\frac{f_1(z)}{f_2(z)}\\&=\frac{f_1(a)}{\displaystyle\lim_{z\to a}\frac{f_2(z)-f_2(a)}{z-a}}=\frac{f_1(a)}{f_2'(a)}\end{aligned}\qquad(15).$$

問題4の解説　C^1 級関数 $f(z)=u+iv$ が正則であるとは各点で複素微係数 $f'(z)$ が存在する事を云う．その為には実軸方向の微分が虚軸方向割る i に等しく

$$f'(z)=\frac{\partial f}{\partial x}=\frac{1}{i}\frac{\partial f}{\partial y}\qquad(16).$$

が成立する事が必要である．f を，$f=u+iv$ と，実部と虚部で表現すると(16)の第2式は

$$\frac{\partial u}{\partial x}=\frac{\partial v}{\partial y},\quad \frac{\partial u}{\partial x}=-\frac{\partial v}{\partial x}\qquad(17)$$

と同値であり，共に**コーシー・リーマンの式**と呼ばれる．更に，f の複素微分可能性とコーシー・リーマンとは同値である．本問では，対応 $z\mapsto w$ を $(x,y)\mapsto(u,v)$ と同一視し，(17), (16) を考慮に入れて，**ヤコビヤン** J を計算する事が肝要で

$$\begin{aligned}J=\begin{vmatrix}u_x & u_y\\ v_x & v_y\end{vmatrix}&=u_xv_y-u_yv_x=u_x{}^2+v_x{}^2\\&=|u_x+iv_x|^2=|f'(z)|^2\end{aligned}\qquad(18).$$

従って，変数変換の公式は直ちに(2)を与える．

問題5の解答　$f'(a)\neq0$ であるから，(18)より，写像 $(x,y)\mapsto(u,v)$ のヤコビヤンが点 a で $\neq0$ であり，逆写像の存在定理より点 $a,b=f(a)$ の開近傍 U,V と写像 $(u,v)\mapsto(x,y)$ が存在して C^1 級であり，複素変数で表すと，$z=g(w)$ は C^1 級写像 $g\colon V\to U$ を与え，$w=f(z)$ を z で解いたものになっている．この時，実変数の場合と全く同様にして，z は w について複素微分可能で，逆関数の微分の公式

$$\frac{dz}{dw}=\frac{1}{\dfrac{dw}{dz}}\qquad(19)$$

が成立する事を示す事が出来る．従って，正則関数の逆関数も正則である．U は a の近傍なので，$\exists\, r>0\,;\{|z-a|\leqq r\}\subset U$．$w=f(z)$ は C^1 同型なので，その開核の像

$f(\{|z-a|<r\})$ も $b=f(a)$ の近傍であり，$\exists\rho>0$；$\{|w-b|\leqq\rho\}\subset f(\{|z-a|<r\})$.
さて，$|w-b|<\rho$，なる $\forall w$ を固定すると，z に関する方程式 $f(z)-w=0$ の $\{|z-a|\leqq r\}$ を含む V の内の解は開円板 $\{|z-a|<r\}$ 内の $z=g(w)$ しかなく，しかも，$z=g(w)$ は $f(z)-w$ の 1 位の零点である（$\forall$ は任意）．従って，公式(15)が適用出来て，

$$\mathrm{Res}\left(\frac{zf'(z)}{f(z)-w},\, g(w)\right)=\frac{zf'(z)}{f'(z)}\bigg|_{z=g(w)}=g(w) \tag{20}$$

を得るので，留数定理の前触れ(11)より

$$\frac{1}{2\pi i}\int_{|z-a|=r}\frac{zf'(z)}{f(z)-w}dz=\mathrm{Res}\left(\frac{zf'(z)}{f(z)-w},\, g(w)\right)=g(w) \tag{21}$$

即ち，(3) に達する．

問題 6 の解答　前問同様 (15), (11) のお世話になり

$$\frac{1}{2\pi i}\int_{C\rho}\frac{g(z)}{f(z)}dz=\mathrm{Res}\left(\frac{g(z)}{f(z)},\, z_0\right)=\frac{g(z_0)}{f'(z_0)} \tag{22}$$

即ち，(4) は誰でも出来よう．これが25点満点の半分あると思うと誤りで 5 点位であろう．戦いは今から，戦いはここからであるが，πR^2 が w 平面の円板の面積なのに着目し，積分 (4) を w で表すべく変数変換し，取り敢えず，(19)と極形式 $w=\rho e^{i\varphi}$ を用い，$w=f(z)$ に注意し

$$\begin{aligned}\frac{g(z_0)}{f'(z_0)}&=\frac{1}{2\pi i}\int_{|w|=\rho}\frac{g(z)}{f(z)}\frac{dz}{dw}dw\\&=\frac{1}{2\pi i}\int_{|w|=\rho}\frac{g(z)}{f'(z)f(z)}dw\\&=\frac{1}{2\pi i}\int_0^{2\pi}\frac{g(z)}{f'(z)f(z)}\frac{dw}{d\varphi}d\varphi\\&=\frac{1}{2\pi}\int_0^{2\pi}\frac{g(z)}{f'(z)}d\varphi\end{aligned} \tag{23}$$

$f(z)$ が通分されたので，(5) に一歩近づいた事を確信し，消えた ρ を両辺に掛けて，$0\leqq\rho\leqq R$ で積分し，フビニの定理（敵が可積分で攻めて来たら，Fubini で防戦すればよい）を用いて累次積分を 2 重積分とし，更に極座標の公式 $\rho d\rho d\theta=dudv$ を用い

$$\begin{aligned}\frac{R^2}{2}\frac{g(z_0)}{f'(z_0)}&=\int_0^R\frac{g(z)}{f'(z_0)}\rho d\rho=\frac{1}{2\pi}\int_0^R\left(\int_0^{2\pi}\frac{g(z)}{f'(z)}d\varphi\right)\rho d\rho\\&=\frac{1}{2\pi}\iint_{|w|<R}\frac{g(z)}{f'(z)}dudv\end{aligned} \tag{24}$$

御苦労にも，又，変数変換 $(u,v)\mapsto(x,y)$,

$$dudv=\begin{vmatrix}\dfrac{\partial u}{\partial x} & \dfrac{\partial u}{\partial y}\\ \dfrac{\partial v}{\partial x} & \dfrac{\partial v}{\partial y}\end{vmatrix}dxdy=\left|\frac{dw}{dz}\right|^2dxdy$$
$$=|f'(z)|^2dxdy=f'(z)\overline{f'(z)}dxdy \tag{25}$$

によって，z に関する積分に戻す際，ヤコビヤンの公式(18)が肝要であって，

$$\frac{R^2}{2}\frac{g(z_0)}{f'(z_0)}=\frac{1}{2\pi}\iint_D\frac{g(z)}{f'(z)}f'(z)\overline{f'(z)}\,dxdy$$
$$=\frac{1}{2\pi}\iint_D g(z)\overline{f'(z)}\,dxdy \tag{26}$$

既ち，(5)を得る．

問題 7　a を正数，ξ を実数とする．

$$\int_{-\infty}^{\infty}\frac{e^{ix\xi}}{x^2+a^2}dx=\frac{\pi}{a}e^{-|\xi|a} \tag{27}$$

が成立する事を示せ．　　　　（東京工業大学大学院理工学専攻科物理学専攻入試）

問題 7 の解答　(27)の左辺の実変数 x を複素変数 z に換えての，z の関数

$$F(z)=\frac{e^{iz\xi}}{z^2+a^2}=\frac{e^{iz\xi}}{(z-ai)(z+ai)} \tag{28}$$

は虚軸上に二つの一位の極 $z=\pm ai$ を持ち，留数は公式(15)より，

$$\mathrm{Res}(F(z),\pm ai)=\frac{e^{iz\xi}}{2z}\Big|_{z=\pm ai}=\frac{e^{-\pm a\xi}}{\pm 2ai}. \tag{29}$$

正数 $R>a$ に対して，実軸上の線分 γ_R：$z=x(-R\leq x\leq R)$ と $\xi>0$ の時は，上半円周 C_R^+：$z=Re^{i\theta}(0\leq\theta\leq\pi)$, $\xi<0$ の時は，下半円周 C_R^-：$z=Re^{i\theta}$(θ は 0 から $-\pi$ 迄逆進）を連ねた閉曲線に，留数定理(12)より

$$\int_{\gamma_R}F(z)\,dz+\int_{C_R^\pm}F(z)\,dz=2\pi i\frac{e^{-\pm a\xi}}{\pm 2ai}=\frac{\pi}{a}e^{-|\xi|a}. \tag{30}$$

半円周上 $\mathrm{Re}(iz\xi)=-\sin(\theta\xi)\leq 0$ であるから，$|F(z)|\leq\dfrac{1}{R^2-a^2}$. (30)にて $R\to\infty$ とすると，|半円周上の複素積分|$\leq\dfrac{\pi R}{R^2-a^2}\to 0$ であるから，(27)を得る．

第 9 話

級数の収束判定法

問題 1　正数列 $(a_n)_{n\geqq 1}$ に対して，次の不等式を証明せよ：

$$\varliminf_{n\to\infty}\frac{a_{n+1}}{a_n}\leqq\varliminf_{n\to\infty}\sqrt[n]{a_n}\leqq\varlimsup_{n\to\infty}\sqrt[n]{a_n}\leqq\varlimsup_{n\to\infty}\frac{a_{n+1}}{a_n} \tag{1}$$

（広島大学大学院入試）

問題 2　正数列 $(\alpha_n)_{n=1}^{\infty}$ で条件

$$\lim_{n\to\infty}\alpha_n=0,\ \sum_{n=1}^{\infty}\frac{1}{n^{1+\alpha_n}}<\infty \tag{2}$$

を満す様なものの例を構成せよ.　（名古屋大学大学院入試）

問題 3　(i)　ベキ級数

$$f(z)=c_0+c_1+\cdots+c_nz^n+\cdots \tag{3}$$

は $z=z_0$ で収束するならば，$|z|<|z_0|$ で絶対かつ一様収束する．(ii) 上のベキ級数の収束半径を R とする時，

$$R=\frac{1}{\varlimsup\sqrt[n]{|c_n|}} \tag{4}$$

となる．(ことを証明せよ：大阪市立大学；英語，独語，又は，仏語に訳せ：学習院大学大学院入試)

問題 4　級数

$$f(x)=\sum_{n=0}^{\infty}\frac{a_nn!}{x(x+1)\cdots(x+n)}\quad(a_n\in\boldsymbol{C}) \tag{5}$$

がある $x=\alpha>0$ で収束する時，次の事を示せ：(i) 巾級数 $\sum_{n=0}^{\infty}a_nz^n$ $(z\in\boldsymbol{C})$ の収束半径は 1 より小さくはない．(ii)

$$\varphi(y)=\sum_{n=0}^{\infty}a_n(1-e^{-y})^n,\quad y>0 \tag{6}$$

とおくと，$x\geqq\alpha+2$ に対し

$$f(x)=\int_0^{\infty}e^{-xy}\varphi(y)dy \tag{7}.$$

（大阪大学大学院入試）

今回の主題は級数の収束であり，微積分の縄張りである．

問題1は，拙著，独修微分積分学（現代数学社）の12章の問題A－3 で解説したので参照されたい．

表記法について　限りある資源を最大限に利用する為，セミナーと同じく，「$\forall x, \exists y;$ …」等を使用する．これは，「任意の x に対して，…を満す y が存在する」と読み換えられたい．更に，$\rightleftarrows$ は定義式である．

ベキ根判定法　複素数列 $(c_n)_{n\geqq1}$ に対して，$\rho=\overline{\lim_{n\to\infty}}\sqrt[n]{|c_n|}$ とおく時，$\rho<1$ であれば，$\sum_{n=1}^{\infty}c_n$ は絶対収束し，$\rho>1$ であれば，$\sum_{n=1}^{\infty}c_n$ は発散する．

証明　$\rho<1$ の時．$r\rightleftarrows\dfrac{\rho+1}{2}$ は $\rho<r<1$．上極限の性質より，$\exists N; \sqrt[n]{|c_n|}<r\ (n\geqq N)$．$|c_n|<r^n\ (n\geqq N)$ が成立し，等比級数 $\sum r^n<+\infty$ なので，$\sum_{n=1}^{\infty}|c_n|<+\infty$．$\rho>1$ の時は，$\rho>r>1$．$\sqrt[n]{|c_n|}>r$，即ち，$|c_n|>r^n$ なる n が無数にあり，$r^n\to\infty\ (n\to\infty)$ なので，$\sum_{n=1}^{\infty}c_n$ は発散する．問題1より直ちに，

比判定法　$\rho\rightleftarrows\exists\lim_{n\to\infty}\left|\dfrac{c_{n+1}}{c_n}\right|$ の時，$\rho<1$ であれば，$\sum_{n=1}^{\infty}c_n$ は収束し，$\rho>1$ であれば発散する．

Maclaurin–Cauchy の判定法　↘ な $f(x)\geqq0$ に対して，$\sum f(n)<\infty$ である為の必要十分条件は $\int^{\infty}f(x)dx<\infty$．

解答は高校の教材である．

例題　$\sum_{n=1}^{\infty}\dfrac{1}{n^s}$ と $\sum_{n=3}^{\infty}\dfrac{1}{n(\log n)^s}$ は $s>1$ の時収束し，$s\leqq1$ の時発散する．これらは $\rho=$

1 の場合に当る.

問題 2 はそのまた例題であって，　$\forall s>1$ を固定し，　$n(\log n)^s=n^{1+\alpha_n}$ とすべく，$\alpha_n \overset{\equiv}{\leftarrow} s\dfrac{\log(\log n)}{\log n}\to 0\,(n\to\infty)$.

問題 3 の(i)は Abel (アーベル)の定理として名高い．収束級数の一般項は有界であるから，$\exists M>0;\ |c_n z_0{}^n|\leqq M\,(n\geqq 0)$.　$0<\forall r<|z_0|,\ |z|\leqq r$ の時，$|c_n z^n|=\left|c_n z_0{}^n\left(\dfrac{z}{z_0}\right)^n\right|\leqq M\left(\dfrac{r}{|z_0|}\right)^n$. 等比級数 $\sum_{n=0}^{\infty} M\left(\dfrac{r}{|z_0|}\right)^n<+\infty$ なので，ワイエルシュトラスの M-判定法より，$\sum_{n=0}^{\infty} c_n z^n$ は $|z|\leqq r$ で絶対かつ一様収束する．r は $\forall$ なので題意の如し．(ii)は **Cauchy-Hadamard** (コーシー-アダマール) の公式として有名で，$\overline{\lim_{n\to\infty}}\sqrt[n]{|c_n z^n|}=\dfrac{|z|}{R}$ なので，ベキ根判定法の直接的な結果である．

問題 4　$\sum_{n=0}^{\infty}\dfrac{a_n n!}{\alpha(\alpha+1)\cdots(\alpha+n)}$ が収束し，収束級数の一般項は有界なので，　$\exists M>0;$ $\left|\dfrac{a_n n!}{\alpha(\alpha+1)\cdots(\alpha+n)}\right|\leqq M\,(\forall n\geqq 0)$, 即ち，

$$|a_n|\leqq\frac{M\alpha(\alpha+1)\cdots(\alpha+n)}{n!}\quad(\forall n\geqq 0)\tag{8}$$

が得られ，a_n の行動を規制出来た事は大きい．(8) の右辺を b_n とおくと

$$\lim_{n\to\infty}\frac{b_n}{b_{n+1}}=\lim_{n\to\infty}\frac{n+1}{\alpha+n+1}=1\tag{9}$$

が成立する．問題 1 と 3 の (ii) より

(ダランベールの公式)　　$\sum c_n z^n$ の収束半径$=\lim\left|\dfrac{c_n}{c_{n+1}}\right|$.

従って，(9) より $\sum b_n z^n$ の収束半径$=1$. 故に，劣級数 $\sum a_n z^n$ の収束半径$\geqq 1$.

(ii)　$0<\forall r<\forall R,\ r\leqq y\leqq R$ において，　$1-e^{-r}\leqq 1-e^{-y}\leqq 1-e^{-R}$. 整級数 $\sum a_n z^n$ は問題 3 より，$|z|\leqq 1-e^{-R}<1$ で一様収束しているから，z の所に $1-e^{-y}$ を代入した $\varphi(y)$ は $r\leqq y\leqq R$ で絶対かつ一様収束している．従って，$[r, R]$ 上の連続関数項級数の定積分である

$$\int_r^R\left(\sum_{n=0}^{\infty}e^{-xy}a_n(1-e^{-y})^n\right)dy$$

は項別積分可能であり

$$\int_r^R e^{-xy}\varphi(y)dy=\sum_{n=0}^{\infty}a_n\int_r^R e^{-xy}(1-e^{-y})^n dy$$

が成立している．これは (7) とは程遠いので，何も仕事をしないで零敗するより，せめて置換積分で玉砕しようと，$t=e^{-y}$, $dt=-e^{-y}dy$, $dy=-\dfrac{dt}{t}$, $r\leqq y\leqq R$ の時，$e^{-r}\geqq t\geqq e^{-R}$ とおくと，

$$\int_r^R e^{-xy}\varphi(y)dy=\sum_{n=0}^{\infty}a_n\int_{e^{-R}}^{e^{-r}}(1-t)^n t^{x-1}dt$$

と二項定理で展開すれば，積分が実行出来る形となる．そこで，二項定理で展開してみると，混迷の度を深めるばかりである．しからば，部分積分をと考えるのが，やはり，ヤヤコシイ．せめて，$r\to 0, R\to\infty$ とした形は如何にと次の定積分において，$u'=t^{x-1}$, $v=(1-t)^n$, $u=\dfrac{t^x}{x}$, $v'=-n(1-t)^{n-1}$ とおき，部分積分を施すと

$$\int_0^1 t^{x-1}(1-t)^n dt=\int_0^1 u'v\,dt=\Big[uv\Big]_0^1-\int_0^1 uv'\,dt$$
$$=\left[\frac{t^x(1-t)^n}{x}\right]_0^1+\frac{n}{x}\int_0^1 t^x(1-t)^{n-1}dt$$
$$=\frac{n}{x}\int_0^1 t^x(1-t)^{n-1}dt$$

が得られ，x が分母に，n が分子に来て，(5) に向って一歩前進である．部分積分を一度施す毎に t の次数は一つ増え，$(1-t)$ の次数は一つ減るので，$(1-t)$ の次数が零になる迄繰り返すこと，こは如何に

$$\int_0^1 t^{x-1}(1-t)^n dt=\frac{n!}{x(x+1)\cdots(x+n)} \tag{10}$$

を得て，途半ばに達した事を識る．B (ベーター)-関数と Γ-関数の知識のある人は

$$\int_0^1 t^{x-1}(1-t)^n dt=B(x,n+1)$$
$$=\frac{\Gamma(x)\Gamma(n+1)}{\Gamma(x+n+1)}=\frac{n!}{x(x+1)\cdots(x+n)}$$

で5分程時間を得する．

従って，

$$f(x)-\int_r^R e^{-xy}\varphi(y)dy$$
$$=\sum_{n=0}^{\infty}a_n\int_0^1 t^{x-1}(1-t)^n dt-\sum_{n=0}^{\infty}a_n\int_{e^{-R}}^{e^{-r}}t^{x-1}(1-t)^n dt$$
$$=\sum_{n=0}^{\infty}a_n\left(\int_0^{e^{-R}}+\int_{e^{-r}}^1\right)t^{x-1}(1-t)^n dt \tag{11}$$

において，$r\to 0, R\to\infty$ として，これらを ε で押える ε-δ 法の強行手段あるのみである．

しかし，ある時の首相の言の様に，力は道理を超える事は出来ない．理を重んじる事も忘れてはならない．ここで条件 $x \geqq \alpha+2$ を想起し，

$$
\begin{aligned}
&\left(\int_0^{e^{-R}} + \int_{e^{-r}}^1\right) t^{x-1}(1-t)^n dt \\
&\leqq \left(\int_0^{e^{-R}} + \int_{e^{-r}}^1\right) t^{\alpha+1}(1-t)^n dt \\
&\leqq \int_0^1 t^{\alpha+1}(1-t)^n dt = \frac{n!}{(\alpha+2)(\alpha+3)\cdots(\alpha+2+n)} \qquad (12).
\end{aligned}
$$

n が大きい時の事が心配なので，(8) を想起し，

$$
\begin{aligned}
&\left| a_n \left(\int_0^{e^{-R}} + \int_{e^{-r}}^1\right) t^{x-1}(1-t)^n dt \right| \\
&\leqq \frac{M\alpha(\alpha+1)\cdots(\alpha+n)}{n!} \cdot \frac{n!}{(\alpha+2)(\alpha+3)\cdots(\alpha+2+n)} \\
&= \frac{M\alpha(\alpha+1)}{(\alpha+1+n)(\alpha+2+n)} \leqq \frac{M\alpha(\alpha+1)}{n^2} \qquad (13)
\end{aligned}
$$

を得る．$\sum_{n=1}^{\infty} \frac{M\alpha(\alpha+1)}{n^2} < +\infty$ が，n が大きい部分の処理は任せてくれと叫んでいる．

苦肉の策として，自然数 N を境として Σ を二分し，

$$
\begin{aligned}
&f(x) - \int_r^R e^{-xy}\varphi(y)dy \\
&= \left(\sum_{n=0}^{N} + \sum_{n>N}\right) a_n \left(\int_0^{e^{-R}} + \int_{e^{-r}}^1\right) t^{x-1}(1-t)^n dt
\end{aligned}
$$

において，先ず N を大きくして無限和 $\sum_{n>N}$ を小さくし，次に r を小さく，Rを大きくして，有限和 $\sum_{n=0}^{N}$ を小さくしよう．これを正しい ε–δ 法で述べる微積分の作法を弁えているかどうかが験されている．

級数 $\sum_{n=0}^{\infty} \frac{M\alpha(\alpha+1)}{(\alpha+1+n)(\alpha+2+n)}$ は収束しているから，$\forall \varepsilon > 0, \exists N;$

$$
\sum_{n>N} \frac{M\alpha(\alpha+1)}{(\alpha+1+n)(\alpha+2+n)} < \frac{\varepsilon}{2} \qquad (14).
$$

(13), (14) は

$$
\sum_{n>N} |a_n| \left(\int_0^{e^{-R}} + \int_{e^{-r}}^1\right) t^{x-1}(1-t)^n dt < \frac{\varepsilon}{2} \qquad (15)
$$

が $0<r<R$ に対して一様に成立している事を主張しており，本問は，一様収束の条件下の二つの極限の順序変更の問題にも分類する事が出来る．ε は $\forall$ であるが，一旦採用され

たら定数である．従って，この ε に左右されて定まる N も定数である．すると $\sum_{n=0}^{N}$ は r と R にしか関係しない筈である．その各項の積分 $\int_0^{e^{-R}}+\int_{e^{-r}}^1$ は $R\to\infty$, $r\to 0$ の時0に近づくから，上の ε に対して，$0<\exists r_0<\exists R_0$;

$$\sum_{n=0}^{N}|a_n|\left(\int_0^{e^{-R}}+\int_{e^{-r}}^{1}\right)t^{x-1}(1-t)^n dt<\frac{\varepsilon}{2}$$
$$(0<\forall r\leqq r_0<R_0\leqq\forall R). \tag{16}$$

以上をまとめると，$\forall\varepsilon>0$, $0<\exists r_0<\exists R_0$;

$$\begin{aligned}&\left|f(x)-\int_r^R e^{-xy}\varphi(y)dy\right|\\ &\leqq\sum_{n=0}^{N}|a_n|\left(\int_0^{e^{-R}}+\int_{e^{-r}}^{1}\right)+\sum_{n>N}|a_n|\left(\int_0^{e^{-R}}+\int_{e^{-r}}^{1}\right)\\ &<\frac{\varepsilon}{2}+\frac{\varepsilon}{2}=\varepsilon\quad(r\leqq r_0<R_0\leqq R)\end{aligned} \tag{17}$$

(17)は

$$f(x)=\lim_{\substack{r\to+0\\R\to+\infty}}\int_r^R e^{-xy}\varphi(y)dy \tag{18}$$

即ち，(7) を意味する．

総括　本問は三つの演算 $\int$, $\sum$, lim が次の

$$\begin{aligned}\int_0^\infty e^{-xy}\varphi(y)dy&=\lim_{\substack{r\to 0\\R\to\infty}}\int_r^R e^{-xy}\varphi(y)dy\\ &=\lim_{\substack{r\to 0\\R\to\infty}}\int_r^R\sum_{n=0}^{\infty}a_n(1-t)^n t^{x-1}dt\\ &=\lim_{\substack{r\to 0\\R\to\infty}}\sum_{n=0}^{\infty}a_n\int_r^R(1-t)^n t^{x-1}dt\\ &=\sum_{n=0}^{\infty}a_n\lim_{\substack{r\to 0\\R\to\infty}}\int_r^R(1-t)^n t^{x-1}dt\\ &=\sum_{n=0}^{\infty}a_n\int_0^\infty(1-t)^n t^{x-1}dt\end{aligned}$$

の様に可換である事の証明に尽きる．その証明は本文の様な $\sum_{n=0}^{N}+\sum_{n>N}$ の区分けと云う計算技術によっても達成されるが，更に高度な位相的見地から見通しよく眺めたい人は，拙著解析学序説（森北）の9章において，フィルターに関する極限の順序変更について学ばれたい．拙著，独修微分積分学（現代数学社）で実力を付けられたい．

第10話

ルベグ積分

問題 1 実軸上の関数

$$g(x)=e^{-\frac{1}{1-x^2}} \quad (|x|<1), \quad g(x)=0 \quad (|x|\geqq 1) \tag{1}$$

について，つぎの問に答えよ．

(i) C^∞ 級である事を示せ．

(ii) 実解析的でない事を示せ．

(iii) Maclaurin 展開の収束半径を求めよ．　　　　（東京工業大学大学院入試）

問題 2 (i) f が $\boldsymbol{R}$ 上のルベーグ可積分関数，g が有界ルベーグ可積分関数であるとき，

$$(f*g)(x)=\int_{-\infty}^{+\infty} f(x+y)g(y)\,dy \tag{2}$$

は x の連続関数である事を証明せよ．

(ii) E が $\boldsymbol{R}$ のルベーグ測度正の可測集合であるとき，$E\ominus E=\{x-y;\ x\in E, y\in E\}$ は原点の近傍であることを証明せよ．　　　　（立教大学大学院入試）

問題 3 $[0,1]$ 上のルベーグ可積分関数 f に対し

$$\lim_{n\to\infty}\sum_{k=1}^{n}\int_{\frac{2k-1}{2n}}^{\frac{2k}{2n}} f(x)dx=\frac{1}{2}\int_0^1 f(x)dx \tag{3}$$

が成り立つことを示せ．　　　　（学習院大学，広島大学大学院入試）

ルベグ積分　全ての集合に対して，その長さを定義する事は出来ないが，可算演算 $\bigcup_{n=1}^{\infty}$ や $\bigcap_{n=1}^{\infty}$ に関し閉じていて，開集合や閉集合を含む集合族に属する各集合の長さを測り，それが可算加法的である様にする事が出来る．この時，長さが測れる集合 E を**可測**集合，

その長さ $m(E)$ を**ルベグ測度**と言う．可測集合 E 上の関数 f は，任意の $c\in \boldsymbol{R}$ に対して，集合 $f^{-1}((c,+\infty))$ と $f(^{-1}((-\infty,c))$ が可測である時，**可測関数**と呼ぶ．更に $m(E)<+\infty$ かつ，E 上で f が有界，即ち，$\alpha\leqq f(x)\leqq\beta$ $(\forall x\in E)$ である時，**リーマン積分の場合は定義域の方を分割**したが，今回は，**値域** $[\alpha,\beta]$ **の方を分割**し，$\alpha=y_0<y_1\cdots<y_n=\beta$．更に (y_{i-1},y_i) から μ_i を取る．和 $\sum_{i=1}^{n}\mu_i m(f^{-1}([y_{i-1},y_i]))$ が，幅 $\max_{1\leqq i\leqq n}(y_i-y_{i-1})\to 0$ の時，f にしか関係しない様に収束するので，その極限を $\int_E f(x)dx$ と記し，関数 f の E 上の **Lebesgue 積分**と言う．これは **Riemann 積分の精密化**である．$m(E)=+\infty$ や f が有界でない場合の処理はリーマン積分と同じであるが，$\int_E|f(x)|dx<+\infty$ なる可測関数を E 上**可積分**であると言う．

次の２定理を証明なしで記しておく：

Lusin の定理　$m(E)<+\infty$ なる可測集合 E 上の可測関数 $f(x)$ に対して，$\forall\varepsilon>0,\exists$ 閉集合 $F\subset E$; $m(E-F)<\varepsilon$ かつ F 上では f は連続．

Lebesgue の定理　2変数 (x,t) の可測関数 $f(x,t)$ に対して，助変数 t に無関係な可積分関数 $f(x)$ があって，$|f(x,t)|\leqq f(x)$ $(\forall x\in E,\forall t\in T)$ が成立し，しかも $\lim_{t\to t_0}f(x,t)$ が存在すれば，

$$\lim_{t\to t_0}\int_E f(x,t)dx=\int_E\lim_{t\to t_0}f(x,t)dx \qquad (4).$$

応用問題として，次のルベグの補題を証明しよう．

Lebesgue の補題　数直線 $\boldsymbol{R}$ 上の可積分な関数 $f(x)$ に対して

$$\lim_{y\to 0}\int_{-\infty}^{+\infty}|f(x+y)-f(x)|dx=0 \qquad (5).$$

証明　正数 T に対し，集合

$$E_T=[-T,T]\cap f^{-1}([-T,T])$$

の定義関数を $\varphi_T(x)$ とすると，勿論 $x\in E_T$ の時，$\varphi_T(x)=1$, $x\notin E_T$ の時，$\varphi_T(x)=0$ であって，$f_T(x)=\varphi_T(x)f(x)$ とおくと，$|f(x)-f_T(x)|\leqq|f(x)|$, $\lim_{T\to\infty}|f(x)-f_T(x)|=0$ であり，f は可積分なので，ルベグの定理より，

$$\lim_{T\to\infty}\int_{-\infty}^{+\infty}|f(x)-f_T(x)|dx=0$$

が成立し，$1>\forall\varepsilon>0,\exists T>1$;

$$\int_{-\infty}^{+\infty}|f(x)-f_T(x)|dx$$
$$=\int_{|x|>T}|f(x)|dx+\int_{-T}^{T}(1-\varphi_T(x))|f(x)|dx<\frac{\varepsilon}{5}.$$

有界可測集合 $[-T, T]$ 上の有界可測関数 f_T に対して，上記ルジンの定理を適用すると，$[-T, T]$ の閉集合 F があって，$m([-T, T]-F)<\frac{\varepsilon}{10T}$ かつ f_T は F 上では連続である．数直線の開集合 $\boldsymbol{R}-F$ は高々可算個の開区間 (a_i, b_i) の合併 $\bigcup_{i=1}^{\infty}(a_i, b_i)$ であるが，

$$(a_1, b_1)=(-\infty, b_1),\ (a_2, b_2)=(a_2, +\infty)$$

と番号を付け，連続関数 $g(x)$ を

$$(-\infty, T)\cup(T, +\infty)\ \text{では}\ g(x)=0,$$

$$\left[-T, b_1\right]\ \text{では}\ g(x)=\left(1-\frac{b_1-x}{b_1+T}\right)f_T(b_1),$$

$$\left[a_2, T\right]\ \text{では}\ g(x)=\left(1-\frac{x-a_2}{T-a_2}\right)f_T(a_2),$$

$$[a_i, b_i]\ \text{では}\ g(x)=f_T(a_i)+\frac{f_T(b_i)-f_T(a_i)}{b_i-a_i}(x-a_i)$$

と全て1次式でつなぎ，他の点では $g(x)=f_T(x)$ と定義すると，f_T が元来閉集合 F で連続であったので，g は F 上 f_T に一致する $\boldsymbol{R}$ 上の台がコンパクトな連続関数であり，$\boldsymbol{R}$上一様連続であって，$^{\exists}\delta>0; |y|<\delta$ の時

$$\int_{-\infty}^{+\infty}|g(x+y)-g(x)|dx<\frac{\varepsilon}{5} \qquad (6).$$

更に

$$\int_{-\infty}^{+\infty}|g(x)-f_T(x)|dx$$
$$\leqq\left(\int_{-T}^{b_1}+\int_{a_2}^{T}+\sum_{i=3}^{\infty}\int_{a_i}^{b_i}\right)(|g(x)|+|f_T(x)|)dx$$
$$<2T(b_1-a_2+2T)+\sum_{i=3}^{\infty}2T(b_i-a_i)$$
$$=2Tm([-T, T]-F)<\frac{\varepsilon}{5},$$
$$\int_{-\infty}^{+\infty}|g(x+y)-f_T(x+y)|dx=\int_{-\infty}^{+\infty}|g(x)-f_T(x)|dx<\frac{\varepsilon}{5}$$

なので，$|y|<\delta$ の時

$$\begin{aligned}
&\int_{-\infty}^{+\infty}|f(x+y)-f(x)|dx\\
&=\int_{-\infty}^{+\infty}|f(x+y)-f_T(x+y)+f_T(x+y)-g(x+y)\\
&\quad+g(x+y)-g(x)+g(x)-f_T(x)+f_T(x)-f(x)|dx\\
&\leqq\int_{-\infty}^{+\infty}|f(x+y)-f_T(x+y)|dx\\
&\quad+\int_{-\infty}^{+\infty}|f_T(x+y)-g(x+y)|dx\\
&\quad+\int_{-\infty}^{+\infty}|g(x+y)-g(x)|dx+\int_{-\infty}^{+\infty}|g(x)-f_T(x)|dx\\
&\quad+\int_{-\infty}^{+\infty}|f_T(x)-f(x)|dx<\frac{\varepsilon}{5}+\frac{\varepsilon}{5}+\frac{\varepsilon}{5}+\frac{\varepsilon}{5}+\frac{\varepsilon}{5}=\varepsilon
\end{aligned}$$

が成立し補題の証明が終る.

問題 2 の解答　(i)　$\exists M>0;\ |g(y)|\leqq M\ (\forall y\in\boldsymbol{R})$.　ルベグの補題より，

$$\begin{aligned}
&|(f*g)(x)-(f*g)(x')|\\
&=\left|\int_{-\infty}^{+\infty}(f(x+y)-f(x'+y))g(y)\,dy\right|\\
&\leqq M\int_{-\infty}^{+\infty}|f(x+y)-f(x'+y)|dy\\
&=M\int_{-\infty}^{+\infty}|f(x-x'+y)-f(y)|dy\to 0\quad(x'\to x)
\end{aligned}\tag{7}$$

(ii)　$\varphi^E(y)$ を E の定義関数とする，即ち，$\varphi_E(y)=1\ (y\in E)$，$\varphi_E(y)=0\ (y\notin E)$とすると，$E$ が可測集合である事と φ_E が可測関数である事とは同値である．更に，$m(E)<+\infty$ なので，φ_E は可積分である．従って，(i) より $\varphi_E*\varphi_E$ はE上連続で，$G=\{x\in\boldsymbol{R};\ (\varphi_E*\varphi_E)(x)>0\}$ は開．$x\in\boldsymbol{R}-(E\ominus E)$ であれば，$\forall y\in E,\ x+y\notin E$．従って $\varphi_E(x+y)=0$．故に

$$(\varphi_E*\varphi_E)(x)=\int_{\boldsymbol{R}}\varphi_E(x+y)\varphi_E(y)dy=0.$$

更に

$$(\varphi_E*\varphi_E)(0)=\int_{\boldsymbol{R}}(\varphi_E(y))^2dy=m(E)>0$$

なので，$E\ominus E$ は原点を含む開集合Gを含み，原点の近傍である．

問題 1 の解答　$|x|<1$ と $|x|>1$ で g は C^∞ 級である．$n\geqq 0$ に対して，分母には$(1-x^2)^n$

しか含まない有理関数 $P_n(x)$ があって，$|x|<1$ では

$$g^{(n)}(x)=P_n(x)e^{-\frac{1}{1-x^2}} \tag{8}$$

が成立する事を帰納法で示す事が出来る．e^t のマクローリン展開より，

$$g^{(n)}(x)=O\left(\frac{(1-x^2)^{-n}}{(1-x^2)^{-n-1}}\right)=O(1-x^2)\to 0 \quad (|x|\to 1)$$

を得るので，数学的帰納法を用いて，$g^{(n)}(x)$ が連続である事を示す事が出来る．g が実解析的であれば，$x=1$ の近傍で $g(x)=\sum_{n=0}^{\infty}\frac{g^{(n)}(1)}{n!}(x-1)^n\equiv 0$ となり矛盾．又，$|z|<1$ で正則な関数 $g(z)$ のマクローリン級数の収束半径＝ 0と最も近い特異点±1 との距離＝1.

フリートリクスの軟化子　問題2では，g が連続でなくても $f*g$ は連続となり，問題3への応用はこれで十分であるが，行き掛けの駄賃で，g が C^∞ 級の台がコンパクトな関数の時を考えよう．$h\neq 0$ に対して，変数変換 $z=x+y+h$ 及び $z=x+y$ によって g の中に x を移し，平均値の定理より，$0<{}^\exists\theta<1$;

$$\begin{aligned}&\frac{(f*g)(x+h)-(f*g)(x)}{h}\\&=\int_{-\infty}^{+\infty}f(z)\frac{g(z-x-h)-g(z-x)}{h}dz\\&=-\int_{-\infty}^{+\infty}f(z)g'(z-x-\theta h)dz.\end{aligned}$$

前述のルベグの定理より，積分記号の下で $h\to 0$ と出来て

$$^\exists\frac{d}{dx}(f*g)(x)=-\int_{-\infty}^{+\infty}f(z)g'(z-x)dz \tag{9}$$

を得る．$g\in C^\infty$ なので，帰納法より，$f*g\in C^\infty$ を示す事が出来る．

この g としては，問題1の関数 g と $C=\int_{-\infty}^{+\infty}g(x)dx>0$ を用いて，$\delta>0$ に対して，関数

$$\rho_\delta(x)=\frac{1}{\delta}g\left(\frac{x}{\delta}\right) \tag{10}$$

を定義すると，ρ_δ は C^∞ 級の

$$\int_{-\infty}^{+\infty}\rho_\delta(x)dx=1,\ \rho_\delta(x)\geqq 0,\ \{x;\rho_\delta(x)>0\}=(-\delta,\delta) \tag{11}$$

を満す，台が $[-\delta,\delta]$ である様な関数であって，**Friedrichs の軟化子**と呼ばれる．軟化子の由来は，任意の可積分関数 f に ρ_δ を畳み込むと，上述の様に $f*\rho_\delta$ が軟らかになるか

らである．更に著しいのは，

$$f(x)=\int_{-\delta}^{\delta}f(x)\rho_\delta(y)dy$$

と Fubini の定理を用いると定符号関数は積分の順序変更が出来て，

$$\begin{aligned}&\int_{-\infty}^{+\infty}|(f*\rho_\delta)(x)-f(x)|dx\\&=\int_{-\infty}^{+\infty}\left|\int_{-\delta}^{\delta}(f(x+y)-f(x))\rho_\delta(y)dy\right|dx\\&\leqq\int_{-\infty}^{\infty}\left(\int_{-\delta}^{\delta}|f(x+y)-f(x)|\rho_\delta(y)dy\right)dx\\&=\int_{-\delta}^{\delta}\left(\int_{-\infty}^{+\infty}|f(x+y)-f(x)|dx\right)\rho_\delta(y)dy\end{aligned}$$

の右辺の第1回目の被積分関数は正しく Lebesgue の補題の標的であって，

$$\forall\varepsilon>0,\ \exists\delta_0>0;\ \int_{-\infty}^{+\infty}|f(x+y)-f(x)|dx<\varepsilon\quad(|\forall y|<\delta_0)$$

なので，$0<\delta<\delta_0$ である限り，第2回目の積分変数 y は $|y|<\delta_0$ に留り，結局

$$\int_{-\infty}^{+\infty}|(f*\rho_\delta)(x)-f(x)|dx<\int_{-\delta}^{\delta}\varepsilon\rho_\delta(y)dy=\varepsilon\quad(0<\forall\delta<\delta_0)$$

を得て，**L_1-収束**

$$\lim_{\delta\to 0}\int_{-\infty}^{+\infty}|(f*\rho_\delta)(x)-f(x)|dx=0 \tag{12}$$

の意味で，f を近似する．フリートリクスの軟化子は不連続な関数を C^∞ 級関数と結び付ける重要な懸け橋であり，解析学伝家の宝刀である．

問題3の解答　$f(x)=0$ $(x<0, x>1)$ とおき，f を $\boldsymbol{R}$ 上の台がコンパクトな可積分関数と見なし，フリートリクスの軟化子 ρ_δ とのたたみ込み $g=f*\rho_\delta$ を作ると g は C^∞ 級であって，$\forall\varepsilon>0, 1>\exists\delta>0;$

$$\int_{-\infty}^{+\infty}|g(x)-f(x)|dx<\frac{\varepsilon}{4} \tag{13}.$$

有界閉区間 $[0,1]$ で連続な g は一様連続であって，上の $\varepsilon>0$ に対して，$\exists h>0$；$|g(x)-g(x')|<\frac{\varepsilon}{2}$ $(x,x')\in[0,1]$, $|x-x'|<h$). $\exists$自然数 n_0; $n_0>\frac{1}{h}$. この様にして定めた n_0 に対し，$n\geqq n_0$ であれば，

$$\left|2\sum_{k=1}^{n}\int_{\frac{2k-1}{2n}}^{\frac{2k}{2n}} g(x)dx-\int_0^1 g(x)dx\right|$$

$$=\left|\sum_{k=1}^{n}\left(2\int_{\frac{2k-1}{2n}}^{\frac{2k}{2n}} g(x)dx-\int_{\frac{2k-2}{2n}}^{\frac{2k}{2n}} g(x)dx\right)\right|$$

$$=\left|\sum_{k=1}^{n}\left(\int_{\frac{2k-1}{2n}}^{\frac{2k}{2n}} g(x)dx-\int_{\frac{2k-2}{2n}}^{\frac{2k-1}{2n}} g(x)dx\right)\right|$$

$$=\left|\sum_{k=1}^{n}\int_{\frac{2k-2}{2n}}^{\frac{2k-1}{2n}}\left(g\left(x+\frac{1}{2n}\right)-g(x)\right)dx\right|$$

$$\leqq\sum_{k=1}^{n}\int_{\frac{2k-2}{2n}}^{\frac{2k-1}{2n}}\left|g\left(x+\frac{1}{2n}\right)-g(x)\right|dx<\sum_{k=1}^{n}\frac{\varepsilon}{4n}=\frac{\varepsilon}{4}.$$

従って(13)より，$n\geqq n_0$ の時，

$$\left|2\sum_{k=1}^{n}\int_{\frac{2k-1}{2n}}^{\frac{2k}{2n}} f(x)dx-\int_0^1 f(x)dx\right|$$

$$\leqq\left|2\sum_{k=1}^{n}\int_{\frac{2k-1}{2n}}^{\frac{2k}{2k}} f(x)dx-2\sum_{k=1}^{n}\int_{\frac{2k-1}{2n}}^{\frac{2k}{2n}} g(x)dx\right|$$

$$+\left|2\sum_{k=1}^{n}\int_{\frac{2k-1}{2n}}^{\frac{2k}{2n}} g(x)dx-\int_0^1 g(x)dx\right|$$

$$+\left|\int_0^1 g(x)dx-\int_0^1 f(x)dx\right|$$

$$\leqq 2\int_0^1|f(x)-g(x)|dx+\frac{\varepsilon}{4}+\int_0^1|g(x)-f(x)|dx$$

$$<3\times\frac{\varepsilon}{4}+\frac{\varepsilon}{4}=\varepsilon$$

が成立し，(3)を得る．この様に不連続な f をフリートリクスの軟化子を用いて C^∞ 級の関数で近似し，問題を微積分が実行し易い C^∞ の場合に帰着させて解決するのが，解析学の常套手段である．

問題 4　dx を $\mathbf{R}$ 上のルベーグ測度とし，各 $n=1,2,\cdots,$ に対して $\mathbf{R}$ 上の関数 f_n を

$$f_n=\frac{n}{\pi(n^2x^2+1)} \tag{14}$$

（式番号を込めて67頁に続く）　（九州大学大学院数理学府数理学専攻入試）

第11話

中間値の定理

問題 1　連結について説明しなさい．　（東京女子大学大学院入試）

問題 2　D は n 次元実ユークリッド空間 $\boldsymbol{R}^n$ の連結開集合で，空でないとし，f を D 上の実数値連続関数とする．この時，$f(a)<k<f(b)$ なる D の 2 点 a, b と実数値 k に対して，$k=f(c)$ となる $c\in D$ がある事を示せ．　（京都大学，東京女子大学大学院入試）

問題 3　次の和文を欧文に訳せ．

［中間値の定理］　或る区間において連続なる関数 $f(x)$ がこの区間に属する点 a, b において相異なる値 $f(a)=\alpha$, $f(b)=\beta$ を有する時，α, β の中間における任意の値を μ とすれば，$f(x)$ は a, b の中間の或る点 c において，この μ なる値を取る．即ち，$a<c<b, f(c)=\mu$ なる c が存在する．

［証］　$\alpha<\mu<\beta$ として証明する．$F(x)=f(x)-\mu$ とおけば，$F(a)=\alpha-\mu<0$, $F(b)=\beta-\mu>0$. $F(x)$ は $[a, b]$ において連続で，$F(a)<0$ だから，a の或る近傍では，$F(x)<0$. 故に $[a, \xi]$ において常に $F(x)<0$ なる ξ が存在する．しかし，$F(b)>0$ だから $\xi<b$. 故にこの様な ξ に上限がある．それを c とすれば，$F(c)=0$ でなければならない．もしも，仮に $F(c)<0$ とすれば，上記の区間 $[a, \xi]$ は c を超えて延長されるであろう．それは c の意味に反する．又，もし $F(c)>0$ とすれば，十分小なる ε に対して $F(c-\varepsilon)>0$ で $[a, \xi]$ の右端 ξ は $c-\varepsilon$ を超えない．それも c の意味に反する．故に，$F(c)=0$, 即ち，$f(c)=\mu$. さて，$a<c\leqq b$ であったが，$f(b)=\beta\neq\mu$ だから $c<b$ でなければならない．（証終）　（上智大学大学院入試）

問題 4　$f(x)$ は区間 $I=[0, 1]$ で定義された非負連続関数とする．任意の $\alpha>0$ に対して

$$\int_0^a f(x)dx=\alpha\int_a^1 f(x)dx \tag{1}$$

となる $a\in[0,1]$ が存在する事を示せ．任意の $\alpha>0$ に対してこの様な a が唯一つ存在する為の $f(x)$ の条件を求めよ． （北海道大学大学院入試）

問題 5　fを閉区間 $[0,1]$ からそれ自身への連続写像で $f(0)<f(1)$ とする．(i) もしも f が1対1ならば，f は単調増加である事を示せ．(ii) ある自然数 n に対し $f^n=\underbrace{f\circ f\circ\cdots\circ f}_{n}=id$ ならば，$f=id$ となる事を証明せよ． （九州大学大学院入試）

問題 6　閉線分 X —— と，次図の様に円周と閉線分が一点で交ったもの Y ○—— は同相か否か，理由を附して答えよ． （京都大学大学院入試）

幼稚園に入園お芽出とう！　陽春三月ともなれば，大学受験生はその結果が概ね判ったであろう．ともあれ，お祝いの言葉を述べたい所であるが，今日の大学はもはや最高学府ではなく園児の集合である幼稚園に過ぎないのは残念な事である．その園児は，田辺聖子氏によって小説新潮1月号に次の様に描かれている．……その云い方には人間関係の距離感がない様だ．つまり社会的にちっとも訓練されていない野犬か野ウサギの様である．オトナの顔色を見ない．顔色を見る，と云うと云い方は悪いけれども，人間と人間の関係の結び方を小さい時から覚えさせる，そんな練習がいる．小学校では親の顔色を見る事を教える．中学校では友達の顔色を見，高校生や大学生になると，世間の顔色を見る事を教える．そんな事が教育と云っていいのに，一番大切な事がこの子には施されていない．こんな不完全なオシャカを世の中に出しては申し訳ないから……．この様なオシャカのお守りに悩まされるのが大学や大学院の指導教官である．人間関係は田辺氏のお説の様に試行錯誤によって学ぶものなのに，失敗するのが恐ろしいからと人間関係を自ら断ち，その結果，自分の気持を日本語でよく表現出来ないと自認する学生諸君がやって来て，勤続20年以上の者が初めて体験する様な恐ろしい事を単語が三つしかない言葉の中で述べる．よく話しを聞き，詳細に分析すると，家庭教育が欠如しているだけで，精神異常ではない．この様な幼稚園の入園に失敗したからと云って，自殺する必要もないし，親をバッドで殺す必要もない．一喜一憂しないで，自然に入園出来る所に入るべきである．それでも，志望校への恋情が断ち難かったら，本書等によって大学院入試の準備をして，最後に笑う者が最も好く笑う，と云う状態になるべきである．高級官僚になりたかったら，大学入試よりも公務員試験に好成績を得る様努力するがよい．それよりも大事な事は田辺氏が説く様に，人の顔を見て話しをし，人を驚かせない様な，日本語の会話をする訓練を積む事である．本来ならば，真の幼稚園に入る前に訓練すべきではあったが，今からでも遅くはない．

今回の主題は中間値の定理とその応用である．

問題1の解説　ユークリッド空間 $\boldsymbol{R}^n$ 等は距離を持つ． 距離 d を持つ集合 X を距離空間と云う．距離空間 (X, d) の a を中心とする半径 $\varepsilon>0$ の球 $B(a; d, \varepsilon)$ は

$$B(a; d, \varepsilon)=\{x\in X;\ d(x, a)<\varepsilon\} \tag{2}$$

によって定義される X の部分集合を指す． X の部分集合 O が開であるとは，O の任意の点 a に対して，a を中心とする十分小さな半径 ε の球 $B(a; d, \varepsilon)$ がやはり，O に含まれる事を指す．開集合の概念を持つ集合を**位相空間**と云う．

位相空間Xは，空でなく，互に素な二つの開集合 O_1, O_2 に分けられない時， 即ち，$O_1\neq\phi$, $O_2\neq\phi$, $O_1\cap O_2=\phi$, $X=O_1\cup O_2$ を満す開集合 O_1, O_2 が決して存在しない時，**連結**と云う．

問題2の解答　背理法による． $k\notin f(D)$ と仮定しよう． $O_1=(-\infty, k)$, $O_2=(k, +\infty)$ は数直線 $\boldsymbol{R}$ の互に素な二つの開集合で，その合併は $\boldsymbol{R}-\{k\}$ であるが， $k\notin f(D)$ と仮定したので， $O_1\cup O_2\supset f(D)$. 連続写像 f: $D\to\boldsymbol{R}$ による開集合 O_i の逆像 $f^{-1}(O_i)$ は D の開集合である $(i=1, 2)$. 集合論の公式より，

$$f^{-1}(O_1)\cap f^{-1}(O_2)=f^{-1}(O_1\cap O_2)=f^{-1}(\phi)=\phi,$$
$$f^{-1}(O_1)\cup f^{-1}(O_2)=f^{-1}(O_1\cup O_2)\supset f^{-1}(f(D))\supset D$$

であるが，$f^{-1}(O_1)\cup f^{-1}(O_2)\subset D$ なので，

$$f^{-1}(O_1)\cup f^{-1}(O_2)=D.$$

更に， $a\in O_1$, $b\in O_2$ が成立しているから，連結な D が空でない二つの開 $f^{-1}(O_1)$, $f^{-1}(O_2)$ に分けられる事になり矛盾である．

問題3の解説　欧文の論文を書く時には，我流で無く，**その言語を母国語**とする学者の論文を見て，真似をすべきであるので，和文欧訳の解答は欧文のテキストによって求められたい． 拙著「解析学序説」（森北）で論じたが， 実数の連続性公理の一つ，**デデキントの公理**は数直線 $\boldsymbol{R}$ の区間の連結性と同値である．更に， $\boldsymbol{R}$ の連結集合は区間に限る．区間 I 上の連続関数 f に対して， I は上述の様に連結であるから，問題2と全く同じ方法で， 連結集合 I の連続写像 f による像 $f(I)$ は連結である事を示す事が出来る．数値線 $\boldsymbol{R}$ の連結集合 $f(I)$ は，上に述べた事より，区間であり，α, β を含めば， その中間値 μ をも含む．これが，**中間値の定理**の位相空間論的証明であるが，本問では，上に有界な実数の集合は最小上界，即ち，上限を持つと云う，実数の連続性公理の一つ，**ワイエルシュトラ**

スの公理を用いた微積分学的証明が与えてある．何れにせよ，高校生諸君は，大学に入学したら，この様な数学を学ぶであろう．

問題 4 の解答　$f(x)\not\equiv 0$ と仮定してよい．関数

$$F(a)=F(a;\ \alpha)=\int_0^a f(x)dx-\alpha\int_a^1 f(x)dx \qquad (3)$$

は $a\in[0,1]$ の連続関数である(入試では証明不要)．

$$F(0)=-\alpha\int_0^1 f(x)dx<0<\int_0^1 f(x)dx=F(1)$$

であるから，正に，上記中間値の定理より，$0<{}^{\exists}a<1$ ($\exists$ は存在を意味する大学の講義用の記号); $F(a)=0$, 即ち (1) が成立する．点 x の近傍で $f\equiv 0$ である様な点 x 全体の集合は $[0,1]$ にて開であるが，その補集合を $\mathrm{car}\,f$ と記し，関数 f の**台**と云う，即ち，

$$\mathrm{car}\,f=[0,1]-\{x\in[0,1];\ x \text{ の近くで } f\equiv 0\} \qquad (4).$$

$a<b$ なる $[0,1]$ の 2 点 a, b で $F(a)=F(b)=0$ であれば，$F(b)-F(a)=(1+\alpha)\int_a^b f(x)dx=0$ で，被積分関数 $f(x)$ は連続かつ $\geqq 0$ であるから，$a\leqq x\leqq b$ にて，$f(x)\equiv 0$. しかも，$F(a)=0$ より $\int_0^a=\alpha\int_a^1$, 従って，$\int_0^1=(1+\alpha)\int_a^1$ が成立し，$f\not\equiv 0$ と仮定したので，$\int_b^a f(x)\,dx>0$, $\int_a^1 f(x)\,dx=\int_b^1 f(x)\,dx>0$. つまり，$[a,b]$ では $f\equiv 0$ であって，しかも，$[a,b]$ の左右には $f(x)>0$ なる点がある．云いかえれば，関数 f の台は $[a,b]$ の左右に分れて，連結ではない．逆に $\mathrm{car}f$ が連結でなければ，$[0,1]$ の部分区間 $[a,b]$ があって，上の状況となる．この時，$\int_0^a f(x)\,dx$ と $\int_0^1 f(x)\,dx$ は共に正なので，$\int_0^a=\alpha\int_a^1$, 即ち，$F(a\,;\,\alpha)=0$ なる α がある．この α に対して，$F(b\,;\,\alpha)=0$. 従って，求める条件は $\mathrm{car}f$ が連結である事である．

問題 5 の解答　(i)　$0<a<1$ に対して，$f(0)<f(a)<f(1)$ である事を背理法で示す．例えば，$f(0)\geqq f(a)$ であれば，f の単射性より $f(0)>f(a)$. $[0,a]$ 上の連続関数 f に中間値の定理を適用して，$f(0)>{}^{\forall}k>f(a)$ ($\forall$ は任意)，$0<{}^{\exists}c_1<a$; $f(c_1)=k$. $[a,1]$ に適用して，$a<{}^{\exists}c_2<1$; $f(c_2)=k$. $c_1<c_2$ に対して，$f(c_1)=f(c_2)$ が成立し，f の単射性に反し，矛盾．次に $0\leqq a<b\leqq 1$ に対して $f(a)\geqq f(b)$ であれば，f の単射性より $f(a)>f(b)$. 上述の様に $f(0)\leqq f(b)<f(a)\leqq f(1)$ が成立するので，再び $f(b)<{}^{\forall}k<f(a)$, $[0,a]$ と $[b,1]$ に中間値の定理を適用し，$0<{}^{\exists}c_1<a<b<{}^{\exists}c_2<1$; $f(c_1)=f(c_2)=k$ となり，f の単射性に反し，矛盾である．(ii)　$f=id.$ でなければ，${}^{\exists}x\in[0,1]$; $x\neq f(x)$. 例えば，$x<f(x)$ であれば，f の

単調増加性より，$x<f(x)<f^2(x)<\cdots<f^{n-1}(x)<f^n(x)=x$ が得られ，矛盾．

問題 6 の解答　X と Y とが同相であれば，単射連続写像 $f\colon Y\to X$ がある．Y の部分集合である円板

$$S=\{(a+r\cos\theta,\ b+r\sin\theta);\ 0\leqq\theta\leqq 2\pi\}$$

に f を制限し，合成関数 $h(\theta)=f(a+r\cos\theta,\ b+r\sin\theta)$ に対して，二つの区間 $\left[0,\dfrac{3\pi}{2}\right]$ と $\left[\dfrac{\pi}{2},2\pi\right]$ において単射連続 $h(\theta)$ を考察すると，前問より，h は両区間にて単調増加であるか，減少であるかの何れかである．例えば，増加であれば，$h(0)<h(\pi)<h(2\pi)$ が成立しなければならぬが，$h(0)=h(2\pi)$ なので矛盾である．従って，X と Y とは同相ではない．

（式番号を込めて**第10話ルベーグ積分**の62頁**問題 4** の続き）

と定義する．$g(x)$ を $\boldsymbol{R}$ 上の有界な可測関数とする．さらに原点において左側および右側極限をもつものとし，$\lim_{x\to 0^-}g(x)=a, \lim_{x\to 0^+}g(x)=b$ とする．このとき，

$$L=\lim_{n\to\infty}\int_R f_n(x)g(x)\,dx \tag{15}$$

の値を求めなさい．　（九州大学大学院数理学府数理学専攻入試）

問題 4 の解答　逆正接の微分の公式と微分積分学の基本定理より

$$\int_{-\infty}^{0}(\text{又は})\int_{0}^{\infty}f_n(x)\,dx=\frac{\mathrm{ArcTan}(nx)}{\pi}\Big|_{-\infty}^{0}(\text{又は})_{0}^{\infty}=\frac{1}{2}. \tag{16}$$

正数 M があり，$x\in\boldsymbol{R}$ に対して $|g(x)|\leq M$ a.e.. 任意に正数 ϵ を取る．正数 δ があって，$-\delta<x<0$ の時，$|g(x)-a|<\epsilon/2, 0<x<\delta$ の時，$|g(x)-b|<\epsilon/2$. 自然数 N があって，$2M\left((1-\dfrac{2\mathrm{ArcTan}(N\delta)}{\pi}\right)<\dfrac{\epsilon}{2}$. これら δ, N に対して，$n>N$ の時，(16) より，

$$\left|\int_R(f_n(x)g(x)\,dx-\frac{a+b}{2})\right|=\left|\int_{-\infty}^{0}(f_n(x)(g(x)-a)\,dx\right|+\left|\int_{0}^{\infty}(f_n(x)(g(x)-b)\right|dx\leq$$

$$\left(\int_{-\infty}^{-\delta}+\int_{-\delta}^{0}\right)|f_n(x)(g(x)-a)|\,dx+\left(\int_{0}^{\delta}+\int_{\delta}^{\infty}\right)|f_n(x)(g(x)-b)\,dx\leq$$

$$2M\left(\int_{-\infty}^{-\delta}+\int_{\delta}^{\infty}\right)f_n(x)\,dx+\frac{\epsilon}{2}\left(\int_{-\delta}^{0}+\int_{0}^{\delta}\right)f_n(x)\,dx<2M\left(1-\frac{2\mathrm{ArcTan}(n\delta)}{\pi}\right)+\frac{\epsilon}{2}<\epsilon$$

が成立し，求める $L=(a+b)/2$.

第12話

波動方程式

問題 1　方程式

$$\frac{\partial^2 u}{\partial t^2}-a^2\frac{\partial^2 u}{\partial x^2}=0,\quad u=u(t,x) \tag{1}$$

を考える $(-\infty<t,x<+\infty, a>0)$.

(i)　変数変換 $\xi=x-at, \eta=x+at$ により u はどの様な方程式を満たすか．この結果を利用して(1)の一般解を作れ．

(ii)　なめらかな初期値問題

$$u(0,x)=f(x),\quad \frac{\partial u}{\partial t}(0,x)=g(t) \tag{2}$$

を与えたとき，(1)の解 $u(t,x)$ の公式を(i)を利用して作れ．

(iii)　(ii)において $f(x), g(x)$ の台が $[-\alpha, \alpha]\,(\alpha>0)$ に含まれる時，解 $u(t,x)$ の (t,x) に関する台はどの範囲に含まれるか図示せよ．　　　　**(北海道大学大学院入試)**

問題 2　偏微分方程式(1)を原点の近傍で考える．

(i)　C^2 の一変数関数 φ, ψ に対して

$$u(t,x)=\varphi(x-at)+\psi(x+at) \tag{3}$$

は(1)の解である事を示せ．

(ii)　C^2 級の解はこの型に限る事を示せ．　　　　**(北海道大学大学院入試)**

問題 3　$\phi(\xi)$ を直線上のコンパクトな台を持つ 2 回連続微分可能な関数とし，$-\infty<x,t<\infty$ に対して

$$u(t,x)=\frac{\phi(x-t)+\phi(x+t)}{2} \tag{4}$$

とおく．この時，次の事を示せ．

(i) $u(t,x)$ は x,t について 2 回連続微分可能で，

$$\frac{\partial^2}{\partial t^2}u(t,x)-\frac{\partial^2}{\partial x^2}u(t,x)=0,\quad(-\infty<t,x<\infty) \tag{5}$$,

$$u(0,x)=\phi(x),\quad u_t(0,x)=0,\quad -\infty<x<\infty \tag{6}$$

を満す．

(ii) この様な関数は唯一つである．　(北海道大学大学院入試)

問題 4　$\boldsymbol{C}$ を複素数体，$X_1,X_2,\cdots,X_n$ を変数とし，A を $\boldsymbol{C}$-係数の n 変数多項式環 $\boldsymbol{C}[X_1,X_2,\cdots,X_n]$ とする．$1\leqq i\leqq n$ に対し X_i に関する形式的な微分作用素を $\dfrac{\partial}{\partial X_i}$ とかく．今

$$D=\frac{\partial}{\partial X_1}+\frac{\partial}{\partial X_2}+\cdots+\frac{\partial}{\partial X_n} \tag{7}$$,

$$Y_i=X_i-X_{i+1}\quad(1\leqq i\leqq n-1) \tag{8}$$

とおく．この時，核 Ker$D$ は，$Y_1,Y_2,\cdots,Y_{n-1}$ で生成される A の部分環 $\boldsymbol{C}[Y_1,Y_2,\cdots,Y_{n-1}]$ である事を証明せよ．　(九州大学大学院入試)

問題 5　実数体 $\boldsymbol{R}$ 上の 2 変数 x,y の m 次同次多項式全体を V_m とする $(m\geqq 2)$, $V_m\subset\boldsymbol{R}[x,y]$．$V_m$ から V_{m-2} への線形写像 $\varDelta$ を，$f(x,y)\in V_m$ に対して

$$\varDelta f(x,y)=\left(\frac{\partial^2}{\partial x^2}+\frac{\partial^2}{\partial y^2}\right)f(x,y) \tag{9}$$

で定義する．この時

(i) $\boldsymbol{R}$ 上のベクトル空間 V_m の次元を求めよ．

(ii) $\varDelta$ は全射である事を証明せよ．

(iii) $V_m=\mathrm{Ker}\varDelta+(x^2+y^2)V_{m-2}$ (10).

$\mathrm{Ker}\varDelta\cap(x^2+y^2)V_{m-2}=\{0\}$ (11)

となる事を証明せよ．　(上智大学大学院入試)

高校と大学の違い　弥生の空の下，新入生が大学へ来る，彼等は，今迄，家庭や学校において，ママや減点パパ（＝先生）から細かく指導され，厳しく監視されて来た．しかし，距離は遠くなり，大学は手に負えない事もあり，ママの眼は及ばない．大学は自由の府で

あり，学生が自らを治る事を建て前として運営されている．従って，学生の一身上の極めて重要な事項，例えば，単位の取り方，選択科目の選び方，履習手続，休講通知，試験の日時，全ては一片の通知で片付けられる．掲示板の∃（存在）を知らずに，試験の日時を取り違え，泣き崩れるお嬢さん高校の出身生が多い．たとえ，これが恋を芽生えさせる切っ掛けとなろうとも，単位修得の目的は達せられない．先ず，掲示板の位置を知り，折に触れ掲示を見る習慣を付ける事．次に，なるべく，友人を作り，互に情報交換をする事，日本語会話の演習にもなり，4年の折りの口頭試問の模擬試験と，実社会に出る為の演習にもなる．これらは本書で論じる算術よりも貴重である。

今回の主題は問1,2,3に見られる**波動方程式**である．**物理数学**も論じて欲しいとの岡山理科大生の要望による．この三問は北大の出題であり，一見中年のワンパターンであるが，北大は偏微分のメッカなので，偏微分方程式を他大学からも志望する普通の大学生が解ける形式で出題しようとするとこの型になり易い．敵を知り，己を知れば百戦危からず，と云いたいが，北大の先生は，拙文を読まれて，ラプラスか熱伝導に鋒先を変えそうである．これについては，拙著「独修微分積分学」（現代数学社）を参照されよ．前半は応用数学的であったので，後半は代数学的アプローチをする．数学を応用と純粋，解析と代数に厳密に分類する事は出来ない．猶，重点化後の北大は，他大学からの受験も大歓迎し，筆記試験を課しておられない．

偏微分　多変数の関数 u を他の変数は定数と考えて，一つの変数，例えば，x について微分する事を**偏微分**すると云い，$\dfrac{\partial u}{\partial x}$ や u_x で表す．2次迄の偏導関数が全て存在して連続な関数は C^2 級に属すると云う．

問題 1, 2, 3 の解説　(1)の様な偏導関数を含む方程式を**偏微分方程式**と云う．変数変換 $\xi=x-at, \eta=x+at$ は

$$x=\frac{\xi+\eta}{2},\quad y=\frac{\eta-\xi}{2a} \tag{12}$$

とも記されているので，u は合成関数として ξ, μ の関数である．合成関数の偏微分の公式

$$\frac{\partial}{\partial x}=\frac{\partial \xi}{\partial x}\frac{\partial}{\partial \xi}+\frac{\partial \eta}{\partial x}\frac{\partial}{\partial \eta},\quad \frac{\partial}{\partial t}=\frac{\partial \xi}{\partial t}\frac{\partial}{\partial \xi}+\frac{\partial \eta}{\partial t}\frac{\partial}{\partial \eta} \tag{10}$$

に $\dfrac{\partial \xi}{\partial x}=\dfrac{\partial \eta}{\partial x}=1,\ \dfrac{\partial \xi}{\partial t}=-a,\ \dfrac{\partial \eta}{\partial t}=a$ を代入し，

$$\frac{\partial}{\partial x}=\frac{\partial}{\partial \xi}+\frac{\partial}{\partial \eta},\quad \frac{\partial}{\partial t}=a\left(-\frac{\partial}{\partial \xi}+\frac{\partial}{\partial \eta}\right) \tag{14}.$$

所で，偏微分の順序変更については次の

Schwarz の定理

$\dfrac{\partial u}{\partial x}, \dfrac{\partial u}{\partial y}, \dfrac{\partial}{\partial y}\left(\dfrac{\partial u}{\partial x}\right)$ が存在して，$\dfrac{\partial}{\partial y}\left(\dfrac{\partial u}{\partial x}\right)$ が連続であれば，$\dfrac{\partial}{\partial x}\left(\dfrac{\partial u}{\partial y}\right)$ も存在して，$\dfrac{\partial}{\partial x}\left(\dfrac{\partial u}{\partial y}\right)=\dfrac{\partial}{\partial y}\left(\dfrac{\partial u}{\partial x}\right)$

が成立するので，系として

Young の定理

C^2 級の関数 u に対して $u_{xy}=u_{yx}$

を得る．従って，我々の C^2 級 u に対しては，形式的計算

$$\frac{\partial^2}{\partial t^2}-a^2\frac{\partial^2}{\partial x^2}=a^2\left(-\frac{\partial}{\partial\xi}+\frac{\partial}{\partial\eta}\right)^2-a^2\left(\frac{\partial}{\partial\xi}+\frac{\partial}{\partial\eta}\right)^2$$
$$=-4a^2\frac{\partial^2}{\partial\xi\partial\eta}=-4a^2\frac{\partial^2}{\partial\eta\partial\xi} \tag{15}$$

が許され，偏微分方程式(1)は偏微分方程式

$$\frac{\partial^2 u}{\partial\xi\partial\eta}=0 \tag{16}$$

と同値である．これを $\dfrac{\partial}{\partial\eta}\left(\dfrac{\partial u}{\partial\xi}\right)=0$ と解釈すると関数 $\dfrac{\partial u}{\partial\xi}$ は変数 η にはよらない．従って，ξ だけの関数 $k(\xi)$ があって，$\dfrac{\partial u}{\partial\xi}=k(\xi)$．$u$ は ξ については $k(\xi)$ の原始関数であるから，

$$\varphi(\xi)=\int_0^\xi k(s)\,ds,\quad \psi(\eta)=u(0,\eta) \tag{17}$$

とおくと，

$$u(\xi,\eta)=\varphi(\xi)+\psi(\eta) \tag{18}.$$

$\xi=x-at, \eta=x+at$ を(18)に代入すると，**一般解**(3)を得る．$\varphi(x-at), \psi(x+at)$ は，夫々，**前進波**，**後退波**と呼ばれる．

次に，初期値問題に進もう．一般解(3)を t で偏微分し

$$\frac{\partial u}{\partial t}=\frac{\partial}{\partial t}\varphi(x-at)+\frac{\partial}{\partial t}\psi(x+at)$$
$$=-a\varphi'(x-at)+a\psi'(x+at) \tag{19}.$$

$t=0$ を代入し，$u(0,x)=f(x)$, $u_t(0,x)=g(x)$ を考慮に入れると，

$$\varphi(x)+\psi(x)=f(x),\quad a\psi'(x)-a\varphi'(x)=g(x) \tag{20}$$

(20)の後半より $\psi(x)-\varphi(x)=\dfrac{1}{a}\displaystyle\int_0^x g(s)\,ds$. 前半と加減し，$\varphi(x)$, $\psi(x)$ を求め(3)に代入すると，**初期値問題(1)-(2)の解**

$$u(t,x)=\frac{f(x+at)+f(x-at)}{2}+\frac{1}{2a}\int_{x-at}^{x+at}g(s)\,ds \tag{21}$$

を得る．

所で，$f(x)$, $g(x)$ の台が $[-\alpha,\alpha]$ に含まれるとは，$|x|>\alpha$ の時 $f(x)=g(x)=0$ を意味

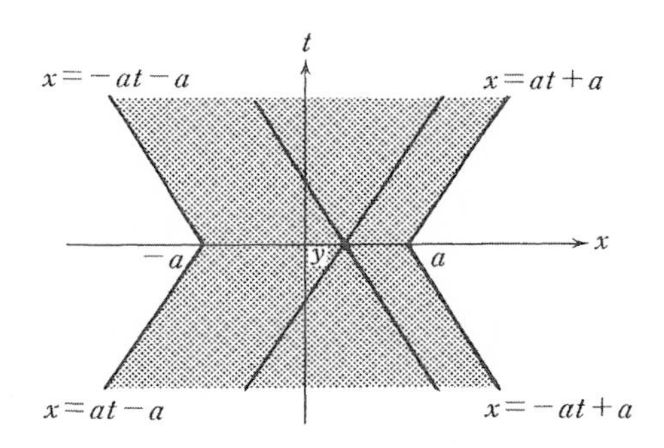

する．x 軸上，値 y のデータは $f(x\pm at)$ では，二直線 $x\pm at=y$ に伝播する．これは切片 y，勾配 $\mp a$ の直線である．$[-\alpha,\alpha]$ のデーターのみが伝わるので，求める範囲は上の図の影の部分に含まれる．

問題 4 の解答　変数変換 $X_i=Y_i+Y_{i+1}+\cdots+Y_n(1\leqq i<n-1)$, $X_n=Y_n$ を施すと，都合よく，関数 Z に対して

$$\frac{\partial Z}{\partial Y_n}=\sum_{i=1}^{n}\frac{\partial X_i}{\partial Y_n}\frac{\partial Z}{\partial X_i}=\sum_{i=1}^{n}\frac{\partial Z}{\partial X_i} \tag{22}$$

$Z\in \mathrm{Ker}D$ とは $DZ=\displaystyle\sum_{i=1}^{n}\frac{\partial Z}{\partial X_i}=0$ の事なので，$\dfrac{\partial Z}{\partial Y_n}=0$ より，Z は $Y_1, Y_2, \cdots, Y_{n-1}$ だけの関数（本問では多項式）である．

問題 5 の解答　新らしい独立変数

$$z=x+iy,\ \zeta=x-iy \tag{23}$$

を導入すると

$$x=\frac{z+\zeta}{2},\quad y=\frac{z-\zeta}{2i} \tag{24}.$$

これは(12)において $\xi=\zeta, \eta=z, a=i=\sqrt{-1}$ を代入したものであるから，(15)より

$$\Delta=\frac{\partial^2}{\partial x^2}+\frac{\partial^2}{\partial y^2}=4\frac{\partial^2}{\partial z\partial\zeta}=4\frac{\partial^2}{\partial\zeta\partial z} \tag{25}.$$

$f\in\mathrm{Ker}\Delta$ とは f が**ラプラスの偏微分方程式**

$$\Delta f=\frac{\partial^2 f}{\partial x^2}+\frac{\partial^2 f}{\partial y^2}=0 \tag{26}$$

の解，即ち，**調和関数**である事に他ならぬから，(3)に対応して

ラプラスの方程式の一般解

$\Delta f=0$ の解は，$f=\varphi(x-iy)+\psi(x+iy)$

我々は多項式のカテゴリーで考えているから，φ, ψ は多項式，一般には，その極限である，局所整級数＝解析関数＝正則関数.

(iii) $f\in V_m$ とは f は m 次の多項式である．(24)により f を z と ζ の多項式として

$$f=\sum_{k+l=m}a_{kl}z^k\zeta^l \tag{27}$$

なる形にし，

$$h=a_{m0}z^m+a_{0m}\zeta^m \tag{28}$$

とおくと，h は z だけの多項式と ζ だけの多項式の和であるから，上の公式より $\Delta h=0$，即ち，$h\in\mathrm{Ker}\,\Delta$．$g=f-h$ の各項は z と ζ を因数として含み，$z\zeta=(x+iy)\times(x-iy)=x^2+y^2$ であるから，$g\in(x^2+y^2)V_{m-2}$，従って

$$V_m=\mathrm{Ker}\Delta\cup(x^2+y^2)V_{m-2} \tag{29}.$$

$f\in\mathrm{Ker}\Delta\cap(x^2+y^2)V_{m-2}$ に対しては，$\Delta f=0$ なので，上の公式より，f は z の多項式と ζ の多項式の和である．しかも $x^2+y^2=z\zeta$ を因数に持つので，零となり，(11)が成立する．この時，(29)は**直和**であると云い，(10)の表現を用いる．読者は気付かれたと思うが，この辺は線形代数の作法である．以下，代数の頭に切り換えよう．

(ii) 線形写像 Δ：$V_m\to V_{m-2}$ に対して，準同型定理を用いると，$\mathrm{Im}\Delta\cong V_m/\mathrm{Ker}\Delta$ であるが，(29)を考慮に入れると，$Im\,\Delta\cong(x^2+y^2)V_{m-2}$．有限次元の線形空間論なので，

$\dim \mathrm{Im}\,\Delta = \dim (x^2+y^2)\, V_{m-2} = \dim V_{m-2}$ と次元を計算すれば，$\mathrm{Im}\,\Delta \subset \mathrm{V}_{m-2}$ は一致し，$\mathrm{Im}\,\Delta = V_{m-2}$．即ち，$\Delta$ は全射である．

ラプラスの方程式は $a=i$ と云う意味で**虚の波動方程式**である．

問題 6　2 変数 x, t に関する 2 階の偏微分方程式：

$$\frac{\partial^2 u(t,x)}{\partial t^2} = \frac{\partial^2 u(t,x)}{\partial x^2} \tag{30}$$

を初期条件：

$$u(0,x) = f(x) = \frac{1}{x^2+a^2}, \qquad \frac{\partial u(t,x)}{\partial t}\Big|_{t=0} = 0 \tag{31}$$

の下で以下の二つの方法で解こう．ただし，a は正の定数である．

(i) 方法 1　先ず，$f(x)$ のフーリエ変換：

$$\hat{f}(\xi) = \frac{1}{\sqrt{2\pi}} \int_{-\infty}^{\infty} e^{ix\xi} f(x)\, dx \tag{32}$$

を計算し，

$$\hat{f}(\xi) = \frac{\pi}{\sqrt{2\pi}a} e^{-|\xi|a} \tag{33}$$

となることを示せ．次に，与えられた初期条件を課して，二階偏微分方程式(30)の解をフーリエ変換と逆フーリエ変換の方法で求めよ．

(ii) 方法 2　2 階の偏微分方程式(30)の一般解が，任意関数 φ, ψ に対して

$$u(t,x) = \varphi(x-t) + \psi(x+t) \tag{34}$$

で与えられていることを示し，与えられた初期条件を課して解を求めよ．

(東京工業大学大学院理工学専攻科物理学専攻入試)

(i)の解答　第 8 話の(27)で(32)の証明を与えた．(30)の両辺を第 5 話の(30)の Fourier 変換をすると，左辺の Fourier 変換は関数 $u(t,x)$ の t を助変数とする x に関する Fourier 変換 $\hat{u}(t,\xi)$ の t に関する二階の偏導関数に等しく，右辺は，将に $a=\infty$ の時の第 5 話の(8)より

$$\left(\frac{\xi}{i}\right)^m \hat{u}(t,\xi) = \mathcal{F}\frac{\partial^m u(t,x)}{\partial x^m} \quad (m=1,2,3,\cdots) \tag{35}$$

と，Fourier 変換は，m 階の微分演算をより簡単な $(\xi/i)^m$ との積の演算に簡易化し，波動方程式(30)を，ξ を助変数とする，時間変数 t に関する次の二階の常微分方程式に帰着する：

$$\frac{\partial^2}{\partial t^2}\hat{u}(t,\xi) = \left(\frac{\xi}{i}\right)^2 \hat{u}(t,\xi) \tag{36}$$

(第13話の81頁の「続東工大物理波動」に続く)

第13話

化学反応と微分方程式

問題 1　$A \to B$ なる化学反応が一次反応であるか，二次反応であるかの見分け方を説明せよ．

（信州大学大学院工業化学専攻入試）

問題 2　反応式 $A+B \to C+D$ より

$$k=\frac{1}{t(a-b)}\ln\frac{b(a-x)}{a(b-x)} \tag{1}$$

を導け．

（信州大学大学院物理化学専攻入試）

問題 3　次の図は反応体のさまざまな初濃度における反応の初期速度の対数を初濃度の対数に対してプロットしたものである．以下の記述のうち正しいものはどれか．

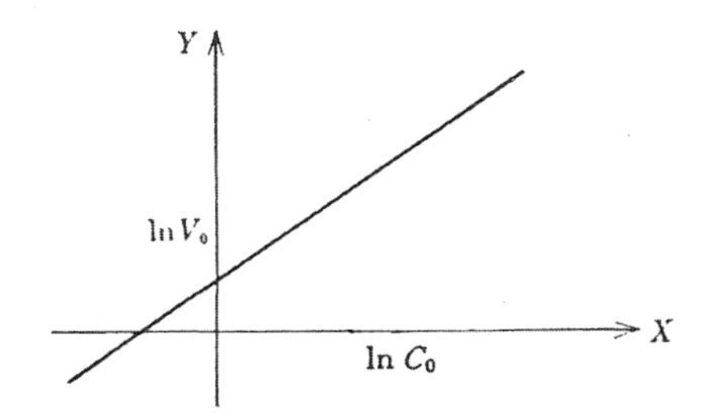

(i)　傾きが反応の次数を表している．

(ii)　Y 切片は反応速度定数を示している．

(iii)　Y 切片は活性化エネルギーの対数にあたる．

(iv)　Y 切片は，この反応の行なわれた濃度の対数にあたる．

（国家公務員上級職化学専門試験）

問題 4　a, b を $b^2-a^2=1$ なる定数とする時，次の問題を解け．

(i)　$A=\begin{pmatrix} a & b \\ -b & -a \end{pmatrix}$ とおく時，e^{tA} $(-\infty<t<\infty)$ を求めよ．

(ii)

$$\frac{dx}{dt}(t)=ax(t)+bx(\pi-t) \tag{2}$$

の一般解を求めよ．　　(新潟大学大学院数学専攻入試)

今回の主題は微分方程式であるが，最初の三問は化学の，最後は純粋数学の差分微分方程式の出題である．

問題 1, 2, 3 の解説　物質 $A_1, A_2, \cdots$ が物質 $A_1', A_2', \cdots$ に変る化学反応

$$\mu_1A_1+\mu_2A_2+\cdots \rightarrow \nu_1A_1'+\nu_2A_2'+\cdots \tag{3}$$

において，時刻 t における反応物質 $A_1, A_2, \cdots$ と生成物質 $A_1', A_2', \cdots$ のモル濃度を，それぞれ，$[A_1], [A_2], \cdots, [A_1'], [A_2'], \cdots$ とする時，

$$-\frac{d[A_1]}{dt}, -\frac{d[A_2]}{dt}, \cdots, \frac{d[A_1']}{dt}, \frac{d[A_2']}{dt}, \cdots$$

を**濃度増加速度**という．化学反応式 (3) は

$$-\frac{d[A_1]}{dt} : -\frac{d[A_2]}{dt} : \cdots : \frac{d[A_1']}{dt} : \frac{d[A'_2]}{dt} : \cdots$$
$$=\mu_1 : \mu_2 : \cdots : \nu_1 : \nu_2 : \cdots \tag{4}$$

が成立する事を物語る．反応速度 v が実験的に

$$v=k[A_1]^{\alpha_1}[A_2]^{\alpha_2}\cdots \tag{5}$$

で与えられる時，**反応の次数**は A_1 については α_1 次，A_2 については α_2 次，…，全体として $\alpha_1+\alpha_2+\cdots$ 次であると云う．必らずしも $\alpha_i=\nu_i$ が成立するとは限らず，反応の次数はあく迄も**実験によって定められるべき**性質のものである．

さて，化学反応

$$A\rightarrow\text{生成物} \tag{6}$$

が**一次反応**であるときは，

$$-\frac{d[A]}{dt}=k[A] \tag{7}$$

が成立する．A の初濃度を a，時刻 t の後に x だけ減少したとすれば，$[A]=a-x$ なので，

順に変数分離型を解き

$$-\frac{d}{dt}(a-x)=k(a-x),\ \frac{dx}{a-x}=kdt,\ \ln(a-x)+kt=\text{定数}$$

を得るが，$t=0$ の時 $x=0$ なので，定数$=\ln a$．従って，

$$\ln\frac{a-x}{a}=-kt \tag{8}$$

一次反応の時は，次図の様に $\log_e(a-x)$ を従属変数とすると

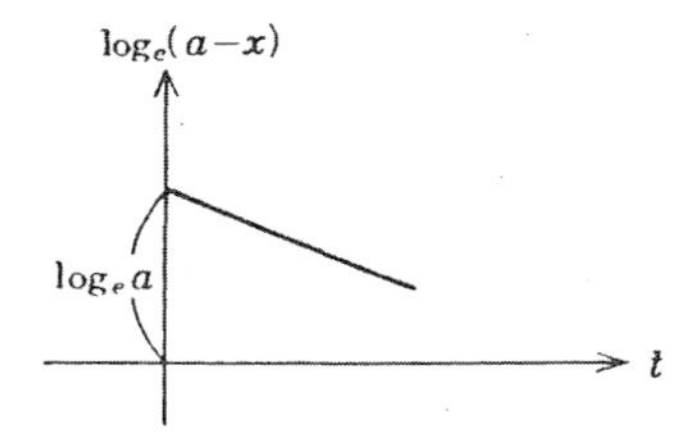

となり，$\log_e(a-x)$ と t は直線関係にあり，その傾きのマイナスが１次反応速度 k である．なお，

$$\ln b=\log_e b=\frac{\log_{10} b}{\log_{10} e},\quad e=2.71828\cdots.$$

(6) が２次反応であるときは，

$$-\frac{d[A]}{dt}=k[A]^2 \tag{9}$$

が成立する．上の記号を用いると，

$$\frac{dx}{dt}=k(a-x)^2,\ \frac{dx}{(a-x)^2}=kdt,\ \frac{1}{a-x}=kt+\text{定数}.$$

$t=0$ の時，$x=0$ であるから，定数$=\frac{1}{a}$．従って，

$$\frac{1}{a-x}=kt+\frac{1}{a} \tag{10}.$$

２次反応では $\frac{1}{a-x}$ を従属変数として

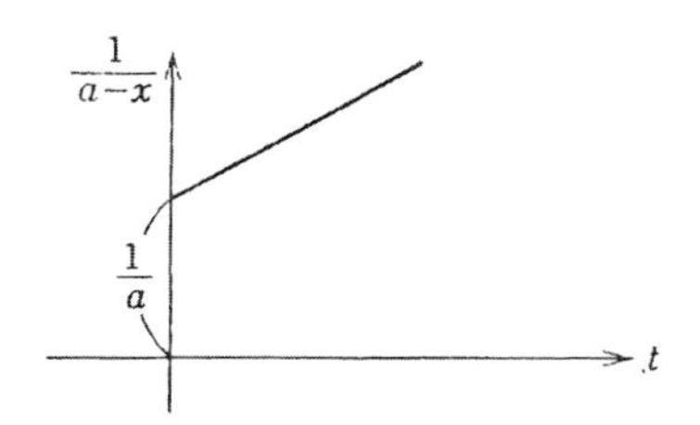

なる直線関係がある．

化学反応

$$A+B \to C+D \tag{11}$$

が A, B それぞれについて，m, n 次，全体として $m+n$ 次であれば，

$$-\frac{d[A]}{dt} = -\frac{d[B]}{dt} = k[A]^m[B]^n \tag{12}.$$

A, B の初濃度が a, b で，時間 t の後に，おのおの x だけ減少すれば，時刻 t において，$[A]=a-x$, $[B]=b-x$ であり

$$\frac{dx}{dt} = k(a-x)^m(b-x)^n, \quad \int \frac{dx}{(a-x)^m(b-x)^n} = kt + \text{定数}.$$

従って (1) が成立するのは $m=n=1$ の時である．化学反応(11)が A, B, それぞれについて１次で初濃度 $a \neq b$ という条件の下で，(1) が得られる．

最後に反応 $A \to B$ が α 次であれば，

$$-\frac{d[A]}{dt} = k[A]^\alpha \tag{13}.$$

$t=0$ の時，$[A]=C_0$, $-\dfrac{d[A]}{dt} = V_0$ とすると，(13)より直ちに，$V_0 = kC_0^\alpha$ を得るので

$$\ln V_0 = \alpha \ln C_0 + \ln k \tag{14}.$$

Y 切片は反応化学速度 k の自然対数を表す．なお，傾き α は反応次数なので，(i)の マーク・シート をぬりつぶせばよいが，これは問題１の解答でもある．

問題 4 の解答　行列 tA の指数関数の定義より

$$e^{tA} = \sum_{n=0}^{\infty} \frac{t^n A^n}{n!} \tag{15}.$$

拙著，「新修解析学」の４章で詳しく述べたが， 級数(15)はノルムの意味で絶対かつ広義

一様収束して，しかも，項別微分が出来，第二辺にて $m=n-1$ として

$$\frac{d}{dt}e^{tA}=\sum_{n=0}^{\infty}\frac{nt^{n-1}A^n}{n!}=A\sum_{m=0}^{\infty}\frac{t^mA^m}{m!}=Ae^{tA}=e^{tA}A \tag{16}$$

行列Aに適用すべく，Aのベキを次々と計算すると

$$A^2=\begin{pmatrix} a & b \\ -b & -a \end{pmatrix}\begin{pmatrix} a & b \\ -b & -a \end{pmatrix}=\begin{pmatrix} a^2-b^2 & ab-ba \\ -ab+ab & -b^2+a^2 \end{pmatrix}$$
$$=\begin{pmatrix} -1 & 0 \\ 0 & -1 \end{pmatrix}=-E \tag{17}$$

であるから

$$A^n=\begin{cases}(-1)^mE, & n=2m \\ (-1)^mA, & n=2m+1\end{cases} \tag{18}$$

(18)を(15)に代入して

$$e^{tA}=E\sum_{m=0}^{\infty}(-1)^m\frac{t^{2m}}{(2m)!}+A\sum_{m=0}^{\infty}(-1)^m\frac{t^{2m+1}}{(2m+1)!}$$
$$=E\cos t+A\sin t$$
$$=E\cos t+A\sin t=\begin{pmatrix}\cos t+a\sin t & b\sin t \\ -b\sin t & \cos t-a\sin t\end{pmatrix} \tag{19}$$

さて，$y(t)=x(\pi-t)$ とおくと，(2)より

$$\frac{d}{dt}y(t)=-x'(\pi-t)=-(ax(\pi-t)+bx(\pi-(\pi-t)))=-bx(t)-ay(t)$$

なので，連立微分方程式

$$\begin{pmatrix}\dfrac{dx(t)}{dt}=ax(t)+by(t) \\ \dfrac{dy(t)}{dt}=-bx(t)-ax(t)\end{pmatrix} \tag{20}$$

を得る．(20)をベクトル表示すると，

$$\frac{d}{dt}\begin{pmatrix}x(t)\\y(t)\end{pmatrix}=\begin{pmatrix} a & b \\ -b & -a \end{pmatrix}\begin{pmatrix}x(t)\\y(t)\end{pmatrix}=A\begin{pmatrix}x(t)\\y(t)\end{pmatrix} \tag{21}$$

行列に関する微分は，各成分毎に直接験せば判る様に，スカラーと同じ公式に従い，(16)より，

$$\frac{d}{dt}\left(e^{-tA}\begin{pmatrix}x(t)\\y(t)\end{pmatrix}\right)$$
$$=\left(\frac{d}{dt}e^{-tA}\right)\begin{pmatrix}x(t)\\y(t)\end{pmatrix}+e^{-tA}\frac{d}{dt}\begin{pmatrix}x(t)\\y(t)\end{pmatrix}=0$$

を得るので，定ベクトル $\begin{pmatrix} c_1 \\ c_2 \end{pmatrix}$ に対して，

$$
\begin{aligned}
\begin{pmatrix} x(t) \\ y(t) \end{pmatrix} &= e^{tA}\begin{pmatrix} c_1 \\ c_2 \end{pmatrix} \\
&= \begin{pmatrix} \cos b+a\sin t & b\sin t \\ -b\sin t & \cos t-a\sin t \end{pmatrix}\begin{pmatrix} c_1 \\ c_2 \end{pmatrix}
\end{aligned} \tag{22}
$$

を得るので，成分で表すと，

$$
\begin{aligned}
x(t) &= c_1(\cos t+a\sin t)+c_2 b\sin t \\
&= c_1\cos t+(ac_1+bc_2)\sin t
\end{aligned} \tag{23}
$$
，

$$
\begin{aligned}
y(t) &= -c_1 b\sin t+c_2(\cos t-a\sin t) \\
&= c_2\cos t-(bc_1+ac_2)\sin t
\end{aligned} \tag{24}
$$

を得る．$y(t)=x(\pi-t)$ が成立する保証は与えられていないので，

$$
y(t)=x(\pi-t)=c_2\cos(\pi-t)-(bc_1+ac_2)\sin(\pi-t)
$$

$$
=-c_2\cos t-(bc_1+ac_2)\sin t
$$

を(23)の $x(t)$ に等しく置くと，$c_2=-c_1$ を得る．$c_1=c$ とすれば，任意定数 c を一つ含む一般解

$$
x(t)=c(\cos t+(a-b)\sin t) \tag{25}
$$

に達する．念の為検算すると，

$$
\frac{d}{dt}x(t)=c(-\sin t+(a-b)\cos t) \tag{26}
$$
，

$$
\begin{aligned}
&ax(t)+bx(\pi-t) \\
&=c(a\cos t+(a^2-ab)\sin t+b\cos(\pi-t) \\
&\qquad +(ab-b^2)\sin(\pi-t)) \\
&=c(-\sin t+(a-b)\cos t)
\end{aligned} \tag{27}
$$

で，(26)と(27)は確かに等しい．

（第12話の74頁の問題 6 の解答より式番号も継承しての「**続東工大物理波動**」）

指数関数 $e^{\lambda t}$ が(36)の解である為の必要十分条件は λ が特性方程式 $\lambda^2=\left(\frac{\xi}{i}\right)^2$ の根，

$\lambda=\pm\frac{\xi}{i}$ である事であり，ξ を定数と見ての第 6 話の(19)より，一般解は，ξ の任意関数 $c_1(\xi), c_2(\xi)$ を係数に持つ，

$$
\hat{u}(t,\xi)=c_1(\xi)e^{-\frac{\xi}{i}t}+c_2(\xi)e^{\frac{\xi}{i}t}, \tag{37}
$$

$$\frac{\partial}{\partial t}\tilde{u}(t,\xi)=-\frac{\xi}{i}c_1(\xi)e^{-\frac{\xi}{i}t}+\frac{\xi}{i}c_2(\xi)e^{\frac{\xi}{i}t}, \tag{38}$$

であり，$t=0$ の時の条件(31)を連立一次方程式として係数 $c_1(\xi)$, $c_2(\xi)$ を定め，

$$\tilde{u}(t,\xi)=\frac{\pi}{\sqrt{2\pi}a}e^{-|\xi|a}(e^{i\xi t}+e^{-i\xi t})=\frac{\sqrt{2\pi}}{a}e^{-|\xi|a}\cos(\xi t). \tag{39}$$

第5話の(13)で示した様に，Fourier 変換(3)は内積やノルムを不変にし，まるで有限次元の回転である．複素数 $e^{ix\xi}$ の偏角は $x\xi$ であり，$f(x)$ に $e^{ix\xi}$ を掛ける事は，複素数 $f(x)$ を角 $x\xi$ だけ回転させる事であり，それを積分(3)で各成分 x 毎に集めて，$\sqrt{2\pi}$で割って，正規化（物理や化学では規格化）した，Fourier 変換(3)は x を添字とする無限次元のベクトル $f(x)$ の，各 x に付いての角 $x\xi$ の回転と考えるとその逆変換は回転角に当たる偏角をマイナスにした複素数 $e^{-x\xi i}$ を掛けて積分し，$\sqrt{2\pi}$ で割って，正規化した，**逆 Fourier 変換の公式**

$$\mathcal{F}^{-1}\hat{f}(x)=\frac{1}{\sqrt{2\pi}}\int_{-\infty}^{\infty}e^{-ix\xi}\hat{f}(\xi)d\xi \tag{40}$$

で与えられる，上の**反転公式**(40)は既に(11)で証明した．

例えば，(31)の初期条件を与える関数 f の Fourier 変換

$$\hat{f}(\xi)=\frac{\pi}{\sqrt{2\pi}a}e^{-|\xi|a} \tag{41}$$

に更に，逆 Fourier 変換を施す反転公式(40)を書き下すと，

$$(\mathcal{F}^{-1}\mathcal{F})f(x)=\frac{1}{\sqrt{2\pi}}\int_{-\infty}^{\infty}e^{-ix\xi}\frac{\pi}{\sqrt{2\pi}a}e^{-|\xi|a}d\xi=f(x)=\frac{1}{x^2+a^2} \tag{42}$$

である．従って，求める $u(t,x)$ は $\tilde{u}(u,\xi)$ の逆 Fourier 変換として

$$u(t,x)=\frac{1}{\sqrt{2\pi}}\int_{-\infty}^{\infty}\frac{e^{|\xi|a}}{4a}e^{-i(x+t)\xi}d\xi+\frac{1}{\sqrt{2\pi}}\int_{-\infty}^{\infty}\frac{e^{|\xi|a}}{4a}e^{-i(x-t)\xi}d\xi=$$
$$\frac{1}{2((x+t)^2+a^2)}+\frac{1}{2((x-t)^2+a^2)} \tag{43}$$

で与えられる．

(ii)の解答　初期値問題の公式(21)より得る解

$$u(t,x)=\frac{f(x+t)+f(x-t)}{2}=\frac{\dfrac{1}{(x+t)^2+a^2}+\dfrac{1}{(x-t)^2+a^2}}{2} \tag{44}$$

（第14話の88頁の「続々東工大物理波動」に続く）

第14話

熱力学と偏微分

問題 1

$$\left(\frac{\partial U}{\partial V}\right)_T = T\left(\frac{\partial P}{\partial T}\right)_V - P \qquad (1)$$

を証明し，ワンデルーワールスの状態方程式より

$$\left(\frac{\partial U}{\partial V}\right)_T = \frac{a}{V^2} \quad (a:\text{定数}) \qquad (2)$$

を証明せよ．

（金沢大学大学院物理学専攻，京都大学大学院物理化学専攻，東京大学大学院理学研究科入試）

問題 2

$$dS = \frac{1}{T}\left(\frac{\partial U}{\partial T}\right)_V dT + \frac{1}{T}\left(\left(\frac{\partial U}{\partial V}\right)_T + P\right)dV \qquad (3),$$

$$\left(\frac{\partial U}{\partial V}\right)_T = T\left(\frac{\partial P}{\partial T}\right)_V - P \qquad (4)\ (=(1))$$

を証明せよ．

（京都大学大学院化学専攻入試）

問題 3　状態方程式

$$\left(P + \frac{a}{V^2}\right)(V - b) = RT \qquad (5)$$

に従う気体1モルがある．ここにPは圧力，Vは体積，Tは絶対温度，Rは気体定数，a, bは正の定数である．気体の体積をV_1から$V_2\,(<V_1)$まで等温準静的に変化させるものとして，次の問に答えよ．

(i) 気体になされた仕事を計算せよ．

(ii) 気体のヘルムホルツ自由エネルギーの変化を求めよ．

(iii) 気体のエントロピーの変化を計算せよ．

(iv) 気体の発熱量を求めよ．

(v) 気体の内部エネルギーの変化を計算せよ．

(vi) 気体のギブス自由エネルギーの変化を求めよ．

（東京大学，京都大学大学院工学研究科入試，国家公務員上級職化学専門試験）

今回の主題は偏微分の熱力学への応用である．

偏微分　従属変数 z が独立変数 x, y の関数の時，y を固定して定数と考え，x を動かして変数と考え，z を x で微分する事を z を x で**偏微分**すると云い，その時の導関数を z の x に関する**偏導関数**と云い，z_x や $\dfrac{\partial z}{\partial x}$ 等の記号を用いる．

3 変数 x, y, z の間に

$$F(x, y, z)=0 \tag{6}$$

なる関係があれば，陰関数として，z は x, y の関数であり，z を x について偏微分する事が出来るが，**熱力学**では

$$\left(\frac{\partial z}{\partial x}\right)_y = \begin{array}{l}\text{陰関数としての } z \text{ の } y \text{ を}\\ \text{固定して } x \text{ での偏微分}\end{array} \tag{7}$$

なる記号を用いる所がユニークである．陰関数 $z=z(x, y)$ の両辺を (7) の約束の下で，x で偏微分すると，合成関数の偏微分法より $0=\left(\dfrac{\partial z}{\partial x}\right)_y+\left(\dfrac{\partial z}{\partial y}\right)_x\left(\dfrac{\partial y}{\partial x}\right)_z$，即ち，

$$\left(\frac{\partial z}{\partial y}\right)_x=-\frac{\left(\dfrac{\partial z}{\partial x}\right)_y}{\left(\dfrac{\partial y}{\partial x}\right)_z} \tag{8}$$

を得るが，逆関数の微分法より

$$\left(\frac{\partial y}{\partial z}\right)_x=\frac{1}{\left(\dfrac{\partial z}{\partial y}\right)_x} \tag{9}$$

も成立しているので，(8)を x の代りに z に適用させて，次に (9) を用い

$$\left(\frac{\partial x}{\partial y}\right)_z\left(\frac{\partial y}{\partial z}\right)_x\left(\frac{\partial z}{\partial x}\right)_y$$

$$=\left(-\frac{\left(\dfrac{\partial x}{\partial z}\right)_y}{\left(\dfrac{\partial y}{\partial z}\right)_x}\right)\left(\frac{\partial y}{\partial z}\right)_x\left(\frac{\partial z}{\partial x}\right)_y=-1,$$

即ち，公式

$$\left(\frac{\partial x}{\partial y}\right)_z\left(\frac{\partial y}{\partial z}\right)_x\left(\frac{\partial z}{\partial x}\right)_y=-1 \tag{10}$$

を得る．偏微分の学力の他に，上記下添字の表記法を修得し，更に，次に述べる状態関数を修めれば，諸君の学力は算術に関する限り熱力学の入試合格に到達している．

状態関数　2 独立変数 x, y が $x+\Delta x, y+\Delta y$ と微小に変化する時，量 F が

$$\Delta F=A\Delta x+B\Delta y \tag{11}$$

で与えられるとすれば，**微分形式**

$$\omega=Adx+Bdy \tag{12}$$

が対応する．定点 (x_0, y_0) から動点 (x, y) に向う閉曲線 γ に沿っての微分形式 ω の線積分

$$F=\int_\gamma(Adx+Bdy) \tag{13}$$

が γ の取り方に無関係である為の必要条件は $\dfrac{\partial F}{\partial x}=A,\ \dfrac{\partial F}{\partial y}=B$ なので，シュワルツの定理 $\dfrac{\partial}{\partial x}\left(\dfrac{\partial F}{\partial y}\right)=\dfrac{\partial}{\partial y}\left(\dfrac{\partial F}{\partial x}\right)$ より，A, B が

$$\frac{\partial A}{\partial y}=\frac{\partial B}{\partial x} \tag{14}$$

を満し，ω が**完全微分**である事である．この条件は定義域が単連結の時十分であって，F は x, y の 1 価関数であり，F の微分は定義より

$$dF=Adx+Bdy,\ A=\frac{\partial F}{\partial x},\ B=\frac{\partial F}{\partial y} \tag{15}$$

で与えられる．この時，熱力学では F は状態関数であると云う．微分形式 ω が完全微分型でない時は，(13)で与えられる F を

$$d'F=Adx+Bdy \tag{16}$$

と微分形式の d にダッシュ(キザに読めばプライム)を付けて区別する．状態関数でない(13)の値は積分路 γ に依存し多価関数である．フランス流の複素解析では $d'=\partial$, d''(デー・スゴンド)$=\bar{\partial}$ であるが，混同する人は居ますまい．生兵法は怪我のもとである．

例えば，熱量 Q は状態関数ではないが，$d'Q$ を **Kelvin** 温度 T で割った微分形式は完全微分型であり，可逆的変化の径路 γ についての積分

$$S=\int_\gamma\frac{d'Q}{T} \tag{17}$$

はγの取り方に依存しない状態関数を表し，Sを**エントロピー**と云う．早く云えば$\dfrac{1}{T}$は積分因子である．また，圧力Pに抗って体積をV_1からV_2迄変化させた時

$$W=\int_{V_1}^{V_2}PdV \tag{18}$$

で与えられる**仕事**W_Pも状態関数でないが，

$$dU=d'Q-d'W \tag{19}$$

で定義される**内部エネルギー**Uは状態関数である．又，

$$H=U+PV \tag{20}$$

で定義される状態関数Hを**エンタルピー**と呼ぶ．更に

$$F=U-TS,\ G=F+PV \tag{21}$$

で与えられる状態関数F, Gを，夫々，**Helmholz, Gibbs の自由エネルギー**と呼ぶ．U, S, H, F, Gは**熱力学的ポテンシャル**と呼ばれる．

表

熱力学的関数	独立変数	完全微分形式
内部エネルギー　U	S, V	$dU=TdS-PdV$
エンタルピー　H	S, P	$dH=TdS+VdP$
ヘルムホルツの自由エネルギー　F	T, V	$dF=-SdT-PdV$
ギブスの自由エネルギー　G	T, P	$dG=-SdT+VdP$

を合理的に覚えねばならぬが，右式を**熱力学の基礎方程式**と云う．なお，上の表の空欄を埋める問題が**東京大学大学院金属工学専攻入試**に出題されている．微分形式の係数は偏導関数なので，公式

$$\begin{aligned}
T&=\left(\frac{\partial U}{\partial S}\right)_V=\left(\frac{\partial H}{\partial S}\right)_P,\\
P&=-\left(\frac{\partial U}{\partial V}\right)_S=-\left(\frac{\partial F}{\partial V}\right)_T,\\
V&=\left(\frac{\partial H}{\partial P}\right)_S=\left(\frac{\partial G}{\partial P}\right)_T,\\
S&=-\left(\frac{\partial F}{\partial T}\right)_V=-\left(\frac{\partial G}{\partial T}\right)_P
\end{aligned} \tag{22}$$

を得る．更に，ヤング（シュワルツの系でありどちらでも可）の定理 $f_{xy}=f_{yx}$ より **Maxwell** の関係式

$$\left(\frac{\partial P}{\partial S}\right)_V=-\left(\frac{\partial T}{\partial V}\right)_S,\quad \left(\frac{\partial S}{\partial V}\right)_T=\left(\frac{\partial P}{\partial T}\right)_V,$$
$$\left(\frac{\partial V}{\partial S}\right)_P=\left(\frac{\partial T}{\partial P}\right)_S,\quad \left(\frac{\partial S}{\partial P}\right)_T=-\left(\frac{\partial V}{\partial T}\right)_P \tag{23}$$

を得る．以上が熱力学のサワリの部分である．

問題1の解答　熱力学の基礎方程式 $dU=TdS-PdV$ より，T を固定して V での偏微分は

$$\left(\frac{\partial U}{\partial V}\right)_T=T\left(\frac{\partial S}{\partial V}\right)_T-P \tag{24}$$

一方 $dF=-PdV-SdT$ より $\left(\frac{\partial F}{\partial T}\right)_V=-S$, $\left(\frac{\partial F}{\partial V}\right)_T=-P$. ヘルムホルツの自由エネルギー F に対してヤングの定理 $f_{xy}=f_{yx}$ を適用し

$$\left(\frac{\partial S}{\partial V}\right)_T=-\left(\frac{\partial}{\partial V}\left(\frac{\partial F}{\partial T}\right)_V\right)_T$$
$$=-\left(\frac{\partial}{\partial T}\left(\frac{\partial F}{\partial V}\right)_T\right)_V=\left(\frac{\partial P}{\partial T}\right)_V \tag{25}$$

を得るので，(25)を(24)に代入すれば，(1) は算術の面では偏微分の順序変更に他ならぬ事を知る．なお，偏微分作用素同志は定数係数線形であるが故に可換なのである．関数係数でも非線形でも平気で可換とする学者(？)がいるから，予め卒業してもその様な事をして環境を破壊しない様に読者にお願いしておく．さて，**Van der Waals**

$$\left(P+\frac{n^2a}{V^2}\right)(V-nb)=nRT \quad (n=\text{モル数}) \tag{26}$$

では

$$\left(\frac{\partial P}{\partial T}\right)_V=\frac{nR}{V-nb} \tag{27}$$

なので，(24), (25), (26), (27) より

$$\left(\frac{\partial U}{\partial V}\right)_T=\frac{nRT}{V-nb}-P=\frac{n^2a}{V^2} \tag{28}$$

問題2の解答　dU を与える熱力学の基礎方程式を移項して，その両辺を T で割り，微分

$$dU=\left(\frac{\partial U}{\partial T}\right)_V dT+\left(\frac{\partial U}{\partial V}\right)_T dV$$

より

$$dS=\frac{dU}{T}+\frac{P}{T}dV$$
$$=\frac{1}{T}\left(\left(\frac{\partial U}{\partial T}\right)_V dT+\left(\frac{\partial U}{\partial V}\right)_T dV\right)+\frac{P}{T}dV$$
$$=\frac{1}{T}\left(\frac{\partial U}{\partial T}\right)_V dT+\frac{1}{T}\left(\left(\frac{\partial U}{\partial V}\right)_T+P\right)dV \qquad (29).$$

これは (3) に他ならない．更に，微分形式の係数は偏導関数であるから，公式

$$\left(\frac{\partial S}{\partial T}\right)_V=\frac{1}{T}\left(\frac{\partial U}{\partial T}\right)_V \qquad (30)$$

を得る．更にVで偏微分する際Tは定数なので

$$\left(\frac{\partial}{\partial V}\left(\frac{\partial S}{\partial T}\right)_V\right)_T=\frac{1}{T}\left(\frac{\partial}{\partial V}\left(\frac{\partial U}{\partial T}\right)_V\right)_T \qquad (31).$$

同じく(29)より

$$\left(\frac{\partial S}{\partial V}\right)_T=\frac{1}{T}\left(\left(\frac{\partial U}{\partial V}\right)_T+P\right) \qquad (32).$$

(32)の両辺をTで偏微分し

$$\left(\frac{\partial}{\partial T}\left(\frac{\partial S}{\partial V}\right)_T\right)_V=-\frac{1}{T^2}\left(\left(\frac{\partial U}{\partial V}\right)_T+P\right)$$
$$+\frac{1}{T}\left(\left(\frac{\partial}{\partial T}\left(\frac{\partial U}{\partial V}\right)_T\right)_V+\left(\frac{\partial P}{\partial T}\right)_V\right) \qquad (33).$$

シュワルツの定理を状態関数 S, U に適用し，(31), (33) の右辺を等しくおき，整理すると**熱力学的状態式** (4) を得る．本問では，偏微分の順序変更を 2 度用いている．

（状態関数→偏導関数）＋（偏微分の順序変更）

を修得する事が熱力学パスのコツである．(4) は (1) と同じなので，本問は前問の別解である．学而時習之（シエアルシーシーツー），不亦説乎（ブーイーユエフ）．やはり大学でよく勉強しないと，大学院には合格しません．

問題 3 の解答　(i)　(5), (18) より

$$\Delta W=\int_{V_1}^{V_2}PdV=\int_{V_1}^{V_2}\left(\frac{RT}{V-b}-\frac{a}{V^2}\right)dV$$
$$=RT\log\frac{V_2-b}{V_1-b}+a\left(\frac{1}{V_2}-\frac{1}{V_1}\right).$$

ここ迄が上級職化学専門試験に マーク・シート 方式として出題されている．

(ii) 熱力学の基礎方程式 $dF=-PdV-SdT$ にて $dT=0$ として，(5) より

$$\Delta F=-\int_{V_1}^{V_2}PdV=-\int_{V_1}^{V_2}\left(\frac{RT}{V-b}-\frac{a}{V^2}\right)dV$$
$$=-RT\log\frac{V_2-b}{V_1-b}-a\left(\frac{1}{V_2}-\frac{1}{V_1}\right).$$

(iii) 問題 2 の (3) にて $dT=0$ とおき，(4) を代入して

$$dS=\frac{1}{T}\left(\left(\frac{\partial U}{\partial V}\right)_T+P\right)dV=\left(\frac{\partial P}{\partial T}\right)_V dV \qquad (34).$$

(34)に (5) を T で偏微分したものを代入して

$$\Delta S=\int_{V_1}^{V_2}\left(\frac{\partial P}{\partial T}\right)_V dV=\int_{V_1}^{V_2}\frac{R}{V-b}dV=R\log\frac{V_2-b}{V_1-b}.$$

(iv) $d'Q=TdS$ は完全微分型ではないが，$T=$定数なので，(iii) より

$$\Delta Q=T\Delta S=RT\log\frac{V_2-b}{V_1-b}.$$

(v) (28)より

$$\Delta U=a\int_{V_1}^{V_2}\frac{dV}{V^2}=a\left(\frac{1}{V_1}-\frac{1}{V_2}\right).$$

(vi) 熱力学の基礎方程式 $dG=-SdT+VdP$ に $dT=0$ と (5) を代入し

$$\Delta G=\int_{V_1}^{V_2}VdP=\int_{V_1}^{V_2}V\left(\frac{\partial P}{\partial V}\right)_T dV$$
$$=\int_{V_1}^{V_2}V\left(-\frac{RT}{(V-b)^2}+\frac{2a}{V^3}\right)dV$$
$$=\int_{V_1}^{V_2}\left(-\frac{RT}{V-b}-\frac{bRT}{(V-b)^2}+\frac{2a}{V^2}\right)dV$$
$$=\left[-RT\log(V-b)+\frac{bRT}{V-b}-\frac{2a}{V}\right]_{V_1}^{V_2}$$
$$=-RT\log\frac{V_2-b}{V_1-b}+bRT\left(\frac{1}{V_2-b}-\frac{1}{V_1-b}\right)$$
$$-2a\left(\frac{1}{V_2}-\frac{1}{V_1}\right).$$

（第13話の81頁より式番号も継承しての「**続々東工大物理波動**」）は勿論，空間変数 x に付いて Fourier 変換して，x に付いての二階偏微分作用素を ξ/i を二回掛ける演算に簡略化して，空間時間変数 x, t に関する方程式を，時間変数 t に関する常微分方程式に帰着させての解の逆 Fourier 変換(45)に整合する．

第15話

フーリエ展開

問題 1
$$\frac{d^2y}{dx^2}+4\frac{dy}{dx}+4y=e^{2x} \tag{1}$$
を条件
$$y(0)=0,\quad \frac{dy}{dx}(1)=-1 \tag{2}$$
の下で解け．

（東北大学大学院工学研究科電気工学専攻入試）

問題 2
$$f(x)=\begin{cases} 0 & (-\pi\leqq x\leqq 0) \\ \sin x & (0\leqq x\leqq \pi) \end{cases} \tag{3}$$
をフーリエ級数に展開せよ．

（東北大学大学院工学研究科電気工学専攻入試）

問題 3　次の行列の固有値と固有ベクトルを求めよ．
$$A=\begin{pmatrix} 2 & 9 \\ -6 & 4 \end{pmatrix} \tag{4}.$$

（東北大学大学院工学研究科電気工学専攻入試）

物理や化学への数学の応用が続いたので，数学にしか興味を持たない読者の不満がそろそろ高まっている頃と思われる．今回は数学を主題にしながらも，少し趣向を変えて，昭和55年度東北大学大学院工学研究科入試問題中数学の問題を**大学院入試問題研究所（東京都新宿郵便局私書箱288号）**発行の問題集より全て紹介する事にした．

定数係数線形微分方程式の記号的解法　微分方程式
$$a_0\frac{d^ny}{dx^n}+a_1\frac{d^{n-1}y}{dx^{n-1}}+a_2\frac{d^{n-2}y}{dx^{n-2}}+\cdots+a_{n-1}\frac{dy}{dx}+a_ny=X(x) \tag{5}$$

に対して，変数 t の多項式

$$f(t)=a_0t^n+a_{n-1}t^{n-1}+\cdots+a_{n-1}t+a_n \tag{6}$$

を対応させ，特に意味のない変数 t の所に微分演算子

$$D=\frac{d}{dx} \tag{7}$$

を代入した，**微分演算子**

$$f(D)=a_0D^n+a_1D^{n-1}+\cdots+a_{n-1}D+a_n \tag{8}$$

を導入し，**同次方程式**

$$f(D)y=0 \tag{9}$$

を対応させると共に，**非同次方程式** (5) を

$$f(D)y=X(x) \tag{10}$$

と解釈する．その際，関数 y に微分作用素 D^k を作用させ D^ky を作る事は

$$D^ky=\frac{d^k}{dx^k}y \tag{11}$$

の右辺の様に，関数 y を k 回微分する事であると約束し，関数 y に微分作用素 $f(D)$ を作用させて $f(D)y$ を作る事は

$$f(D)y=a_0\frac{d^ny}{dx^n}+a_1\frac{d^{n-1}y}{dx^{n-1}}+\cdots+a_{n-1}\frac{dy}{dx}+a_ny \tag{12}$$

の右辺の様な演算を行う事であると約束する．

定数 ρ に対して，微分の公式 $D^k(e^{\rho x})=\rho^ke^{\rho x}$ より

$$f(D)e^{\rho x}=f(\rho)e^{\rho x} \tag{13}$$

を得る．従って，**特性方程式**と呼ばれる代数方程式

$$f(t)=0 \tag{14}$$

の根 ρ に対する $e^{\rho x}$ は同次方程式(9)の解である．$\rho_1, \rho_2, \cdots, \rho_n$ が特性方程式(14)の相異(あいこと)なる n 個の根であれば，n 個の任意定数 $C_1, C_2, \cdots, C_n$ を含む関数

$$y=C_1e^{\rho_1x}+C_2e^{\rho_2x}+\cdots+C_ne^{\rho_nx} \tag{15}$$

は同次方程式 (9) の一般解であり，非同次方程式(10)の**余関数**と呼ばれる．ρ が特性方程式(14)の $s\,(\geqq 1)$ 重根の時が問題であるが，第 6 話の東工大入試問題で論じたように，ρ の寄与を

$$(s-1)\text{ 次の多項式}\times e^{\rho x} \tag{16}$$

とすればよい．更に，虚根 $\alpha\pm i\beta$ の時が問題となるが，$e^{(\alpha\pm i\beta)x}$ の所に

$$e^{\alpha x}(A\cos\beta x+B\sin\beta x) \tag{17}$$

を代入すればよい．また，非同次方程式

$$f(D)y=e^{bx}\qquad(b=\text{定数}) \tag{18}$$

に対しては，$f(b)\neq 0$ の時は

$$y=\frac{e^{bx}}{f(b)} \tag{19}$$

が一つの解である事が分る．これを(18)の**特解**という．

b が特性方程式の m 重根の時は

$$y=\frac{x^m e^{bx}}{f^{(m)}(b)} \tag{20}$$

が(18)の特解である．

問題1の解説　特性方程式 $t^2+4t+4=(t+2)^2=0$ は $t=-2$ を2重根とするので，基本事項(17)より 余関数$=e^{-2x}(C_1+C_2x)$．基本事項(19)より

$$\frac{e^{2x}}{f(D)}=\frac{e^{2x}}{2^2+4\cdot 2+4}=\frac{e^{2x}}{16} \tag{21}$$

は特解なので，一般解＝余関数＋特解，なる基本事項より，(1)の一般解は

$$y=e^{-2x}(C_1+C_2x)+\frac{e^{2x}}{16}\quad(C_1, C_2：\text{任意定数}) \tag{22}$$

レベルを少し下げて，昭和56年春の九大（教養であり大学院ではない）入試

問題 4　定数 a, b に対して $f(x)=(ax+bx^2)e^x$ が微分方程式

$$\frac{dy}{dx}=y+e^x \tag{23}$$

を満す様に，a, b を定めよ．

（九大（教養部）入試問題前半）

は $(D-1)y=e^x$ なので，特性方程式 $t-1=0$ の根1が右辺の e の肩にもあるので，基本事項(20)より特解

$$\frac{xe^x}{f'(1)}=\frac{xe^x}{1}=xe^x \tag{24}$$

を求め，余関数 Ce^x を加えた

$$y=Ce^x+xe^x \quad (C：任意定数) \tag{25}$$

が(23)の一般解との理由で，入試の解答を $a=1, b=0$ とした受験生がいたが，在学中の大学を卒業し，大学院を受験する方が賢明と思われる．(22)が(2)を満たすのは $c_1=-1/16$，$c_2=(1+8e^2+e^4)/8$ の時．

フーリエ展開　$[-\pi, \pi]$ 上の実数値関数 f, g の内積を

$$\langle f, g\rangle=\int_{-\pi}^{\pi} f(t)g(t)dt \tag{26}$$

で定義し，$\langle f, g\rangle=0$ の時，f と g とは直交すると云う．この時，三角関数列

$$\frac{1}{\sqrt{2\pi}}, \frac{\cos x}{\sqrt{\pi}}, \frac{\sin x}{\sqrt{\pi}}, \ldots, \frac{\cos kx}{\sqrt{\pi}}, \frac{\sin kx}{\sqrt{\pi}}, \cdots$$

は大きさ 1 で直交する関数列となり，$[-\pi, \pi]$ 上の自乗可積分な関数の作るヒルベルト空間の中で，云わば，座標系をなし，**完全正規直交列**とも呼ばれる．有限次元の場合の類推より，任意の関数のこれらの座標軸に関する成分は内積と見て，これらを係数とする

$$f\sim\left\langle f, \frac{1}{\sqrt{2\pi}}\right\rangle\frac{1}{\sqrt{2\pi}}+\sum_{k=1}^{\infty}\left(\left\langle f, \frac{1}{\sqrt{\pi}}\right\rangle\frac{\cos kx}{\sqrt{\pi}}+\left\langle f, \frac{\sin kx}{\sqrt{\pi}}\right\rangle\frac{\sin kx}{\sqrt{\pi}}\right) \tag{27}$$

を f の**フーリエ展開**と云う．(27) の一つの項は，例えば，

$$\begin{aligned}\left\langle f, \frac{\cos kx}{\sqrt{\pi}}\right\rangle\frac{\cos kx}{\sqrt{\pi}} &= \left(\int_{-\pi}^{\pi} f(t)\frac{\cos kt}{\sqrt{\pi}}dt\right)\frac{\cos kx}{\sqrt{\pi}} \\ &= \left(\frac{1}{\pi}\int_{-\pi}^{\pi} f(t)\cos kt\,dt\right)\cos kx\end{aligned}$$

と整理されるので，

$$\begin{aligned} a_k &= \frac{1}{\pi}\int_{-\pi}^{\pi} f(t)\cos kt\,dt \quad (k\geqq 0), \\ b_k &= \frac{1}{\pi}\int_{-\pi}^{\pi} f(t)\sin kt\,dt \quad (k\geqq 1) \end{aligned} \tag{28}$$

を関数 f の**フーリエ係数**と云い，

$$f(x)\sim\frac{a_0}{2}+\sum_{k=1}^{\infty}(a_k\cos kx+b_k\sin kx) \tag{29}$$

を関数 f の**フーリエ展開**と云う．右辺は周期 2π の関数である．一般の周期 2π の関数 f を(29)に展開し，研究する事を**調和解析**と云う．その一つの応用例が，博多湾アセスに現われる**潮汐記録**である．

問題 2 の解答　公式(28)より

$$a_k=\frac{1}{\pi}\int_0^\pi \cos kt \sin t\,dt$$
$$=\frac{1}{\pi}\int_0^\pi \frac{\sin(k+1)t-\sin(k-1)t}{2}dt$$
$$=\begin{cases}\dfrac{1}{2\pi}\left[-\dfrac{\cos(k+1)t}{k+1}+\dfrac{\cos(k-1)t}{k-1}\right]_0^\pi \\ \quad =\dfrac{1}{2\pi}\left(\dfrac{1}{k-1}-\dfrac{1}{k+1}\right)((-1)^{k-1}-1) \quad (k\geqq 0,\ k\neq 1) \\ \dfrac{1}{2\pi}\left[-\dfrac{\cos 2t}{2}\right]_0^\pi=0 \quad (k=1)\end{cases}$$

$$b_k=\frac{1}{\pi}\int_0^\pi \sin kt \sin t\,dt$$
$$=\frac{1}{\pi}\int_0^\pi \frac{\cos(k-1)t-\cos(k+1)t}{2}dt$$
$$=\begin{cases}\dfrac{1}{2\pi}\left[\dfrac{\sin(k-1)t}{k-1}-\dfrac{\sin(k+1)t}{k+1}\right]_0^\pi=0 \quad (k\geqq 2) \\ \dfrac{1}{2\pi}\left[t-\dfrac{\sin(k+1)t}{k+1}\right]_0^\pi=\dfrac{1}{2} \quad (k=1)\end{cases}$$

なので，$k=2m+1$ の時 $a_k=0$, $k=2m$ の時，

$$a_{2m}=\frac{1}{2\pi}\left(\frac{1}{2m-1}-\frac{1}{2m+1}\right)(-2)$$
$$=\frac{-2}{(4m^2-1)\pi} \quad (m\geqq 0)$$

であり，フーリエ展開

$$f(x)=\frac{1}{\pi}-\frac{2}{\pi}\sum_{m=1}^{\infty}\frac{\cos 2mx}{4m^2-1}+\frac{\sin x}{2} \tag{30}$$

を得る．(30) はヒルベルト空間 $L^2[-\pi,\pi]$ で収束しているが，関数 f は区分的に滑らかな周期 2π の連続関数なので，狭義一様収束級数 (30) は各点で $f(x)$ を表す．$x=0$ を代入すると面白い．

問題 3 の解答　固有多項式は行列式

$$\begin{vmatrix}2-\lambda & 9 \\ -6 & 4-\lambda\end{vmatrix}=(2-\lambda)(4-\lambda)-(-6)\cdot 9=\lambda^2-6\lambda+62 \tag{31}$$

であり，**固有方程式**はそれを 0 とおいた $\lambda^2-6\lambda+62=0$ であり，**固有値**は固有方程式の根　$\lambda=3\pm\sqrt{-53}=3\pm\sqrt{53}i$．固有値 λ に対する**固有ベクトル**は同次方程式

$$\left(\begin{array}{l}(2-\lambda)x+9y=0\\ -6x+(4-\lambda)y=0\end{array}\right. \tag{32}$$

の非単純解，即ち $x=y=0$ 以外の解 $\dfrac{y}{\lambda-2}=\dfrac{x}{9}=$定数$\neq 0$ であり，固有値 $\lambda=3\pm\sqrt{53}i$ に対する固有ベクトルは，任意定数 $C\neq 0$ に対して

$$\begin{bmatrix}x\\ y\end{bmatrix}=\begin{bmatrix}9\\ 1\pm\sqrt{53}i\end{bmatrix}C. \tag{33}$$

問題 5 L を正数とする．微分方程式

$$\frac{d^2y}{dx^2}+\lambda y=0 \tag{34}$$

の一般解が，境界条件

$$y(0)=0, \qquad y(L)=0 \tag{35}$$

で，$y\equiv 0$ 以外の解を持つために λ が取りうる値を求めよ．

(東京工業大学大学院総合理工学研究科化学環境学専攻入試)

問題 5 の解答 恒等的に零な関数は**定数係数二階常微分方程式**(34)の**境界値問題**(35)の解である．それ以外の(34)-(35)の解を**固有関数**と言い，固有関数を解として与える λ を**固有値**と言う．定数 μ に対して，指数関数 $e^{\mu x}$ が(34)の解である為の必要十分条件は，μ が**固有方程式** $\mu^2+\lambda=0$ の根 $\mu=\pm\sqrt{-\lambda}$ である事である．$\lambda=0$ の時，(34)の一般解は一次関数 $y=c_1+c_2x$ であり，二点 $x=0, L$ で 0 になる解は恒等的に零しかない．$\lambda\fallingdotseq 0$ の時，二指数関数 $e^{\pm\sqrt{-\lambda}x}$ が同次な(34)の解であるから，任意定数 c_1, c_2 を係数とする一次結合，

$$y=c_1e^{-\sqrt{-\lambda}x}+c_2e^{\sqrt{-\lambda}x} \tag{36}$$

が一般解である．$\lambda<0$ の時，(36)は真の指数関数で，二点 $x=0, L$ で 0 になる解は恒等的に零しかない．$\lambda>0$ の時，一次結合 $\cos(\sqrt{\lambda}x)=(e^{-i\sqrt{\lambda}x}+e^{i\sqrt{\lambda}x})/2$ と $\sin(\sqrt{\lambda}x)=(e^{-i\sqrt{\lambda}x}-e^{i\sqrt{\lambda}x})/(2i)$ も(34)の解で，任意定数 A, B を係数とする

$$y=A\cos(\sqrt{\lambda}x)+B\sin(\sqrt{\lambda}x) \tag{37}$$

が一般解である．境界条件(35)を満たす必要十分条件は $A=0, B\sin(\sqrt{\lambda}L)=0$ で，自然数 k に対する，$\sqrt{\lambda}L=k\pi$ の時の

$$y=B\sin\left(\frac{kx}{L}\right)\ (B\fallingdotseq 0), \qquad \lambda=\frac{k^2\pi^2}{L} \quad (k=1,2,3,\cdots) \tag{38}$$

が，夫々，求める**固有関数**と固有値である．

問題 6

$$f(t)=\frac{L}{2}-\left|x-\frac{L}{2}\right| \quad (0<x<L) \tag{39}$$

に対して，以下の問に答えよ．

(i)　$f(x)$ をフーリエ正弦級数に展開せよ．

(ii)　$0<x<L, 0<t$ において，$u(x,t)$ は次の偏微分方程式を満足する．

$$\frac{\partial u(x,t)}{\partial t}-a^2\frac{\partial^2 u(x,t)}{\partial x^2}=0 \quad (ただし，a>0). \tag{40}$$

$x=0, L$ において

$$u(0,t)=0, \qquad u(L,t)=0, \tag{41}$$

および $t=0, t\to\infty$ において

$$u(x,0)=f(x), \quad u(x,\infty)=0 \tag{42}$$

の条件を満たす解を変数分離法で求めよ．

(大阪大学大学院工学研究科精密科学専攻入試)

(i)の解答　フーリエ正弦関数

$$f(x)=\sum_{k=1}^{\infty} b_k \sin\frac{k\pi x}{L} \tag{43}$$

の両辺に $\sin\frac{n\pi x}{L}$ を掛け，$[0,L]$ 上項別積分すると，正弦の自乗の積分のみが 0 でない値 $\frac{L}{2}$ で生き残るから，Fourier 係数は

$$b_k=\frac{2}{L}\int_0^L f(x)\sin\frac{k\pi x}{L}dx \tag{44}$$

で，$L=\pi, f(x)$ が奇関数の時は，Fourier 係数の公式(28)に一致する．(39)の初期関数 $f(x)$ に即してこの正弦係数を計算する．その際，絶対値は積分計算に馴染まないので，積分区間 $[0,L]$ を $[0,L/2]$ と $[L/2,L]$ に分割し，更に，一回部分積分して，

$$b_k=\frac{2}{L}\int_0^L f(x)\sin\frac{k\pi x}{L}dx=\frac{2}{L}\int_0^L \frac{L}{2}\sin\frac{k\pi x}{L}dx-\frac{2}{L}\int_0^L\left|x-\frac{L}{2}\right|\sin\frac{k\pi x}{L}dx=$$

$$\frac{16L\cos\left(\frac{k\pi}{4}\right)\left(\sin\left(\frac{k\pi}{4}\right)\right)^3}{k^2\pi^2}. \tag{45}$$

(ii)の解答　x だけの関数 $X(x)$ と t だけの関数 $T(t)$ の積 $X(x)T(t)$ の形の**変数分離型**の関数が(40)の解である為の必要十分条件は，$T'X(x)-a^2T(t)X''=0$.

固有関数を追求しているから，$X(x)$ と $T(t)$ は共に恒等的に零でなく，両辺を $a^2 X(x)T(t)$ で割り，

$$\frac{T'(t)}{a^2T(t)}=\frac{X''(a)}{X(x)} \tag{46}$$

の左辺は t だけの関数，右辺は x だけの関数で，これらは等しいから定数であり，$-\lambda$ と置くと，右辺と(41)は2階の常微分方程式の境界値問題

$$X''(x)+\lambda X(x)=0, \qquad X(0)=X(L)=0 \tag{47}$$

を与える．問題5で準備した(38)が固有関数と固有値である．$\lambda=k^2\pi^2/L$ に対して，(46)の左辺を $-\lambda$ に等しいと置いた，

$$T'(t)+\lambda a^2T(t)=0 \tag{48}$$

の一般解は $T(t)=e^{-\lambda a^2 t}$ 任意定数倍である．これらの無限個を重ねた

$$u(x,t)=\sum_{k=0}^{\infty}B_k e^{-\frac{k^2\pi^2a^2t}{L}}\sin\left(\frac{kx}{L}\right) \tag{49}$$

は(40)の境界条件(41)を満たす解である．更に初期条件 $u(x,0)=f(x)$ より，係数 B_k は(46)の Fourier 係数 b_k に一致する．$|b_k|\leq 16L/(k^2\pi^2)$ であるから，

$\sum_{k=1}^{\infty}|b_k|<+\infty$．任意の正数 ϵ に対して，自然数 N があって，$\sum_{k=N+1}^{\infty}|b_k|<\frac{\epsilon}{2}$.

この N に対して，正数 T があって，各項が $t\to\infty$ の時0に収束する，有限項 $\sum_{k=1}^{N}B_k e^{-\frac{k^2\pi^2T}{L}}<\frac{\epsilon}{2}$．この様にして，任意の正数 ϵ に対して，正数 T があって，$t>T$ の時，上の $N+1$ から先の無限級数と N 迄の有限級数の和で押えられて，$|u(x,t)|\leq\sum_{k=1}^{N}+\sum_{k=N+1}^{\infty}<\frac{\epsilon}{2}+\frac{\epsilon}{2}=<\epsilon$ が成立し，x に対いて一様に $t\to\infty$ につれて $u(x,t)\to 0$．**拡散方程式**に課せられた，初期終末条件(42)が満たされた．

第16話

有理関数の定積分

問題 1　定積分

$$I=\int_0^{+\infty}\frac{dx}{ax^4+2bx^2+c} \qquad (1)$$

を二つの平方根記号と a, b, c を使って表せ．ただし $a>0,\ b>0,\ c>0,\ b^2>ac$.

（東京大学大学院工学研究科入試）

問題 2

$$I=\int_0^{+\infty}\frac{x}{x^4+1}\,dx \qquad (2)$$

（長崎大学大学院機械工学専攻入試）

問題 3

$$I=\int_{-\infty}^{+\infty}\frac{x^2}{(x^2+1)^2}\,dx \qquad (3),$$

$$I=\int_{-\infty}^{+\infty}\frac{x^4}{(x^2+a^2)^4}\,dx \qquad (4)$$

（立教大学大学院入試）

問題 4　関数 f_1, f_2 は点 a で正則で，f_1 は点 a で 1 位の零点をもつが，$f_2(a)\neq 0$ とすると，関数 $f(z)=\dfrac{f_2(z)}{f_1(z)}$ の点 a における留数は次の内どれか．（多肢選択欄は省略）

（国家公務員上級職数学専門試験）

問題 5

$$I=\int_{-\infty}^{+\infty}\frac{dx}{x^6+1} \qquad (5)$$

（九州大学大学院入試）

問題 6

$$I=\int_{-\infty}^{\infty}\frac{x^2}{(x^4+a^4)^3}\,dx \qquad (6)$$

（立教大学大学院入試）

今回の主題 階前の梧葉，既に秋声．学期末試験も近づくと，新入生諸君は大学院入試問題どころではないと思われるので，部分分数分解を中心とする**定積分**の特訓をサービスするとともに，同じ問題を留数定理で解き，四年生諸君には９月の大学院入試直前準備の**関数論**の特訓を行い，一石二鳥を狙う．

問題１の解答 分母の因数分解を目標として，４次方程式 $ax^4+2bx^2+c=0$ を x^2 の２次方程式と考えると，高校入試の水準であって，$x^2=\dfrac{-b\pm\sqrt{b^2-ac}}{a}$．平方根が解なので，大学入試の経験を生かし，$\alpha^2=\dfrac{b+\sqrt{b^2-ac}}{a}$，$\beta^2=\dfrac{b-\sqrt{b^2-ac}}{a}$ で正数 α,β を定義すると，例の解と係数の関係より，$\alpha^2+\beta^2=\dfrac{2b}{a}$，$\alpha^2\beta^2=\dfrac{c}{a}$，$(\alpha+\beta)^2=\alpha^2+\beta^2+2\alpha\beta=\dfrac{2(b+\sqrt{ac})}{a}$．剰余定理より $ax^4+2bx^2+c=a(x^2+\alpha^2)(x^2+\beta^2)$ なる因数分解を得る．被積分関数は x^2 の関数なので，部分分数分解は

$$\frac{1}{ax^4+2bx^2+c}=\frac{A}{x^2+\alpha^2}+\frac{B}{x^2+\beta^2} \qquad (7).$$

通分して，係数を比較して，$A+B=0$，$A\beta^2+B\alpha^2=\dfrac{1}{a}$ より，$B=-A=\dfrac{1}{(\alpha^2-\beta^2)a}$．懐かしい計算による準備は完了し，

$$\begin{aligned}
&\int_0^\infty \frac{dx}{ax^4+2bx^2+c}\\
&=\frac{1}{(\alpha^2-\beta^2)a}\int_0^\infty\left(\frac{1}{x^2+\beta^2}-\frac{1}{x^2+\alpha^2}\right)dx\\
&=\frac{1}{(\alpha^2-\beta^2)a}\left[\frac{1}{\beta}\tan^{-1}\frac{x}{\beta}-\frac{1}{\alpha}\tan^{-1}\frac{x}{\alpha}\right]_0^\infty\\
&=\frac{\pi}{2(\alpha^2-\beta^2)a}\left(\frac{1}{\beta}-\frac{1}{\alpha}\right)=\frac{\pi}{2\alpha\beta(\alpha+\beta)a}\\
&=\frac{\pi}{2\sqrt{2c(b+\sqrt{ac})}}.
\end{aligned}$$

問題２の解答 先ず正攻法による．分母の因数分解は

$$\begin{aligned}
x^4+1&=x^4+2x^2+1-2x^2=(x^2+1)^2-(\sqrt{2}\,x)^2\\
&=(x^2+\sqrt{2}\,x+1)(x^2-\sqrt{2}\,x+1).
\end{aligned}$$

部分分数分解は

$$\frac{x}{x^4+1}=\frac{Ax+B}{x^2+\sqrt{2}\,x+1}+\frac{Cx+D}{x^2-\sqrt{2}\,x+1} \qquad (8)$$

を通分し，係数を比較して，

$$A+C=0,\ B+D+\sqrt{2}\,(C-A)=0,$$
$$A+C+\sqrt{2}\,(D-B)=1,\ B+D=0.$$

連立方程式を解けば，$C=-A=0, D=-B=\dfrac{1}{2\sqrt{2}}$ なので，完全平方の形 $x^2\pm\sqrt{2}\,x+1=\left(x\pm\dfrac{1}{\sqrt{2}}\right)^2+\left(\dfrac{1}{\sqrt{2}}\right)^2$ を用い

$$\begin{aligned}&\int_0^\infty \frac{xdx}{x^4+1}\\ &=\frac{1}{2\sqrt{2}}\int_0^\infty \frac{dx}{\left(x-\frac{1}{\sqrt{2}}\right)^2+\left(\frac{1}{\sqrt{2}}\right)^2}\\ &\quad-\frac{1}{2\sqrt{2}}\int_0^\infty \frac{dx}{\left(x+\frac{1}{\sqrt{2}}\right)^2+\left(\frac{1}{\sqrt{2}}\right)^2}\\ &=\frac{1}{2}\Big[\tan^{-1}(\sqrt{2}\,x-1)\Big]_0^\infty-\frac{1}{2}\Big[\tan^{-1}(\sqrt{2}\,x+1)\Big]_0^\infty\\ &=\frac{1}{2}\left(\frac{\pi}{2}+\frac{\pi}{4}\right)-\frac{1}{2}\left(\frac{\pi}{2}-\frac{\pi}{4}\right)=\frac{\pi}{4}\end{aligned}$$

を得るが，本問は $y=x^2$ とおき，

$$\int_0^\infty \frac{xdx}{x^4+1}=\frac{1}{2}\int_0^\infty \frac{dy}{1+y^2}=\frac{1}{2}\Big[\tan^{-1}y\Big]_0^\infty=\frac{\pi}{4}$$

に気付いた者の方が合格する．

問題 3 の解答　$x=\tan t$ とおくと，$0\leqq x<\infty$ には $0\leqq t<\dfrac{\pi}{2}$ が対応し，　$dx=\sec^2 t\,dt$, $1+x^2=\sec^2 t$ なので，公式

$$\begin{aligned}\int_0^{\frac{\pi}{2}}\sin^{2n}\theta\,d\theta&=\int_0^{\frac{\pi}{2}}\cos^{2n}\theta\,d\theta\\ &=\frac{2n-1}{2n}\cdot\frac{2n-3}{2n-2}\cdot\cdots\cdot\frac{1}{2}\cdot\frac{\pi}{2}\end{aligned}\tag{9}$$

を用い，

$$\begin{aligned}I=2\int_0^\infty \frac{x^2}{(x^2+1)^2}dx&=2\int_0^{\frac{\pi}{2}}\frac{\tan^2 t}{\sec^4 t}\sec^2 t\,dt\\ &=2\int_0^{\frac{\pi}{2}}\sin^2 t\,dt=2\cdot\frac{1}{2}\cdot\frac{\pi}{2}=\frac{\pi}{2}.\end{aligned}$$

同じく，$x=a\tan t$ とおくと，$dx=a\sec^2 t\,dt$, $x^2+a^2=a^2\sec^2 t$ なので，やはり，(9) に帰着させて

$$I=2\int_0^\infty \frac{x^4}{(x^2+a^2)^4}dx=2\int_0^{\frac{\pi}{2}}\frac{a^4\tan^4 t}{a^8\sec^8 t}a\sec^2 t\,dt$$
$$=2\int_0^{\frac{\pi}{2}}\frac{1}{a^3}\sin^4 t\cos^2 t\,dt=\frac{2}{a^3}\int_0^{\frac{\pi}{2}}(\sin^4 t-\sin^6 t)dt$$
$$=\frac{2}{a^3}\left(\frac{3}{4}\cdot\frac{1}{2}\cdot\frac{\pi}{2}-\frac{5}{6}\cdot\frac{3}{4}\cdot\frac{1}{2}\cdot\frac{\pi}{2}\right)=\frac{\pi}{16a^3}$$

とするのが，一番，速い様である．

留数定理　閉曲線 γ に沿っての複素変数 z の正則関数 $f(z)$ の複素積分は

$$\int_\gamma f(z)dz=2\pi i\times\text{留数和} \tag{10}$$

で与えられるので，**積分の計算は留数計算に帰着される．** 点 a の近くで正則，かつ $g(a)\neq 0$ なる関数 $g(z)$ を用いて

$$f(z)=\frac{g(z)}{(z-a)^n} \tag{11}$$

と表される時，f は a で n 位の極を持つと云う．この時留数 $\mathrm{Res}(f,a)$ は公式

$$\mathrm{Res}(f,a)=\frac{g^{(n-1)}(a)}{(n-1)!}=\frac{1}{(n-1)!}\lim_{z\to a}\frac{d^{n-1}}{dz^{n-1}}(z-a)^n f(z) \tag{12}$$

で与えられ，**積分の計算は高々微分の計算に帰着される．**

問題４の解答　１位の極なので，公式(12)にて $n=1$ として，$f_1'(a)$ の定義を生かすため $f_1(a)=0$ に注目し，

$$\mathrm{Res}(f,a)=\lim_{z\to a}(z-a)\frac{f_2(z)}{f_1(z)}=\frac{\lim_{z\to a}f_2(z)}{\lim_{z\to a}\dfrac{f_1(z)-f_1(a)}{z-a}}=\frac{f_2(a)}{f_1'(a)} \tag{13}$$

のマーク・シートを塗り潰せばよい．

問題５の解答　微積分学のカテゴリーで解く方法は技巧的であって，$x^6+1=(x^2+1)(x^4-x^2+1)$，次に $x^4-x^2+1=(x^2+1)^2-3x^2=(x^2-\sqrt{3}\,x+1)(x^2+\sqrt{3}\,x+1)$ に気付いて，部分分数分解

$$\frac{1}{x^6+1}=\frac{1}{(x^2+1)(x^2-\sqrt{3}\,x+1)(x^2+\sqrt{3}\,x+1)}$$
$$=\frac{Ax+B}{x^2+1}+\frac{Cx+D}{x^2-\sqrt{3}\,x+1}+\frac{Ex+F}{x^2+\sqrt{3}\,x+1} \tag{14}$$

を真面目に実行し，通分し，係数を比較し，連立方程式を解き，$A=0,\ B=D=F=\dfrac{1}{3}$，$E=-C=\dfrac{1}{2\sqrt{3}}$ を得て

$$\int_{-\infty}^{+\infty}\frac{dx}{x^6+1}=\int_{-\infty}^{+\infty}\Big(\frac{1}{3}\cdot\frac{1}{x^2+1}-\frac{1}{4\sqrt{3}}\cdot\frac{2x-\sqrt{3}}{x^2-\sqrt{3}\,x+1}$$
$$+\frac{1}{12}\cdot\frac{1}{\left(x-\frac{\sqrt{3}}{2}\right)^2+\left(\frac{1}{2}\right)^2}+\frac{1}{4\sqrt{3}}\cdot\frac{2x+\sqrt{3}}{x^2+\sqrt{3}\,x+1}$$
$$+\frac{1}{12}\cdot\frac{1}{\left(x+\frac{\sqrt{3}}{2}\right)^2+\left(\frac{1}{2}\right)^2}\Big)dx$$
$$=\Big[\frac{1}{3}\tan^{-1}x+\frac{1}{4\sqrt{3}}\log\frac{x^2+\sqrt{3}\,x+1}{x^2-\sqrt{3}\,x+1}$$
$$+\frac{1}{6}\tan^{-1}(2x-\sqrt{3})+\frac{1}{6}\tan^{-1}(2x+\sqrt{3})\Big]_{-\infty}^{+\infty}=\frac{2\pi}{3} \tag{15}$$

は長征的な計算であり，試験の制限時間内に正しい解答が得られるとは思わない．

留数定理による有理関数の定積分の計算　関数 P, Q は夫々，m, n 次の多項式で，$n\geqq m+2$ であって，$Q=0$ は実根を持たぬものとする．原点を中心，半径 R の上半月形の周に沿って，関数 $f(z)=\dfrac{P(z)}{Q(z)}$ を複素積分し，$R\to\infty$ とすると上半円周 C_R^+ 上の $f(z)$ の積分は 0 に収束するので，留数定理(10)より次の公式を得る．

$$\int_{-\infty}^{+\infty}\frac{P(x)}{Q(x)}dx=2\pi i\times \text{上半平面における}\ \frac{P(z)}{Q(z)}\ \text{の留数和} \tag{16}.$$

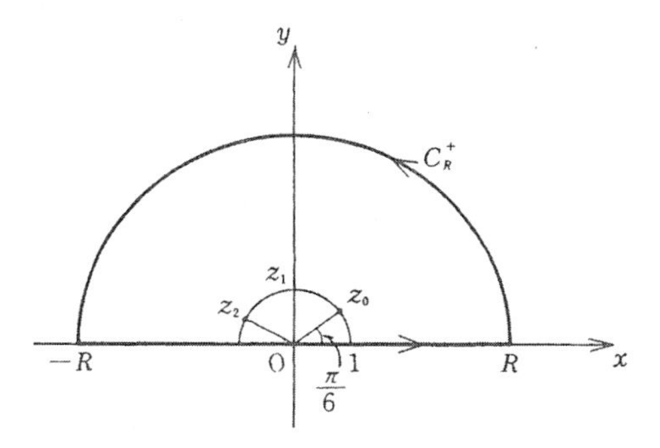

問題 5 の別解　関数 $f(z)=\dfrac{1}{z^6+1}$ の特異点は，二項方程式 $z^6=-1=e^{(2k+1)\pi i}$ の根 $z_k=e^{\frac{2k+1}{6}\pi i}$ であるが，上半平面にあるものは z_0, z_1, z_2 の 3 個．1 位の極 z_k における留

数は公式(13)より

$$\mathrm{Res}(f, z_k)=\frac{1}{6z_k{}^5}=\frac{z_k}{6z_k{}^6}=-\frac{z_k}{6} \tag{17}$$

なので，上半平面における留数和は，**オイラーの公式**

$$e^{i\theta}=\cos\theta+i\sin\theta \tag{18}$$

より

$$\begin{aligned}&\mathrm{Res}(f, z_0)+\mathrm{Res}(f, z_1)+\mathrm{Res}(f, z_2)\\&=-\frac{1}{6}(e^{\frac{\pi i}{6}}+e^{\frac{3\pi i}{6}}+e^{\frac{5\pi i}{6}})\\&=-\frac{1}{6}\left(\frac{\sqrt{3}+i}{2}+i+\frac{-\sqrt{3}+i}{2}\right)=-\frac{\pi i}{3}\end{aligned} \tag{19}$$

(19)を(16)に代入すれば

$$\int_{-\infty}^{+\infty}\frac{dx}{x^6+1}=2\pi i\left(-\frac{\pi i}{3}\right)=\frac{2\pi}{3} \tag{20}$$

問題1の別解　$f(z)=\dfrac{1}{az^4+2bz^2+c}$ の特異点は1位の極 $z=\pm\alpha i, \pm\beta i$ の4個．例えば，$z=\alpha i$ における留数は

$$f(z)=\frac{g(z)}{z-\alpha i}, \quad g(z)=\frac{1}{a(z+\alpha i)(z^2+\beta^2)} \tag{21}$$

と $n=1$ に対して，公式(12)を適用し，$\mathrm{Res}(f, \alpha i)=\dfrac{1}{2a(\beta^2-\alpha^2)\alpha i}$．関数 f の上半平面における特異点は αi と βi であるから，公式(16)より

$$\begin{aligned}&\int_0^{+\infty}\frac{dx}{ax^4+2bx^2+c}=\frac{1}{2}\int_{-\infty}^{+\infty}\frac{dx}{ax^4+2bx^2+c}\\&=\frac{1}{2}\times 2\pi i\times\left(\frac{1}{2a(\beta^2-\alpha^2)\alpha i}+\frac{1}{2a(\alpha^2-\beta^2)\beta i}\right)\\&=\frac{\beta-\alpha}{2a\alpha\beta(\beta^2-\alpha^2)a}=\frac{\pi}{2\alpha\beta(\alpha+\beta)a}=\frac{\pi}{2\sqrt{2c(b+\sqrt{ac})}}\end{aligned} \tag{22}$$

問題6の解答　関数 $f(z)=\dfrac{z^2}{(z^4+a^4)^3}$ の特異点は，二項方程式 $z^4=-a^4=a^4e^{(2k+1)\pi i}$ の根 $z_k=ae^{\frac{2k+1}{4}\pi i}$ であるが，上半平面にあるのは，3位の極 $z_0=ae^{\frac{\pi i}{4}}=\dfrac{1+i}{\sqrt{2}}a$ と $z_1=ae^{\frac{3\pi i}{4}}=\dfrac{-1+i}{\sqrt{2}}a$．3位の極 z_k における留数は公式(12)にて $n=3$ として

$$\mathrm{Res}(f, z_k) = \frac{1}{2}\frac{d^2}{dz^2}\left((z-z_k)^3\frac{z^2}{(z^4+z^4)^3}\right)\bigg|_{z=z_k}$$
$$= \frac{1}{2}\frac{d^2}{dz^2}(z^2(z^3+z_k z^2+z_k{}^2 z+z_k{}^3)^{-3})\bigg|_{z=z_k}$$
$$= -\frac{5z_k{}^3}{128a^{12}} \tag{23}$$

なる微分をライプニッツの公式を用いて実行し，公式(16)，(18)より

$$\int_{-\infty}^{+\infty}\frac{x^2}{(x^4+a^4)^3}dx = 2\pi i\left(-\frac{5a^3}{128a^{12}}(e^{\frac{3\pi i}{4}}+e^{\frac{9\pi i}{4}})\right)$$
$$= -\frac{5\pi i}{64a^9}\left(\frac{-1+i}{\sqrt{2}}+\frac{1+i}{\sqrt{2}}\right) = \frac{5\pi}{32\sqrt{2}a^9}. \tag{24}$$

問題 7　以下の問いに答えよ．

(i)　複素 z 平面の上半平面において，複素関数 $f(z)=\dfrac{z^2}{z^4+1}$ が持つ全ての極とそれぞれの極における留数を求めよ．

(ii)　留数定理を用いて，定積分 $\displaystyle\int_{-\infty}^{\infty}\frac{x^2}{x^4+1}$ の値を求めよ．

（京都大学大学院工学研究科原子核工学専攻入試）

問題 8　$e^{-x}(x\geq 0)$ の Fourier 正弦変換を求め，Parseval の等式を用いて，次の積分値を求めよ．

$$\int_{-\infty}^{\infty}\frac{x^2}{(1+x^2)^2}dx. \tag{25}$$

（九州大学大学院総合理工学府量子プロセス理工学専攻，物質理工学専攻入試）

問題 7 の解答　(i)　極は全て一位の極で，$a=1$ の時の問題 6 の $z_0=(1+i)/\sqrt{2}$, $z_1=(-1+i)/\sqrt{2}$, $z_2=(-1-i)/\sqrt{2}$, $z_3=(1-i)/\sqrt{2}$．留数は(13)より，

$$\mathrm{Res}(f, z_k) = \frac{z_k{}^2}{4zk^3} = \frac{z_k{}^3}{4zk^4} = -\frac{z_k{}^3}{4}. \tag{26}$$

（第5話フーリエ変換の29頁「続京大電子九大量子」に続く）

第17話

バナッハの不動点定理

問題 1　Xを完備な距離空間，dをその距離とし，TをXからXへの写像とする．又 $0<a<1$ を満す実数 a があって

$$d(Tx,Ty)\leqq ad(x,y) \tag{1}$$

が任意の $x,y\in X$ に対して成立するものとする．この時，次の事を証明せよ．

(i)　Xの元 x_0 に対して

$$x_n=Tx_{n-1} \quad (n\geqq 1) \tag{2}$$

と置くと，点列 $(x_n)_{n\geqq 1}$ はコーシー列である．

(ii)　$x^*=\lim_{n\to\infty} x_n$ と置く時，$Tx^*=x^*$ が成立する．

(iii)　$Tx=x$ を満す $x\in X$ に対して，$x=x^*$ が成立する．

(東北大学，津田塾大学，北海道大学，九州大学，大阪大学，東京理科大学，岡山大学大学院入試)

問題 2　閉区間 $[0,1]$ で定義された実数値連続関数全体のなす線形空間を X とする．XからXへの線型変換Tが次の二つの性質を持つと仮定する：

(a)　$u\in X$ が全ての $t\in[0,1]$ に対して，$u(t)\geqq 0$ を満せば，すべての $t\in[0,1]$ に対し $(Tu)(t)\geqq 0$.

(b)　正整数 m 及び $0<\gamma<1$ を満す実数 γ があり，$u\in X$ が全ての $t\in[0,1]$ に対し $u(t)\geqq 0$ となるならば，

$$\max_{t\in[0,1]}(T^m u)(t)\leqq \gamma \max_{t\in[0,1]} u(t) \tag{3}.$$

この時，次の二つの事柄を証明せよ：

(i)　任意の $f\in X$ に対して

$$f+Tu=u \tag{4}$$

の解が唯一つ存在する：

(ii)　u を (4) の解とする．$v\in X$ が全ての $t\in[0,1]$ に対して，

$$v(t)\leqq f(t)+(Tv)(t) \tag{5}$$

を満すならば，全ての $t\in[0,1]$ に対して，$v(t)\leqq u(t)$．　（東京大学大学院入試）

問題 3　微分方程式

$$\frac{du}{dt}=f(t,u),\quad t>0 \tag{6}$$

の $t=0$ で $u=a$ $(a\in\boldsymbol{R})$ となる解を $u(t,a)$ で表す．ここで $f(t,u)$ は $[0,\infty)\times\boldsymbol{R}$ で連続な実数値関数で，$\frac{\partial f}{\partial u}(t,u)$ が有界かつ連続であると仮定する．この時，$\frac{\partial f}{\partial u}(t,u)$ の上限を M，下限を m とすれば，任意の実数 a, b $(a<b)$ および，正数 t に対して，不等式

$$(b-a)e^{mt}\leqq u(t,b)-u(t,a)\leqq(b-a)e^{Mt} \tag{7}$$

が成り立つ事を示せ．　（京都大学大学院入試）

今回の主題は**縮小作用素**に対する**逐次近似法**に基く**バナッハの不動点定理**とその応用としての，**リプシッツ条件**を満す微分方程式の**初期値問題**である．

問題 1 の解答　(i)　(1) より

$$d(x_n,x_{n-1})=d(Tx_{n-1},Tx_{n-2})\leqq ad(x_{n-1},x_{n-2})\quad(n\geqq2).$$

$d(x_n,x_{n-1})\leqq a^{n-1}d(x_1,x_0)$ を仮定すると，上式より

$$d(x_{n+1},x_n)\leqq ad(x_n,x_{n-1})\leqq a^nd(x_1,x_0)$$

が成立し，数学的帰納法より

$$d(x_n,x_{n-1})\leqq a^{n-1}d(x_1,x_0)\quad(n\geqq1).$$

従って，$n>m$ に対して三角不等式より

$$\begin{aligned}d(x_n,x_m)&\leqq d(x_n,x_{n-1})+d(x_{n-1},x_{n-2})+\cdots\\&\qquad+d(x_{m+2},x_{m+1})+d(x_{m+1},x_m)\\&\leqq(a^{n-1}+a^{n-2}+\cdots+a^{m+1}+a^m)d(x_1,x_0)\\&=\frac{a^{m+1}-a^n}{1-a}d(x_1,x_0).\end{aligned}$$

$0<a<1$ なので，$d(x_n, x_m) \to 0$ $(n>m\to\infty)$ が成立し，$(x_n)_{n\geqq 1}$ はコーシー列．

(ii) (X, d) は完備なので，コーシー列 $(x_n)_{n\geqq 1}$ は極限 x^* を持ち，$d(x_n, x^*) \to 0$ $(n\to\infty)$．さて，

$$\begin{aligned} d(Tx^*, x^*) &\leqq d(Tx^*, Tx_n)+d(Tx_n, x_n)+d(x_n, x^*) \\ &\leqq ad(x^*, x_n)+d(x_{n+1}, x_n)+d(x_n, x^*) \to 0 \quad (n\to\infty) \end{aligned}$$

なので，$d(Tx^*, x^*)=0$，即ち，$Tx^*=x^*$．

(iii) もう一つ $x\in X$; $Tx=x$ があれば，$d(x, x^*)=d(Tx, Tx^*)\leqq ad(x, x^*)$, $(1-a)d(x, x^*)\leqq 0$ かつ $1-a>0$ なので，$d(x, x^*)=0$，即ち $x=x^*$．

縮小作用素に対する不動点定理．正数 $a<1$ に対して (1) を満す写像 T を**縮小作用素**，上述の手法を**逐次近似法**，$Tx=x$ を満す点 x の存在を主張するこの定理を**不動点定理**と云う．問題1は毎年の様に各大学で出題され，「新修解析学(現代数学社)」でも解説したが，マンネリ化しているのでレパートリーを拡げるためその15頁で，次の様な一般化を行い，将来の出題に備えた．T 自身は正数 A に対して $d(Tx, Ty)\leqq Ad(x, y)$ $(\forall x, y\in X)$ が成立するが $A<1$ ではなく，その代り T を k 回施した T^k が縮小写像で，正数 $a<1$ に対して

$$d(T^k x, T^k y)\leqq ad(x, y) \quad (\forall x, y\in X) \tag{8}$$

が成立するとしよう．$x_0\in X$ に対して，問題1の手法を T の代りに T^k に適用し

$$u=\exists\lim_{n\to\infty}(T^k)^n x_0 \tag{9}$$

しかし，逐次近似法の極限は問題1の(iii)で示したように**第零近似** x_0 の取り方に依らないから，x_0 の代りに Tx_0 から出発しても，$u=\lim_{n\to\infty}(T^k)^n Tx_0$．従って，

$$\begin{aligned} d(Tu, u) &\leqq d(Tu, TT^{nk}x_0)+d(TT^{nk}x_0, u) \\ &\leqq Ad(u, T^{nk}x_0)+d(T^{nk}Tx_0, u) \to 0 \ (n\to\infty), \end{aligned}$$

即ち，$Tu=u$．$Tu=u$ の解 u は $T^k u=u$ の解であるので，問題1の(iii)より不動点 $Tu=u$ の存在は一意的である．問題2は，この手法を $X=C[0, 1]$ の云わば第1象限的な部分集合 $C_+=\{u\in X;\ u(t)\geqq 0\}$ に適用したものである．$\alpha\geqq 0$, $u\in C_+$ に対して，$\alpha u\in C_+$ が成立するので，C_+ は **positive cone** と呼ばれ，線形計画法に応用される問題2は**計画数学**にルーツを持つ．

問題2の解答　線型空間 $X=C[0, 1]$ はノルム

$$\|u\|=\max_{0\leqq t\leqq 1}|u(t)| \quad (u\in X) \tag{10}$$

を持つ完備な距離空間，即ち，バナッハ空間である．線形作用素TそのものはX上で定義されているが，T自身は縮小性のみならず連続性さえ保証されていない．更に，T^mが縮小作用素であるのが保証されているのが，X全体ではなく，一応，閉**錐体** C_+ 上のみである所に，東大入試的選別の意図がある．しかし，任意の$f\in X$に対して

$$f_+(t)=\max(f(t),0),\ f_-(t)=\max(-f(t),0) \tag{11}$$

とおくと，f は $f=f_+-f_-$ と $f_\pm\in C_+$ の差で表され，しかも，ノルムについても，$|f(t)|=\max(f_+(t),f_-(t))$ なので

$$\begin{aligned}\|f\|&=\max_{0\leqq t\leqq 1}|f(t)|=\max_{0\leqq t\leqq 1}(\max(f_+(t),f_-(t)))\\&=\max(\max_{0\leqq t\leqq 1}f_+(t),\max_{0\leqq t\leqq 1}f_-(t))\\&=\max(\|f_+\|,\|f_-\|)\end{aligned} \tag{12}$$

が成立している．$f_\pm\in C_+$ なので，仮定(a)より $T^mf_\pm\in C_+$．(3)より $\|T^mf_\pm\|\leqq\gamma\|f_\pm\|$．(12)より

$$\begin{aligned}\|T^mf\|&=\|T^mf_+-T^mf_-\|\leqq\max(\|T^mf_+\|,\|T^mf_-\|)\\&\leqq\gamma\max(\|f_+\|,\|f_-\|)=\gamma\|f\|\end{aligned} \tag{13}$$

を得，T^mはX全体で縮小作用素である．形式的な計算$I-T^m=(I+T+\cdots+T^{m-1})(I-T)$，$I-T=(I+T+\cdots+T^{m-1})^{-1}(I-T^m)$，

$$\begin{aligned}(I-T)^{-1}&=(I-T^m)^{-1}(I+T+\cdots+T^{m-1})\\&=(I+T^m+T^{2m}+\cdots)(I+T+\cdots+T^{m-1})\end{aligned} \tag{14}$$

に注目し，先ず，$f\in X$ に対して

$$g=\sum_{\nu=0}^{m-1}T^\nu f=f+Tf+\cdots+T^{m-1}f\in X \tag{15}$$

とおく．この $g\in X$ に対し，

$$u_n=(I+T^m+T^{2m}+\cdots+T^{(n-1)m})g\in X\ (n\geqq 1) \tag{16}$$

を定義しよう．$n>l$ であれば，(13)より $0<\gamma<1$ に対して

$$\begin{aligned}\|u_n-u_l\|&\leqq\|u_n-u_{n-1}\|+\|u_{n-1}-u_{n-2}\|+\cdots+\|u_{l+1}-u_l\|\\&\leqq\|T^{(n-1)m}g\|+\|T^{(n-2)m}g\|+\cdots+\|T^{lm}g\|\\&\leqq(\gamma^{n-1}+\gamma^{n-2}+\cdots+\gamma^l)\|g\|\end{aligned}$$

$$=\frac{\gamma^{l+1}-\gamma^{n}}{1-\gamma}\|g\|\to 0\quad(n>l\to\infty)$$

なので，$(u_n)_{n\geqq 1}$ はバナッハ空間 X のコーシー列．X の完備性，即ち，連続関数の一様収束極限の連続性より，$\exists u\in X;\ \|u_n-u\|\to 0\ (n\to\infty)$，即ち，関数列 $(u_n)_{n\geqq 1}$ は連続関数 u に一様収束する．(16)の両辺に T^m を作用させ，$T^m u_n=u_{n+1}-g$．(13)より

$$\|T^m u_n-T^m u\|\leqq\gamma\|u_n-u\|\to 0\quad(n\to\infty)$$

なので，$n\to\infty$ として，

$$(I-T^m)u=g \tag{17}$$

(17)の両辺に $(I-T)$ を作用させて，

$$\begin{aligned}(I-T^m)(I-T)u&=(I-T)(I-T^m)u=(I-T)g\\&=(I-T)(I+T+\cdots+T^{m-1})f=(I-T^m)f.\end{aligned}$$

0と $(I-T)u-f$ は共に縮小作用素 T^m の不動点であり，問題1の(iii)よりその存在は一意的なので，

$$(I-T)u=f \tag{18}$$

に達する．今一つ(18)の解 $v\in X$ があっても，$u-v=T(u-v)$ より $u-v=T^m(u-v)$ を得，同様にして，$u=v$．かくして，(18)=(4) の解 $u\in X$ は一意的に存在する．しかも，$f\in C_+$ であれば，仮定(a)より $T^\nu f\in C_+(\nu\geqq 0)$．従って，(15)の $g\in C_+$，(16)の $u_n\in C_+$，その一様収束極限 $u\in C_+$．以上の様な意味で，作用素(14)は X を X の中に写す線形写像で，C_+ を C_+ の中に写す．$u=(I-T)^{-1}f$ と $(I-T)v\leqq f$ に対しては，$f-(I-T)v\in C_+$ と考えられ，その $(I-T)^{-1}$ による像も C_+ に属し，

$$\begin{aligned}u-v&=(I-T)^{-1}f-(I-T)^{-1}(I-T)v\\&=(I-T)^{-1}(f-(I-T)v)\in C_+\end{aligned}$$

即ち $u(t)\geqq v(t)\ (\forall t\in[0,1])$．本問はシステム工学に多用される．

問題3の解答　変数 u に関する平均値定理より，

$$\forall(t,u),\ \forall(t,v)\in[0,\infty)\times\boldsymbol{R}\qquad\exists\theta=\theta(t,u,v)\in(0,1);$$
$$f(t,u)-f(t,v)=\left(\frac{\partial f}{\partial u}\right)(t,v+\theta(u-v))(u-v).$$

故に，リプシッツ条件

$$m(u-v)\leqq f(t,u)-f(t,v)\leqq M(u-v) \tag{19}$$

が成立する．初期値問題

$$\frac{du}{dt}=f(t,u),\quad u(0)=a \tag{20}$$

は積分方程式

$$u(t)=a+\int_0^t f(s,u(s))ds \tag{21}$$

と同値なので，任意の正数 R を取り固定し，$[0,R]$ で連続関数全体の作る線形空間 $C[0,R]$ に(10)のムードでノルムを導き，バナッハ空間 $C[0,R]$ に作用素 T を

$$(Tu)(t)=a+\int_0^t f(s,u(s))ds \tag{22}$$

で導入し，初期値問題(20)と同値な(22)の不動点 $u=Tu$ を追求しよう．$u,v\in C[0,T]$ に対し，

$$\begin{aligned}(Tu)(t)-(Tv)(t)&=\int_0^t (f(s,u)-f(s,v))ds\\&=\int_0^t \frac{\partial f}{\partial u}(s,v+\theta(u-v))(u(s)-v(s))ds\end{aligned}$$

が成立しているが，リプシッツ条件(19)を考慮に入れると

$$\begin{aligned}m\int_0^t (u(s)-v(s))ds&\leqq (Tu)(t)-(Tv)(t)\\&\leqq M\int_0^t (u(s)-v(s))ds\end{aligned} \tag{23}$$

さて，$L=\max(|m|,|M|)$, $d(u,v)=\max_{0\leqq t\leqq R}|u(t)-v(t)|$ に対して，(23) より，$|(Tu)(t)-(Tv)(t)|\leqq d(u,v)Lt$．$n\geqq 0$ に対する

$$|(T^n u)(t)-(T^n v)(t)|\leqq d(u,v)\frac{(Lt)^n}{n!} \tag{24}$$

を(23)に代入すると，$n+1$ に対して(24)を得るので，$^\forall n\geqq 1$ に対して(24)が成立する．従って，

$$d(T^n u,T^n v)\leqq d(u,v)\frac{(LR)^n}{n!} \tag{25}$$

(25)の右辺 $\to 0$ $(n\to\infty)$ なので，$^\exists n;\ \frac{(LR)^n}{n!}<1$．この n に対して，T^n は縮小作用素であり，逐次近似法が適用出来，T は唯一つの不動点 u を持つ．直接的に，逐次近似法

$$u_0(t)\equiv a,\quad u_n(t)=a+\int_0^t f(s,u_{n-1}(s))ds\quad (n\geqq 1) \tag{26}$$

を実行しても，数学的帰納法により

$$|u_n(t)-u_{n-1}(t)|\leqq d(u_1,\ u_0)\frac{(LR)^n}{n!} \tag{27}$$

が示され，級数

$$u(t)=u_0(t)+\sum_{n=1}^{\infty}(u_n(t)-u_{n-1}(t))=\lim_{n\to\infty}(T^n u_0)(t) \tag{28}$$

は $[0, R]$ で絶対かつ一様収束し，T の不動点，即ち，初期値問題(20)の一意的な解を与える.

所で，$a<b$ に対して，二つの初期値 a, b に対する解 $u(t, a)$, $u(t, b)$ の差 $v(t)=u(t, b)-u(t, a)$ は積分方程式

$$\begin{aligned} &u(t, b)-u(t, a)\\ &=b-a+\int_0^t(f(s, u(s, b))-f(s, u(s, a))ds \end{aligned} \tag{29}$$

の解であるから，リプシッツ条件より，積分不等式

$$b-a+m\int_0^t v(s)ds\leqq v(t)\leqq b-a+M\int_0^t v(s)ds \tag{30}$$

が成立している. $V_0=\max_{0\leqq t\leqq R}|v(t)|$ とおき，$n\geqq 0$ に対し

$$\begin{aligned} &(b-a)\sum_{k=0}^{n}\frac{(mt)^k}{k!}+V_0\frac{(mt)^{n+1}}{n+1}\\ &\leqq v(t)\leqq(b-a)\sum_{k=0}^{n}\frac{(Mt)^k}{k!}+V_0\frac{(Mt)^{n+1}}{n+1} \end{aligned} \tag{31}$$

を仮定し，(30)に代入すると $n+1$ に対する(31)を得るので，数学的帰納法により，一般の n に対して(31)は成立し，$n\to\infty$ とすると

$$(b-a)e^{mt}\leqq v(t)\leqq(b-a)e^{Mt} \tag{32}$$.

$R>0$ は任意であるから，(32)は題意の如く $t\geqq 0$ で成立している. なお $m>0$ であれば悩みは小さいが，$m<0$ の時は(31)の最左辺の符号に気を付けねばなるまい. n が十分大きな場合や R が十分小さい場合は正であるから，結果的には(32)が成立するが，慎重な検討を要する. 何年も浪人する人の特性は，この程度の細かさにしばられて，他の問題に移行し，合格点を得る決断が出来ない所にある.（だからと云って，アセスメントでゴマカシテハナラナイ.） 念の為(29)の両辺を微分すると

$$\frac{d}{dt}(v(t)e^{-mt})=\left(\frac{dv}{dt}-mv\right)e^{-mt}$$

$$=(f(t,u(t,b))-f(t,u(t,a))-mv)e^{-mt}$$

$$=\left(\frac{\partial f}{\partial u}(t,u(t,a)+\theta(u(t,b)-u(t,a))(u(t,b)-u(t,a))-mv\right)e^{-mt}$$

$$\geqq 0$$

であるから，関数 $v(t)e^{-mt}$ は ↗ であり，$t=0$ の時値 $b-a$ を取るから，$v(t)e^{-mt}\geqq b-a$.

（第20話の133頁に続く第19話の126頁の問題6の解答の続きより式番号も継承して続く「**続々名大多元中心**」）

(ii)の解答　$N(0,2)$ の密度関数は $x=0$ に関して対称であるから，求める $z=0$ の時の(33)の値は 1/2，従って(29)の答は 1/2.

(iii)の解答　**二項分布** X_k **の分布関数を** $F(x)$ とすると，

$$F(x)=0\quad(x<-1),\ F(x)=\frac{2}{3}\ (-1\leq x<2),\ F(x)=1\ (2\leq x<\infty). \tag{34}$$

Y_n の**特性関数**はリーマン・スチルチェス積分（我々の場合は二つの和）で表すと，

$$\mathbb{E}[e^{itY_n}]=\mathbb{E}[e^{it\frac{\sum_{k=1}^{n}X_k}{\sqrt{n}}}]=\mathbb{E}[\Pi_{k=1}^{n}e^{it\frac{X_k}{\sqrt{n}}}]=$$

$$\int_{-\infty}^{\infty}\int_{-\infty}^{\infty}\cdots\int_{-\infty}^{\infty}\Pi_{k=1}^{n}e^{it\frac{x_k}{\sqrt{n}}}dF(x_1)dF(x_2)\cdots dF(x_n)=\Pi_{k=1}^{n}\int_{-\infty}^{\infty}e^{it\frac{x_k}{\sqrt{n}}}dF(x_k)=$$

$$\left(\int_{-\infty}^{\infty}e^{it\frac{x}{\sqrt{n}}}dF(x)\right)^n=$$

$$\left(e^{it\frac{-1}{\sqrt{n}}}\frac{2}{3}+e^{it\frac{2}{\sqrt{n}}}\frac{1}{3}\right)^n. \tag{35}$$

極限移行 $n\to\infty$ に際して，$()^n$ の中の指数関数のテイラー展開を行う為，対数を取り，

$$\log\mathbb{E}[e^{itY_n}]=n\log\left(e^{it\frac{-1}{\sqrt{n}}}\frac{2}{3}+e^{it\frac{2}{\sqrt{n}}}\frac{1}{3}\right)=$$

$$n\log\left(\left(1+it\frac{-1}{\sqrt{n}}+\frac{1}{2!}\left(-it\frac{-1}{\sqrt{n}}\right)^2+O\left(\frac{1}{\sqrt{n^3}}\right)\right)\frac{2}{3}+\left(1+\frac{2it}{\sqrt{n}}+\frac{1}{2!}\left(\frac{2it}{\sqrt{n}}\right)^2+\right.\right.$$

$$\left.\left.O\left(\frac{1}{\sqrt{n^3}}\right)\right)\frac{1}{3}\right)=-t^2+O\left(\frac{1}{\sqrt{n}}\right)\to -t^2 \tag{36}$$

を得るから，Y_n の特性関数は，正規分布 N(0, 2) の特性関数 e^{-t^2} に収束する．123頁のグリベンコの定理より，確率変数 Y_n は正規分布 N(0, 2) に法則収束する．

本問は，問題5の中心極限定理の二項分布に対する case study であるが，抽象的な問題5よりも本問の方が，具象的な計算違いに注意を要する．筆者は，数式処理ソフト Mathematica に検算させた．

第18話

シャウダーの不動点定理

問題 1　閉円板 D^2 から D^2 の中への連続写像 f は必らず，不動点を持つ事を証明せよ．

（津田塾大学大学院入試）

問題 2　$\{f_n(t,x)\}_{n=1,2,\dots}$ は $[0,T]\times(-\infty,\infty)$ で定義された正の値をとる連続関数の狭義単調減少列：

$$f_1(t,x)>f_2(t,x)>\cdots>f_n(t,x)>\cdots>0 \tag{1}$$

で $n\to\infty$ のとき連続関数 $f(t,x)$ に一様に収束し，$\varphi_1\in C^1([0,T])$ は

$$\varphi_1'(t)=f_1(t,\varphi_1(t)),\ \varphi_1(0)=0 \tag{2}$$

をみたすとする．このとき次の(i), (ii)を証明せよ．

(i)　初期値問題

$$(P_n)\quad x'(t)=f_n(t,x(t)),\ x(0)=0\quad (n=2,3,\cdots) \tag{3}$$

の解は $[0,T]$ で存在する．

(ii)　(P_n) の一つの解を $\varphi_n(t)$ とすると，$\{\varphi_n(t)\}_{n=1,2,\dots}$ は単調減少列であって，$n\to\infty$ のとき初期値問題

$$x'(t)=f(t,x(t)),\ x(0)=0 \tag{4}$$

の解に $[0,T]$ で一様に収束する．

（大阪大学大学院入試）

今回の主題は前回に引続き，不動点定理である．前回は縮小写像に対するバナッハのそれであったが，今回はシャウダーのそれであって，前回より高級であり学部の三年(回)生のレベルである．

問題1の解答　(i)　f が C^2 級の時．手段が分らぬ時は背理法によるのが定石で，「$\exists t\in D^2; f(t)=t$」の否定は「$f(t)-t\neq 0$ $(\forall t\in D^2)$」．R^2 の2点 $s=(s_1, s_2), t=(t_1, t_2)$ の内積を普通に $\langle s, t\rangle=s_1t_1+s_2t_2$ で定義すると，ノルムは $|s|=\sqrt{s_1{}^2+s_2{}^2}$．2次方程式 $|t+a(t-f(t))|^2=1$ の解 a の大きい方は

$$a(t)=\frac{\langle t, f(t)-t\rangle+\sqrt{\langle t, t-f(t)\rangle^2+(1-|t|^2)|t-f(t)|^2}}{|t-f(t)|^2} \tag{5}$$

で与えられる．背理法の仮定より，分母$\neq 0$．$|t|^2\leqq 1$ であるから，根号内>0．従って，$a(t)$ は C^2 級．$0\leqq t_0\leqq 1$, $t=(t_1, t_2)\in D^2$ に対して，ベクトル風に

$$g(t_0, t)=t+t_0a(t)(t-f(t))\in \boldsymbol{R}^2 \tag{6}$$

を定義する．$g=(g_1, g_2)$ の $t=(t_1, t_2)$ に関するヤコビヤンを $J_0(t_0, t)$ と書く．$a(t)$ の定義より，$t\in D^2$ に対して，$|g(1, t)|=1$ が成立し，$t_0=1$ の時 g_1, g_2 は関数的に従属なので，$J_0(1, t)=0$ $(\forall t\in D^2)$．積分

$$I(t_0)=\iint_{D^2} J_0(t_0, t_1, t_2)dt_1dt_2 \tag{7}$$

は t_0 の関数．(6) より $t_0=0$ の時，$g(0, t)=t$ なので，$J_0(0, t)=1$．従って，$I(0)=D^2$ の 面積$=\pi$．$\dfrac{\partial}{\partial t_0}J$ の連続性より，(7) は積分記号の下で t_0 につき微分が出来て

$$\frac{d}{dt_0}I(t_0)=\iint_{D^2}\frac{\partial}{\partial t_0}J_0(t_0, t_1, t_2)dt_1dt_2 \tag{8}$$

(g_1, g_2) の $(t_0, t_2), (t_0, t_1)$ に関するヤコビヤンを J_1, J_2 とすると $\dfrac{\partial}{\partial t_0}J_0=\dfrac{\partial}{\partial t_1}J_1-\dfrac{\partial}{\partial t_2}J_2$ が成立する事を確かめる事が出来るので，これを (8) に代入し，2重積分すると定積分と原始関数の関係より例えば

$$\begin{aligned}&\iint_{D^2}\frac{\partial}{\partial t_1}J_1(t_0, t_1, t_2)dt_1dt_2\\ &=\int_{-1}^{1}(J_1(t_0, \sqrt{1-t_0{}^2-t_2{}^2}, t_2)\\ &\qquad -J_1(t_0, -\sqrt{1-t_0{}^2-t_2{}^2}, t_2)dt_2\end{aligned} \tag{9}$$

$t_1=\pm\sqrt{1-t_0{}^2-t_2{}^2}$ では，$1-|t|^2=0$ であるから (5) の 分子$=0$ となり，(6) より $g(t_0, t)=t$．t_0 に無関係なので，$J_1=0$ であり，(9)$=0$．かくして，$\dfrac{d}{dt_0}I(t_0)=0$ となり，$I(t_0)=$定数$=I(0)=\pi$．これは $I(1)=\iint J_0(1, t)dt_1dt_2=0$ に反し，矛盾．

(ii)　f が連続の時．C^∞ 級の $(f^{(\nu)})_{\nu\geq 1}$ があり f に一様収束．各 $f^{(\nu)}$ の不動点 $t^{(\nu)}$ はコン

パクトな D^2 の点列であるから収束部分列を持ち，$t^{(\nu)}\to t$ $(\nu\to\infty)$ と仮定してよい．$(f^{(\nu)})$ の一様収束性より，$f^{(\nu)}(t^{(\nu)})=t^{(\nu)}$ にて $\nu\to\infty$ として，$f(t)=t$．この t が f の求める不動点である．この解答はホモトピーやホモロジー論に基く証明の解析的表現である．

シャウダーの不動点定理　問題1の証明はそのまま n 次元の閉球 D^n に対する連続写像 $f: D^n\to D^n$ に対しても通用し，

ブラウワーの不動点定理　$\exists t\in D^n;\ f(t)=t.$

を得る．この定理はノルム空間 X 上の凸コンパクト集合 K に対する連続写像 $f: K\to K$ に対して拡張され

シャウダーの不動点定理　$\exists x\in K;\ f(x)=x$

を得るが，その証明は省略する．

さて，$[\alpha,\beta]$ で連続な関数 $x(t)$ 全体の作る線形空間 X は

$$\|x\|=\max_{\alpha\leq t\leq\beta}|x(t)| \tag{10}$$

によりノルム空間となる．ノルム空間 X の点列 $(x_\nu)_{\nu\geq1}$ が X の点 x に収束する事は関数列 $(x_\nu(t))_{\nu\geq1}$ が $[\alpha,\beta]$ 上で関数 $x(t)$ に一様収束する事に他ならない．従って，距離空間 X の部分集合 K がコンパクトである事は K が点列コンパクトである事と同値であり，更に K が一様収束について閉じていて，しかも正規族をなす事に他ならない．**アスコリーアルツェラの定理**より正規族をなす為の必要十分条件は K が同程度有界かつ同程度連続である事である．

コーシーの存在定理　2変数 (t,x) の領域 D で連続な関数 $f(t,x)$ に対して，微分方程式

$$\frac{dx}{dt}=f(t,x) \tag{11}$$

を考察する．D の任意の点 (a,b) を取り，初期条件

$$x(a)=b \tag{12}$$

を満す(11)の解，云いかえれば，点 (a,b) を通過する(11)の積分曲線の存在を示そう．(a,b) は D の内点なので，$\exists r,\rho>0;\ \{(t,x)\in\boldsymbol{R}^2;\ a-r\leqq t\leqq a+r,\ b-\rho\leqq x\leqq b+\rho\}\subset D$．この閉長方形はコンパクトであるから，ワイエルシュトラスの定理より連続関数 $|f(t,x)|$ は最大値 M を取る．さて，

$$r' = \min\left\{r, \frac{\rho}{M}\right\} \tag{13},$$

即ち，小さい方を取り，不動点定理の応用として

> **コーシーの存在定理**　$|t-a| \leqq r'$ にて初期値問題(11)-(12)の解 $x(t)$ が存在する．

を証明しよう．$[a-r', a+r']$ で連続な関数 $x(t)$ 全体の作る線形空間 X の部分集合

$$K = \{x \in X;\ |x(t)-b| \leqq \rho,\ |x(s)-x(t)| \leqq M|s-t|,\ a-r' \leqq s, t \leqq a+r'\} \tag{14}$$

に対して写像：$A: K \to K$ を

$$(Ax)(t) = b + \int_a^t f(\tau, x(\tau))d\tau \tag{15}$$

で定義する．$x \in K$ であれば，$(\tau, x(\tau)) \in D$ なので(15)の右辺が定義される．この時，

$$|(Ax)(t) - b| \leqq \left|\int_a^t |f(\tau, x(\tau))|d\tau\right| \leqq M|t-a| \leqq Mr' \leqq \rho.$$

$$|(Ax)(s) - (Ax)(t)| \leqq \left|\int_t^s |f(\tau, x(\tau))|d\tau\right| \leqq M|s-t|$$

が成立し，$Ax \in K$ $(x \in K)$，即ち，A は K から K の中への写像である．$(x_n)_{n \geqq 1}$ が x に一様収束すれば，$(Ax_n)_{n \geqq 1}$ は Ax に一様収束するので，A は点列連続であり，K は距離空間なので，A は連続である．又，K は(14)より同程度有界かつ同程度連続でしかも一様収束について閉じているのでコンパクトである．更に凸でもある．従って，写像 A はノルム空間 X の凸コンパクト K から K の中への連続写像であり，シャウダーの定理より，不動点 $x \in K$，即ち，積分方程式 $Ax = x$ の解 $x(t)$ が存在する．$Ax = x$ は初期値問題(11)-(12)と同値なのでこの関数 $x(t)$ は求める初期値問題の解である．

上級関数　微分方程式(11)の一つの解 $x(t)$ を考えると，そのグラフが f の定義域の内点である限りは，コーシーの存在定理より更にこの内点 (a, b) を通る解が存在し，この解は左右に接続される．この様に，(11)の解は f の定義域の境界につき当る迄接続される．勿論 $x(t) \to \infty$ $(t \to \alpha)$ も境界につき当る事にしての話である．それ故，解の行動範囲が把握出来ると好都合である．この目的にぴったりなのが，上(下)級関数である．

C^1 級の関数 $y(t)$ が $y'(t) > f(t, y(t))$ を満す時，(11)の**右上級関数**と云い，$y'(t) < f(t, y(t))$ を満す時，**右下級関数**と云う．(11)の解 $x(t)$ と(11)の右上級関数 $y(t)$ が点 α にて $x(\alpha) \leqq$

$y(\alpha)$ を満たすならば，共通の定義域 $[\alpha, \beta]$ に対して， $x(t)<y(t)$ $(\alpha<t\leqq\beta)$ が成立する事を背理法で示そう． $y(\alpha)=x(\alpha)$ の場合は， $y'(\alpha)>f(\alpha, y(\alpha))=f(\alpha, x(\alpha))=x'(\alpha)$ であるから， 点 α において $y-x$ は単調増加であり， $^{\exists}\delta>0;\ y(t)>x(t)$ $(\alpha<t\leqq\alpha+\delta)$. $y(\alpha)>x(\alpha)$ であれば，$y-x$ の連続性よりこの事が従う．もしも $\alpha<{}^{\exists}\gamma<\beta;\ x(\gamma)\geqq y(\gamma)$ であれば， $a=\min\{t\in[\alpha, \gamma]:\ x(t)\geqq y(t)\}$ とおくと $\alpha<a\leqq\gamma$ であって，a の定義より，$x(t)<y(t)$ $(\alpha<t<a)$，a の最小性より，$x(a)=y(a)$. $y'(a)>f(a, y(a))=f(a, x(a))=x'(a)$ なので， 点 a の近傍で関数 $y(t)-x(t)$ は増加状態である． $y(a)-x(a)=0$ より，その近傍内の a の左側の点では，$y(t)-x(t)<0$ が成立し，$x(t)<y(t)$ $(\alpha<t<a)$ に反し矛盾である．かくして，解 $x(t)$ と右上級関数 $y(t)$ が点 α で $y(\alpha)\geqq x(\alpha)$ を満せば，その右側で $y(t)>x(t)$ が成立する．右下級関数についても同様である．

ペロンの存在定理 $f(t, x)$ の他に連続関数 $g(t, x)$, $h(t, x)$ があり $g(t, x)<f(t, x)<h(t, x)$ が成立するならば， $y'=g(t, y)$ の解 y は $x'=f(t, x)$ の右下級関数であり， $z'=h(t, z)$ の解 z は右上級関数である．点 a にて，$y(a)\leqq b\leqq z(a)$ が成立すれば， z は y の右上級関数であるから，$t>a$ にて $z(t)>y(t)$ が成立し，しかも，初期値問題 (11)-(12) の解は，上に示した事より，$f(t, x)$ の定義域が $y(t)<x<z(t)$ を含む限り何処迄も $y(t)<x(t)<z(t)$ を満し，$f(t, x)$ の定義域内にとどまり無制限に右方へ接続出来る．まとめると

> **ペロンの存在定理** 関数 $y(t), z(t)$ は， 夫々， 微分方程式 $y'=g(t, y)$, $z'=h(t, z)$ の解で， $y(a)\leqq b\leqq z(a)$ とし，関数 $f(t, x)$ は $\{(t, x)\in\boldsymbol{R}^2;\ a\leqq t\leqq a+r, y(t)\leqq x\leqq z(t)\}$ において連続であれば， 初期値問題 (11)-(12) の解が，$a\leqq t\leqq a+r$ にて存在する．

要するに微分方程式の解は右辺と初期値がでかい程大きく，壁に突き当る迄は進めると云う，極く当り前の主張である．

問題 2 の解答 上に述べた事を詳しく答案に書かねば気のすまぬ人は，決して落ち零れでない所の有力な留年又は浪人候補者である．Ars longa, vita brevis! (i) 条件 $f_1(t, x)>f_n(t, x)$ と $\varphi_1(0)=0=\varphi_n(0)$ より， $0\leqq t\leqq T$ にて関数 $\varphi_1(t)$ は (3) の右上級関数である．又， 条件 $0<f_n(t, x)$, $0=0=\varphi_n(0)$ より定数関数 0 は (3) の右下級関数である． 故に，ペロンの存在定理より初期値問題 (3) の解が $0\leqq t\leqq T$ で存在する．(ii) 先ず $m>n$ に対して $f_m(t, x)<f_n(t, x)$, $\varphi_m(0)=0=\varphi_n(0)$ なので，$\varphi_m(t)$ は (3) の右下級関数であり， $\varphi_m(t)<\varphi_n(t)$ $(0<t\leqq T)$. 所で，$0\leqq\varphi_n(t)\leqq\varphi_1(t)$ $(n\geqq1, 0\leqq t\leqq T)$ なので，$(\varphi_n(t))_{n\geqq1}$ は同程度有界，更に $f_1(t, x)$ のコンパクト $\{0\leqq t\leqq T,\ 0\leqq x\leqq\varphi_1(t)\}$ における最大値 M に対して，

上に見た事より

$$0 \leqq |\varphi_n(s) - \varphi_n(t)| = \left|\int_t^s f_n(\tau, t_n(\tau))d\tau\right| \leqq M|s-t|$$

が成立し，$(\varphi_n(t))_{n\geqq 1}$ は同程度連続でもあり，正規族をなす．固定した t に対して，$(\varphi_n(t))_{n\geqq 1}$ は単調数列であり，収束する．正規族 $(\varphi_n(t))_{n\geqq 1}$ が収束するので，連続関数 $\varphi(t)$ に一様収束する．従って，

$$\varphi_n(t) = \int_0^t f_n(\tau, \varphi_n(\tau))d\tau$$

にて $n\to\infty$ として，

$$\varphi(t) = \int_0^t f(\tau, \varphi(\tau))d\tau$$

を得，φ は (4) の解である．

なお，

$$0 \leqq \forall t_0 \leqq T,\ \exists N;\ |\varphi_m(t_0) - \varphi_n(t_0)| < \frac{\varepsilon}{3} \quad (m, n \geqq N).$$

$|t-t_0| < \dfrac{\epsilon}{3M}$ において，$m, n \geqq N$ の時

$$|\varphi_m(t) - \varphi_n(t)| \leq |\varphi_m(t) - \varphi_m(t_0)| + |\varphi_m(t_0) - \varphi_n(t_0)| + |\varphi_n(t_0) - \varphi_n(t)|$$

$$\leqq M|t-t_0| + \frac{\epsilon}{3} + M|t-t_0| < \frac{\epsilon}{3} + \frac{\epsilon}{3} + \frac{\epsilon}{3} = \epsilon$$

を得るので，$(\varphi_n(t))_{n\geqq 1}$ は $[0, T]$ の各点で一様収束し，$[0, T]$ はコンパクトなので狭義一様収束する．更に，$(\varphi_n)_{n\geqq 1}$ は φ に一様収束し，f_n は f に一様収束するから，$(f_n(t, \varphi_n(t)))_{n\geqq 1}$ は $f(t, \varphi(t))$ に一様収束し，更に積分記号の下で極限が取れる．

(第7話の43頁の「続々名大多元積分」より式番号も継承しての「**続々々名大多元積分**」)

(iii)の解答　任意の正数 ϵ に対して(ii)より，正数 R があって，$t\in[0,1]$ に対して一様に，$|G(t) - G_R(t)| < \epsilon/2$．有限区間 $[0, R]$ 上の定積分 $G_R(t)$ は，変数 x，t を入れ替えると，問題3の解答の趣旨で t の連続関数である．有界閉な $[0,1]$ 上の連続関数は Weierstrass の定理より，一様連続である．先に任意に取った正数 ϵ に対して，正数 δ があって，$|t_1 - t_2| < \delta$ を満たす $t_1, t_2 \in [0,1]$ に対して，$|G_R(t_1) - G_R(t_2)| < \epsilon/2$．この δ に対して，$|t_1 - t_2| < \delta$ の時，実数に対する三角不等式より，

$$|G(t_1) - G(t_2)| \leq |G(t_1) - G_R(t_1)| + |G_R(t_1) - G_R(t_2)| + |G_R(t_2) - G(t_2)| <$$

$$\frac{\epsilon}{3} + \frac{\epsilon}{3} + \frac{\epsilon}{3} = \epsilon \tag{15}$$

が成立し，関数 $G(t)$ は $[0,1]$ 上一様連続である．

(第21話の142頁の「続々々々名大多元積分」に続く)

第19話

大数の法則と中心極限定理

問題 1　X は実数値をとる確率変数とする．つぎの問に答えよ．

(i)　X が平均値 0，分散 σ^2 の正規分布に従うとき，$E(|X|^n)$ （n は正整数）を求めよ．

(ii)　X (正規分布に従うとは限らない) が $E(|X|)<\infty$ を満すとき，任意の正数 a について

$$P(|X|>a) \leqq \frac{E(|X|)}{a} \tag{1}$$

が成り立つことを示せ．　（東京工業大学大学院入試）

問題 2　(i)　X_1, X_2 は独立な確率変数とし，その密度関数を $f_1(x_1), f_2(x_2)$ とする．この時，X_1+X_2 の密度関数 $f(x)$ は

$$f(x) = \int_{-\infty}^{+\infty} f_1(x_1) f_2(x-x_1)dx_1 \tag{2}$$

で与えられることを示せ．

(ii)　X_1, X_2 はそれぞれ正規分布 $N(m_1, \sigma_1{}^2), N(m_2, \sigma_2{}^2)$ に従うとき，X_1+X_2 はどのような密度関数をもつか．　（津田塾大学大学院入試）

問題 3　n 個の確率変数 $X_1(\omega), X_2(\omega), \cdots, X_n(\omega)$ は互に独立で，共通の平均 m および分散 σ^2 をもつものとする．

$$\bar{X}(\omega) = \frac{X_1(\omega)+X_2(\omega)+\cdots+X_n(\omega)}{n} \tag{3}$$

とおくとき，$\dfrac{1}{n-1}E(\sum_{i=1}^{n}(X_i(\omega)-\bar{X}(\omega)^2)$ を求めよ．　（東京女子大学大学院入試）

問題 4　独立で，同じ分布に従う確率変数の列

$$\{X_n\}_{n=1,2,\ldots,n},\quad E(X_n)=0,\quad E[X_n{}^2]=\sigma^2$$

について，中心極限定理を述べ，証明せよ．　　　　（慶応義塾大学大学院工学研究科入試）

問題 5　(i)　$\{X_n;\ n=1,2,\cdots\}$ を互に独立で何れも同じ分布に従う確率変数とする．その共通な分布の平均 m が有限であるとき，

$$Y_n=\frac{1}{n}\sum_{i=1}^{n}X_i \tag{4}$$

とおけば，$n\to\infty$ のとき Y_n は m に確率収束することを証明せよ．

(ii)　(i)において共通な分布の分散 σ^2 も有限であれば

$$Z_n=\frac{\sqrt{n}\,(Y_n-m)}{\sigma}\quad(\sigma>0) \tag{5}$$

の分布は $N(0,1)$ に収束することを証明せよ．　　　　（新潟大学大学院入試）

今回は**統計**及び**確率**を学び，**分散**やそれに関連する**大数の法則**，**中心極限定理**を主題とする．

問題1の解答　(i)　部分積分を行うと，漸化式

$$\begin{aligned}
I_n=E(|X|^n)&=2\int_0^{\infty}x^n\frac{1}{\sqrt{2\pi\sigma^2}}e^{-\frac{x^2}{2\sigma^2}}\,dx\\
&=2\int_0^{\infty}x^{n-1}\frac{xe^{-\frac{x^2}{2\sigma^2}}}{\sqrt{2\pi\sigma^2}}\,dx\\
&=2\left[x^{n-1}\left(-\frac{\sigma^2e^{-\frac{x^2}{2\sigma^2}}}{\sqrt{2\pi\sigma^2}}\right)\right]_0^{\infty}\\
&\qquad+2(n-1)\sigma^2\int_0^{\infty}x^{n-2}\frac{e^{-\frac{x^2}{2\sigma^2}}}{\sqrt{2\pi\sigma^2}}\,dx\\
&=(n-1)\sigma^2I_{n-2}\quad(n\geqq2)
\end{aligned} \tag{6}$$

を得る．

$$I_0=\int_{-\infty}^{+\infty}\frac{1}{\sqrt{2\pi\sigma^2}}e^{-\frac{x^2}{2\sigma^2}}\,dx=1,$$

$$I_1=2\int_0^{\infty}\frac{x}{\sqrt{2\pi\sigma^2}}e^{-\frac{x^2}{2\sigma^2}}\,dx=2\left[-\frac{\sigma^2e^{-\frac{x^2}{2\sigma^2}}}{\sqrt{2\pi\sigma^2}}\right]_0^{\infty}=\sqrt{\frac{2\sigma^2}{\pi}}$$

なので，n の偶奇に応じて

$$\begin{aligned}
E(|X|^{2m})&=(2m-1)(2m-3)\cdots3\cdot1\sigma^{2m}\\
&=\frac{(2m-1)!}{2^{m-1}(m-1)!}\sigma^{2m},
\end{aligned}$$

$$E(|X|^{2m+1}) = 2m(2m-2)\cdots 2\sigma^{2m}\sqrt{\frac{2\sigma^2}{\pi}}$$
$$= 2^m m!\sigma^{2m}\sqrt{\frac{2\sigma^2}{\pi}}.$$

(ii) 確率変数 X の分布関数を $F(x)$ とする．もう少し一般化して，正値単調非減少関数 $g(t)$ $(t \geqq 0)$ を考える．集合 $\{X;\ |X-\mu|>a\}$ 上では，$g(|X-\mu|) \geqq g(a)$, 即ち，$\dfrac{g(|X-\mu|)}{g(a)} \geqq 1$ が成立している事が肝要であり，

$$P(\{X;\ |X-\mu|>a\}) = \int_{|x-\mu|>a} dF(x)$$
$$\leqq \int_{|x-\mu|>a} \frac{g(|X-\mu|)}{g(a)} \cdot dF(x)$$
$$= \frac{1}{g(a)} \int_{|x-\mu|>a} g(|X-\mu|) dF(x)$$
$$\leqq \frac{1}{g(a)} \int_{-\infty}^{+\infty} g(|X-\mu|) dF(x) = \frac{E(g(|X-\mu|))}{g(a)} \qquad (7).$$

μ が平均を表す時，$g(t)=t^2$ に対する，$\sigma^2 = E(|X-\mu|^2)$ が**分散**であり，(7) は有名な**チェビシェフの不等式**

$$P(|X-\mu|>a) \leqq \frac{\sigma^2}{a^2} \qquad (8)$$

を与える．本問では，μ は必ずしも平均を意味しないが 0 であって，$g(t)=t$ とした

$$P(|X|>a) \leqq \frac{E(|X|)}{a} \qquad (9)(=(1))$$

であり，チェビシェフの不等式のバリエーションと考えるべきであろうが，(7) を理解しておけば，今後如何なる変種が現れても適確に対処出来よう．

問題 2 の解答 (i) X_1, X_2 は独立なので，その同時分布は $f_1(x_1)f(x_2)$ を密度関数とする．従って，$X = X_1 + X_2$ の分布関数は

$$F(x) = P(X \leqq x) = \iint_{x_1+x_2 \leqq x} f_1(x_1) f_2(x_2) dx_1 dx_2 \qquad (9).$$

ここで変数変換，$s = x_1$, $t = x_1 + x_2$ を施すと，$x_1 = s$, $x_2 = t - s$ であり，その関数行列は $\begin{bmatrix} 1 & 0 \\ -1 & 1 \end{bmatrix}$ であってその行列式であるヤコビヤンは 1．よって，フビニの定理より二重積分を累次積分化し

$$F(x)=\iint_{t\leq x} f_1(s)f_2(t-s)dsdt$$

$$=\int_0^x \left(\int_{-\infty}^{+\infty} f_1(s)f_2(t-s)ds\right)dt \qquad (10).$$

(10)は $F(x)$ が絶対連続であって，X の分布は密度関数

$$f(x)=\int_{-\infty}^{+\infty} f_1(s)f_2(x-s)ds \qquad (11)$$

を持つ事を意味する．(11) の右辺を f_1 と f_2 の**畳み込み** (convolution) と呼び f_1*f_2 と書く．

(ii)　(11)に夫々 $N(m_i, \sigma_i^2)$ の密度関数を代入し，

$$f(x)=\int_{-\infty}^{+\infty} \frac{e^{-\frac{(s-m_1)^2}{2\sigma_1^2}}}{\sqrt{2\pi\sigma_1^2}} \frac{e^{-\frac{(x-s-m_2)^2}{2\sigma_2^2}}}{\sqrt{2\pi\sigma_2^2}} ds \qquad (12).$$

結局，e の肩の 2 次関数の完全平方の問題に帰着し，

$$\frac{(s-m_1)^2}{2\sigma_1^2}+\frac{(x-s-m_2)^2}{2\sigma_2^2}$$

$$=\frac{1}{2}\left(\frac{1}{\sigma_1^2}+\frac{1}{\sigma_2^2}\right)\left(s-\frac{\frac{m_1}{\sigma_1^2}+\frac{x-m_2}{\sigma_2^2}}{\frac{1}{\sigma_1^2}+\frac{1}{\sigma_2^2}}\right)^2+\frac{(x-m_1-m_2)^2}{2(\sigma_1^2+\sigma_2^2)}.$$

従って

$$f(x)=\frac{1}{\sqrt{2\pi(\sigma_1^2+\sigma_2^2)}}e^{-\frac{(x-m_1-m_2)^2}{2(\sigma_2^2+\sigma_2^2)}}$$

を得る．正規分布 $N(m_1, \sigma_1^2)$, $N(m_2, \sigma_2^2)$ に従う独立な確率変数の和は正規分布 $N(m_1+m_2, \sigma_1^2+\sigma_2^2)$ に従う．これを**正規分布の再生性**という．

問題 3 の解答

$$\sum_{i=1}^n \left(X_i-\frac{\sum_{j=1}^n X_j}{n}\right)^2=\frac{1}{n^2}\sum_{i=1}^n (\sum_{j=1}^n (X_i-X_j))^2$$

$$=\frac{1}{n^2}\sum_{i=1}^n (\sum_{j\neq i}(X_i-X_j))^2 \quad \left(\begin{array}{l}i=j \text{ では 0 になるので加}\\ \text{えなくてよい}\end{array}\right)$$

$$=\frac{1}{n^2}\sum_{i=1}^n \sum_{j\neq i}(X_i-X_j)\sum_{k\neq i}(X_i-X_k) \quad \left(\begin{array}{l}j \text{ と } k \text{ は別で}\\ \text{ないとだめ}\end{array}\right)$$

$$=\frac{1}{n^2}\sum_{i=1}^n \sum_{j\neq i,\, k\neq i}\{(X_i-m)-(X_j-m)\}$$

$$\times\{(X_i-m)-(X_k-m)\}$$

$$=\frac{1}{n^2}\sum_{i=1}^{n}\sum_{j\neq i,\,k\neq i}((X_i-m)^2-(X_j-m)(X_i-m)$$
$$-(X_j-m)(X_i-m)+(X_j-m)(X_k-m)).$$

両辺の期待値を取る際，分布の独立性より $E((X_j-m)\times(X_k-m))=0\ (j\neq k)$, $j=k$ の時は共通の分散 σ^2 が生き残る事に注意すると，$j\neq k$, $k\neq i$ は夫々**自由度**が１下がり $n-1$ 個の和であり，

$$E\left(\frac{\sum_{i=1}^{n}(X_i-\overline{X})^2}{n-1}\right)=\frac{1}{n^2(n-1)}\sum_{i=1}^{n}(\sum_{j\neq i,\,k\neq i}\sigma^2+\sum_{j=k\neq i}\sigma^2)$$
$$=\frac{n((n-1)^2\sigma^2+(n-1)\sigma^2)}{n^2(n-1)}=\sigma^2 \qquad (13).$$

この様な理由により $\frac{1}{n-1}\sum_{i=1}^{n}(X_i-\overline{X})^2$ を**不偏分散**と云い，母分散の不偏推定量に用いる．

問題４と５の解説　X_n の共通な分布が，更に，分散 $\sigma^2<+\infty$ を持つと仮定すれば，前問と同様にして，

$$E((Y_n-m)^2)=E\left(\frac{1}{n^2}(\sum_{i=1}^{n}(X_i-m))^2\right)$$
$$=\frac{1}{n^2}E(\sum_{i,j=1}^{n}(X_i-m)(X_j-m))$$
$$=\frac{n\sigma^2}{n^2}=\frac{\sigma^2}{n} \qquad (14).$$

任意の正数 ε に対して，チェビシェフの不等式(8)より，

$$P(|Y_n-m|>\varepsilon)\leqq\frac{\sigma^2}{n\varepsilon^2}\to 0 \quad (n\to\infty) \qquad (15).$$

$$\lim_{n\to\infty}P(|Y_n-m|>\varepsilon)=0 \qquad (16)$$

が成立するので，Y_n は m に**確率収束**すると云う．(16)を**大数の法則**と云う．しかし，本問では分散が有限であるとの仮定が与えられていない．伊藤清，確率論(岩波)で調べたが，どこにも(i)の様な定理はないので，この本より新らしい結果の様である．ここでは特性関数を用いる方法によるが，積分論のみを用いる技巧もある．

確率変数 X の分布関数を $F(x)$ とする時，**フーリエ変換**

$$\varphi(t)=\varphi(t;\,F)=\int_{-\infty}^{+\infty}e^{itx}dF(x) \qquad (17)$$

を X の**特性関数**と云う．$i=\sqrt{-1}$ を用いたので，$|e^{itx}|=|\cos tx+i\sin tx|=1$ であり，(17) の右辺は絶対収束している．例えば，正規分布 $N(\mu,\sigma^2)$ の特性関数は，拙著，「新修解析学」の 9 章の問題 1 で求めた様に

$$\varphi(t)=e^{i\mu t-\frac{\sigma^2t^2}{2}} \tag{18}$$

で与えられる．更に確率変数 X_i が分布関数 F_i を持ち，これらが互に独立であれば，1 次結合 $X=a_1X_1+a_2X_2+\cdots+a_nX_n$ の特性関数は，変数分離型の積分を累次積分した

$$\begin{aligned}\varphi(t)&=\iint\cdots\int e^{it(a_1x_1+a_2x_2+\cdots+a_nx_n)}dF_1(x_1)dF_2(x_2)\cdots dF_n(x_n)\\&=\prod_{k=1}^{n}\int_{-\infty}^{+\infty}e^{ita_kx_k}dF_k(x_k)=\prod_{k=1}^{n}\varphi(a_kt;\,F_k)\end{aligned} \tag{19}$$

で与えられる．(18), (19) を用いると，正規分布 $N(\mu_i,\sigma_i^2)$ に従う独立な確率変数 X_i の 1 次結合 $X=\sum_{i=1}^{n}a_iX_i$ の特性関数は

$$\begin{aligned}\varphi(t)&=\prod_{k=1}^{n}\varphi(a_kt,\,N(\mu_k,\sigma_k^2))\\&=\prod_{k=1}^{n}\exp\left(-ia_k\mu_kt-\frac{a_k^2\sigma_k^2t^2}{2}\right)\\&=\exp\left(-i\left(\sum_{k=1}^{n}a_k\mu_k\right)t-\frac{\left(\sum_{k=1}^{n}a_k^2\sigma_k^2\right)t^2}{2}\right)\end{aligned} \tag{20}$$

である．分布と特性関数の対応は一対一なので，X は正規分布 $N\left(\sum_{k=1}^{n}a_k\mu_k,\ \sum_{k=1}^{n}a_k^2\sigma_k^2\right)$ に従う．これを**正規分布の再生性**と云うが，問題 2 の別解を与える．

確率変数の列 $(X_n)_{n\geqq 1}$ が与えられていて，これらの分布関数を $(F_n)_{n\geqq 1}$ とする．確率変数 X があり，その分布関数を F とする．

> **レビの定理**　$(X_n)_{n\geqq 1}$ が X に法則収束すれば，$(\varphi(t;F_n))_{n\geqq 1}$ は $\varphi(t;F)$ に広義一様収束する．

> **グリベンコの定理**　$(\varphi(t;F_n))_{n\geqq 1}$ が $\varphi(t;F)$ に各点収束すれば，$(X_n)_{n\geqq 1}$ は X に法則収束する．

かくして，法則収束(定義を与えていないが)と特性関数列の収束とは同値である．ここ

で問題5の(i)に一旦戻り，共通の分布関数を F，特性関数を φ としよう．(4)の Y_n の特性関数を φ_n とすると公式(19)より

$$\varphi_n(t)=\left(\varphi\left(\frac{t}{n}\right)\right)^n \tag{21}$$

(17)より，$\varphi(0)=\int_{-\infty}^{+\infty}dF(x)=1.$ 仮定より

$$\int_{-\infty}^{+\infty}|x|dF(x)<+\infty \tag{22}$$

なので，(17)を積分記号の下で微分出来て

$$\varphi'(t)=\int_{-\infty}^{+\infty}ixe^{itx}dF(x) \tag{23}$$

所で X_n の代りに，X_n-(平均)，を考察すればよいので，共通の平均$=0$，と仮定してよい．この時，(23) より，$\varphi'(0)=0.$ $\varphi\left(\frac{t}{n}\right)$ と対数をテイラー展開し，$0<{}^{\exists}\theta<1$;

$$\begin{aligned}\log\varphi_n(t)&=n\log\varphi\left(\frac{t}{n}\right)=n\log\left(\varphi(0)+\varphi'\left(\frac{\theta t}{n}\right)\frac{t}{n}\right)\\&=n\log\left(1+\varphi'\left(\frac{\theta t}{n}\right)\frac{t}{n}\right)\\&=t\varphi'\left(\frac{\theta t}{n}\right)+0\left(\frac{1}{n}\right)\to t\varphi'(0)=0\quad(n\to\infty)\end{aligned}$$

なので，$\varphi_n(t)\to1$ $(n\to\infty)$ でしかも，この収束は広義一様である．$P(X=0)=1$ なる確率変数 X の特性関数は1であるから，グリベンコの定理より，確率変数列 $(Y_n)_{n\geqq1}$ は0に法則収束する．一般に，確率変数列の収束については

概収束→確率収束→法則収束

なる関係があり，逆は必らずしも成立しない．しかし，我々の場合には，逆が成立し，$(Y_n)_{n\geqq1}$ が0に確率収束する事を示そう．

その準備として，先ず truncation inequality と呼ばれる不等式を示そう．$\dfrac{\sin x}{x}\to0$ $(x\to\infty)$ なので，${}^{\exists}A>0$; $\dfrac{\sin x}{x}<\dfrac{1}{2}$ $(x>A)$．この様に定数 A を定めると，${}^{\forall}T>0$, ${}^{\forall}$確率変数 X; その分布関数 $F(x)$，特性関数 $\varphi(x)$，

$$\frac{1}{2T}\int_{-T}^{T}(1-\varphi(t))dt\geqq\frac{1}{2}P\left(|X|>\frac{A}{T}\right) \tag{24}$$

特性関数の定義とフビニの定理より

$$
\begin{aligned}
\text{左辺}&=\frac{1}{2T}\int_{-T}^{T}\left(\int_{-\infty}^{+\infty}(1-e^{itx})dF(x)\right)dt\\
&=\frac{1}{2T}\int_{-\infty}^{+\infty}\left(\int_{-T}^{T}(1-e^{itx})dt\right)dF(x)\\
&=\frac{1}{2T}\int_{-\infty}^{+\infty}\left(2T-\frac{e^{iTx}-e^{-iTx}}{ix}\right)dF(x)\\
&=\int_{-\infty}^{+\infty}\left(1-\frac{\sin Tx}{Tx}\right)dF(x)\\
&\geqq\int_{|Tx|>A}\left(1-\frac{\sin Tx}{Tx}\right)dF(x)\geqq\frac{1}{2}\int_{|Tx|>A}dF(x)\\
&=\frac{1}{2}P\left(|X|>\frac{A}{T}\right).
\end{aligned}
$$

さて，(i)の証明のフィニッシュに入る．$\forall\varepsilon>0$, $T=\dfrac{A}{\varepsilon}$ とおくと，$\varepsilon=\dfrac{A}{T}$. (24)において確率変数として Y_n, 特性関数として，(21)の $\varphi_n(t)$ を採用すると，

$$
P(|Y_n|>\varepsilon)\leqq\frac{1}{T}\int_{-T}^{T}(1-\varphi_n(t))dt \tag{25}
$$

$T=\dfrac{A}{\varepsilon}$ は定った数であり，$\varphi_n(t)\to 1\ (n\to\infty)$ でしかも広義一様であるから，(25)の 右辺 $\to 0\ (n\to\infty)$. 従って $\lim_{n\to\infty}P(|Y_n|>\varepsilon)=0$ を得るが，これは，$(Y_n)_{n\geqq1}$ が0に確率収束する事の定義に他ならない．なお，N. Etemadi (Z. W. V. G 55 (1981)) では，$(Y_n)_{n\geqq1}$ が共通の平均に概収束する事の証明が与えてあり，九大理学部では佐藤坦先生が3年生に夏休み前に Etemadi の論文を基にした証明を講義されたとのことである．この証明では，各 X_i の値が $[-p,p]$ をはみ出したら0にカットしたものに対して，チェビシェフの不等式を適用する．いずれにせよ，他大学からの受験生を公平に受入れるのが建前の大学院入試問題としては難問に過ぎるのではなかろうか．九大では，解答出来ない専門外の出題委員が複数存在する問題は出題せぬ事にしている．

(ii)は標準的な問題である．$m=0$ と仮定してよいので，もとの分布の特性関数 φ は $\varphi(0)=1$, $\varphi(0)=0$ を満すが，更に

$$
\sigma^2=\int_{-\infty}^{+\infty}x^2dF(x)<+\infty \tag{26}
$$

なので，(23)をもう一度積分記号の下で微分出来て

$$
\varphi''(t)=\int_{-\infty}^{+\infty}(ix)^2e^{itx}dF(x).
$$

従って，$\varphi''(0)=-\sigma^2$．(5) の Z_n の特性関数を φ_n とすると，公式(19)より

$$\varphi_n(t)=\left(\varphi\left(\frac{t}{\sqrt{n}\,\sigma}\right)\right)^n$$

が成立しているので，(i)の中程で述べた様な方法を繰り返し，$0<{}^\exists\theta<1$;

$$\log\varphi_n(t)=n\log\varphi\left(\frac{t}{\sqrt{n}\,\sigma}\right)$$
$$=n\log\left(\varphi(0)+\varphi'(0)\frac{t}{\sqrt{n}\,\sigma}+\varphi''\left(\frac{\theta t}{\sqrt{n}\,\sigma}\right)\frac{t^2}{2n\sigma^2}\right)$$
$$=n\log\left(1-\frac{t^2}{2}+o\left(\frac{1}{n}\right)\right)$$
$$=-\frac{t^2}{2}+o(1)\to-\frac{t^2}{2}\quad(n\to\infty)$$

なので，$\varphi_n(t)\to e^{-\frac{t^2}{2}}\ (n\to\infty)$．$e^{-\frac{t^2}{2}}$ は公式(18)より $N(0,1)$ の特性関数なので，今度は，グリベンコの定理を用いると一発で決まり，確率変数列 $(Z_n)_{n\geqq 1}$ は $N(0,1)$ に法則収束する．これを**中心極限定理**と云い，標本数 n が大きい場合，母集団分布の如何に拘らずに，母平均の信頼限界等を与える事が出来て便利である．

問題 6 確率空間 $(\Omega,\mathcal{F},\mathbb{P})$ 上の確率変数列 $X_k\,(k=1,2,\cdots)$ は独立分布であり，X_1 の分布は

$$\mathbb{P}(X_1=-1)=\frac{2}{3},\qquad \mathbb{P}(X_1=2)=\frac{1}{3} \tag{27}$$

で与えられているものとする．$n=1,2,\cdots$ に対し確率変数を

$$Y_n=\frac{X_1+X_2+\cdots+X_n}{\sqrt{n}} \tag{28}$$

によって定義する．このとき，以下の問に応えよ．

(i)　Y_n の分布は $n\to\infty$ のとき，どのようなものに収束するか，答のみを記せ．

(ii)　極限

$$\lim_{n\to\infty}\mathbb{P}(Y_n>0) \tag{29}$$

を求めよ．

(iii)　t を実数とし，e^{itY_n} の期待値を，$\mathbb{E}[e^{itY_n}]$ と表す．極限

$$\lim_{n\to\infty}\mathbb{E}[e^{itY_n}] \tag{30}$$

を求めよ．　　　　　　　　　　（名古屋大学大学院多元数理科学研究科多元理科学専攻入試）

（第20話の133頁の「続名大多元中心」に続く）

第20話

不偏推定量と最尤推定量

問題 1　平均 m のポアソン分布 $\left(P_m(x)=\dfrac{e^{-m}m^x}{x!}\right)$ に従う母集団から，n 個の標本 x_1, $x_2, \cdots, x_n$ を独立に取り出したとき，$\sum_{i=1}^{n} x_i$ は平均 mn のポアソン分布に従う事を示せ．

（立教大学大学院入試）

問題 2　X をパラメータ λ (>0) のポアソン分布

$$Pr(X=k)=\frac{\lambda^k}{k!}e^{-\lambda} \tag{1}$$

に従う確率変数とする．

(1)　$Y=\dfrac{X-\lambda}{\sqrt{\lambda}}$ の特性関数を求めよ．

(2)　$\lambda\to\infty$ のとき，Y は正規分布 $N(0,1)$ に法則収束することを証明せよ．

（九州大学大学院入試）

問題 3　$X_1, X_2, \cdots, X_n$ を次の分布からの任意標本とする：

$$f(x;\theta)=\begin{cases}\dfrac{1}{\theta}, & 0<x\leqq\theta,\ 0<\theta<\infty \\ 0, & \text{その他}\end{cases} \tag{2}$$

このとき，θ の最尤推定量 $\hat{\theta}_n$ を求めよ．

また $\hat{\theta}_n$ にもとづく，θ の不偏推定量を求めよ．　（筑波大学大学院入試）

問題 4　母集団分布が区間 $[0,\theta]$ 上の一様分布のとき，この母集団からの大きさ n の標本を $X_1, X_2, \cdots, X_n$ とする．次の問に答えよ．

(i)　θ の最尤推定量 $\hat{\theta}$ を求めよ．

(ii) $E(\hat{\theta})$ および $Var(\hat{\theta})$ を求めよ.　　　　　　（東京理科大学大学院入試）

今回も前回同様**統計学**を勉強するが，**ポアソン分布**と**一様分布**から各二題を選び，**不偏推定量**や**最尤推定量**等の基礎概念を学ぼう.

問題1の解答　n 個の確率変数 $X_1, X_2, \cdots, X_n$ は独立であり，その同時分布は

$$Pr(X_1=x_1, X_2=x_2, \cdots, X_n=x_n)=\prod_{k=1}^{n}\frac{e^{-m}m^{x_k}}{x_k!} \tag{3}$$

で与えられる．確率変数

$$Y=\sum_{i=1}^{n}X_i \tag{4}$$

もやはり離散分布であり，(3) と n 項定理より

$$\begin{aligned}Pr(Y=y)&=\sum_{Y=y}Pr(X_1=x_1, X_2=x_2, \cdots, X_n=x_n)\\&=\sum_{x_1+x_2+\cdots+x_n=y}\prod_{k=1}^{n}\frac{e^{-m}m^{x_k}}{x_k!}\\&=e^{-mn}\sum_{x_1+x_2+\cdots+x_n=y}\frac{m^{x_1}m^{x_2}\cdots m^{x_n}}{x_1!x_2!\cdots x_n!}\\&=e^{-mn}\frac{(\overbrace{m+m+\cdots+m}^{n\text{ 個の和}})^y}{y!}=\frac{e^{-mn}(mn)^y}{y!}\end{aligned} \tag{5}$$

が成立する．これは (1) の λ に mn を代入したものであるから，確率変数 Y はパラメータ mn，即ち，平均 mn のポアソン分布に従う.

特性関数　入試の解答としては以上で終るべきであるが，ポアソン分布のパラメータが平均を表す事を示しておかないと気持が悪い．平均等の積率を能率的に計算するものとしては，積率母関数と特性関数があるが，理論的には後者が優れている．前者は必らずしも存在しないが，後者は常に存在するからである。

分布関数が $F(x)$，即ち

$$F(x)=Pr(X\leqq x) \tag{6}$$

である様な確率変数 X に対して，関数

$$\varphi(t)=E(e^{iXt})=\int_{-\infty}^{+\infty}e^{ixt}dF(x) \tag{7}$$

を対応させて，X の**特性関数**と云う．e^{ixt} の代りに e^{xt} を採ると**積率母関数**であるが，オイラーの公式 $e^{ixt}=\cos xt+i\sin xt$ より，$|e^{ixt}|=1$ であり，(7) は常に収束するので，

特性関数の方が好い．

確率変数 $X_1, X_2, \cdots, X_n$ が独立に，夫々，分布関数 $F_k(x)$，特性関数 $\varphi_k(t)$ の分布に従えば，1次結合

$$Y = a_1X_1 + a_2X_2 + \cdots + a_nX_n \tag{8}$$

の特性関数は

$$\begin{aligned}\varphi(t) &= E(e^{iYt}) \\ &= \iint\cdots\int e^{i(a_1x_1+a_2x_2+\cdots+a_nx_n)t}dF_1(x_1)dF_2(x_2)\cdots dF_n(x_n) \\ &= \prod_{k=1}^{n}\int_{-\infty}^{+\infty} e^{ia_ktx_k}dF_k(x_k) = \prod_{k=1}^{n}\varphi_k(a_kt)\end{aligned} \tag{9}$$

である．

問題1の別解　パラメータ m のポアソン分布の特性関数は (1), (7) より

$$\begin{aligned}\varphi(t) &= \sum_{x=0}^{\infty} e^{ixt}\frac{e^{-m}m^x}{x!} = e^{-m}\sum_{x=0}^{\infty}\frac{(me^{it})^x}{x!} \\ &= e^{-m}e^{me^{it}} = e^{m(e^{it}-1)}\end{aligned} \tag{10}.$$

$a_k = 1,\ \varphi_k(t) = e^{m(e^{ti}-1)}$ を (9) に代入すると $Y = X_1 + X_2 + \cdots + X_n$ の特性関数は

$$\varphi(t) = \prod_{k=1}^{n}\varphi_k(a_kt) = (e^{m(e^{it}-1)})^n = e^{mn(e^{it}-1)} \tag{11}$$

であるから，パラメータ mn のポアソン分布の特性関数に等しい．分布と特性関数の対応は単射であるから，Y はパラメータ mn のポアソン分布に従う．

(7) が積分記号の下で微分出来れば

$$\varphi^{(l)} = \int_{-\infty}^{+\infty}(ix)^l e^{ixt}dF(x) \tag{12}.$$

$t=0$ を代入して，

$$\varphi^{(l)}(0) = i^l\int_{-\infty}^{+\infty}x^l dF(x) = i^l E(X^l) \tag{13}.$$

(10)は項別微分可能であるから，パラメータ m のポアソン分布の平均と分散は

$$\begin{aligned}E(X) &= \frac{\varphi'(0)}{i} = \frac{1}{i}\frac{d}{dt}e^{m(e^{it}-1)}\Big|_{t=0} = m, \\ E(X^2) &= \frac{\varphi''(0)}{i^2} = -\varphi''(0) = -\frac{d^2}{dt^2}e^{m(e^{it}-1)}\Big|_{t=0} = m^2 + m, \\ V(X) &= E((X-E(X))^2) = E(X^2) - (E(X))^2 = m\end{aligned} \tag{14}.$$

問題2の解答　(1)　確率変数 X はパラメータ λ のポアソン分布に従うから，(14)より平均 λ, 分散 λ である．従って，確率変数 Y の平均は 0，分散は 1 である．特性関数 $\varphi_\lambda(t)$ は

$$\begin{aligned}\varphi_\lambda(t)&=E(e^{iYt})=\sum_{k=0}^{\infty}e^{i\frac{k-\lambda}{\sqrt{\lambda}}t}\frac{\lambda^k}{k!}e^{-\lambda}\\&=e^{-\lambda-i\sqrt{\lambda}\,t}\sum_{i=0}^{\infty}\frac{(\lambda e^{\frac{it}{\sqrt{\lambda}}})^k}{k!}\\&=e^{-\lambda-i\sqrt{\lambda}\,t}e^{\lambda e^{\frac{it}{\sqrt{\lambda}}}}=\exp(\lambda e^{\frac{it}{\sqrt{\lambda}}}-\lambda-i\sqrt{\lambda}\,t)\end{aligned}\tag{15}$$

で与えられる．

(2) 正規分布 $N(0,1)$ の特性関数 $\varphi(t)$ は

$$\begin{aligned}\varphi(t)&=E(e^{iXt})=\int_{-\infty}^{+\infty}e^{ixt}\frac{e^{-\frac{x^2}{2}}}{\sqrt{2\pi}}dx\\&=\frac{e^{-\frac{t^2}{2}}}{\sqrt{2\pi}}\int_{-\infty}^{+\infty}e^{-\frac{(x-it)^2}{2}}dx=e^{-\frac{t^2}{2}}\end{aligned}\tag{16}$$

(15)の右辺の対数を取り，指数関数をテイラー展開して $\lambda\to\infty$ とすると，

$$\begin{aligned}&\lambda e^{i\frac{t}{\sqrt{\lambda}}}-\lambda-i\sqrt{\lambda}\,t\\&=\lambda\left(1+\frac{it}{\sqrt{\lambda}}+\frac{1}{2}\left(\frac{it}{\sqrt{\lambda}}\right)^2+\mathrm{o}\left(\frac{1}{\lambda}\right)\right)-\lambda-i\sqrt{\lambda}\,t\\&=-\frac{t^2}{2}+\mathrm{o}(1)\to-\frac{t^2}{2}.\end{aligned}$$

従って，各点 t で $\varphi_\lambda(t)\to\varphi(t)$ $(\lambda\to\infty)$ が成立し，第19話にて説明したグリベンコの定理より，確率変数 Y は正規分布 $N(0,1)$ に法則収束する．かくして，パラメータ λ が大きいポアソン分布は近似的に正規分布 $N(\lambda,\lambda)$ に従う．本問は中心極限定理の流れを汲むものである．

不偏推定量と最尤推定量　例えば，ポアソン分布は平均をパラメータに持つ．一般に未知なるパラメータ θ を持つ分布があるとしよう．この分布に従う独立な n 個の確率変数 $X_1, X_2, \cdots, X_n$ を大きさ n の**標本**と云い，これらの可測関数 T を**統計量**と云う．統計量 T が

$$E(T)=\theta\tag{17}$$

を満す時，T をパラメータ θ の**不偏推定量**と云う．博多湾アセスの論評でしばしば用い，第19話で示した様に，**標本平均**

$$\bar{X}=\frac{X_1+X_2+\cdots+X_n}{n} \tag{18}$$

は母平均の不偏推定量であるが，**標本分散**

$$\sigma^2=\frac{1}{n}\sum_{k=1}^{n}(X_k-\bar{X})^2 \tag{19}$$

は母分散の不偏推定量でなく，不偏分散

$$U^2=\frac{1}{n-1}\sum_{k=1}^{n}(X_k-\bar{X})^2 \tag{20}$$

が母分散の不偏推定量である．

母集団の確率密度関数 $f(x;\ \theta_1, \theta_2, \cdots, \theta_p)$ が p 個の未知なるパラメータを持つ時，大きさ n の標本 $x_1, x_2, \cdots, x_n$ に対し，同時分布の密度関数

$$\begin{aligned}&L(x_1, x_2, \cdots, x_n;\ \theta_1, \theta_2, \cdots, \theta_p)\\&=\prod_{k=1}^{n}f(x_k;\ \theta_1, \theta_2, \cdots, \theta_p)\end{aligned} \tag{21}$$

を標本 $x_1, x_2, \cdots, x_n$ の**尤(ユウ)度関数**と云い，L を最大ならしめる $\theta_1, \theta_2, \cdots, \theta_p$ をパラメーターの**最尤推定量**と云う．中心極限定理の証明の方法より，最尤推定量に対し，定数 c_n で $c_n \to 1$ $(n\to\infty)$ なるものを掛けると不偏推定量にする事が出来る．問題3はこの一例であり，教育的配慮に満た出題である．

問題3の解答　(i)　大きさ n の標本 $x_1, x_2, \cdots, x_n$ の尤度関数は (2) より

$$\begin{aligned}&L(x_1, x_2, \cdots, x_n;\ \theta)\\&=\begin{cases}\dfrac{1}{\theta^n}, & 0<x_i\leqq\theta \quad (1\leqq{}^\forall i\leqq n)\\ 0, & \text{その他}\end{cases}\end{aligned} \tag{22}$$

で与えられるから，固定された $x_1, x_2, \cdots, x_n$ に対して，L を最大ならしめる θ は，$0<x_i\leqq\theta$ $({}^\forall i)$ なる最小の θ，即ち，

$$\hat{\theta}_n=\max_{1\leqq i\leqq n} x_i \tag{23}$$

であり，この $\hat{\theta}_n$ がパラメータ θ の最尤推定量である．

(ii)　標本 $x_1, x_2, \cdots, x_n$ の関数である $\hat{\theta}_n$ の期待値は

$$\begin{aligned}E(\hat{\theta}_n)&=\iint\cdots\int\hat{\theta}_n L(x_1, x_2, \cdots, x_n;\ \theta)dx_1dx_2\cdots dx_n\\&=\iint_{0<x_i\leqq\theta}\cdots\int(\max_{1\leqq i\leqq n} x_i)\frac{dx_1dx_2\cdots dx_n}{\theta^n}\end{aligned} \tag{24}.$$

関数 $\max_{1\leqq i\leqq n} x_i$ は積分の計算に馴染まぬので，半平面の交りである凸集合

$$A_i=\{(x_1, x_2, \cdots, x_n)\in[0,\theta]^n;\ x_k\leqq x_i\ (1\leqq{}^\forall k\leqq n)\}$$

を考える．$i\neq j$ ならば $A_i\cap A_j$ は超平面 $x_i=x_j$ に含まれ，低次元であり，(22)が与える測度は零である．従って，積分(24)は，丁度各 A_i 上の積分の和に等しい．この問題は x_i に関して対称であるから，その一つ，例えば A_1 の n 倍である．A_1 上では，$2\leqq{}^\forall k\leqq n,\ x_k\leqq x_1$．かくして，積分(24)は累次積分で表され，計算可能となる：

$$\begin{aligned}E(\hat{\theta}_n)&=n\int_0^\theta\frac{x_1}{\theta^n}\left(\prod_{k=2}^n\int_0^{x_1}dx_k\right)dx_1\\&=\frac{n}{\theta^n}\int_0^\theta x_1{}^n dx_1=\frac{n\theta}{n+1}\end{aligned}\tag{25}$$

(25)より

$$E\left(\frac{n+1}{n}\hat{\theta}_n\right)=\theta\tag{26}$$

が得られ，$\dfrac{n+1}{n}\hat{\theta}_n$ はパラメータ θ の求める不偏推定量である．この事情は標本平均(19)を $\dfrac{n}{n-1}$ 倍に修正して不偏分散とするのと事情は同じである．修正してよりよいものを得ようと云う主義は，科学的精神に満ちたものであり，恥ではない．博多湾アセスの原点を通る回帰直線は不偏でなく，偏っている．

問題 4 の解答　(i)は前問と共通する．この様に，全く同じテーマが，異なった大学で，同一学年度に出題される事が多い．その理由の一つに，或る年度の広島と学習院の様に，同一出題者の転出に伴う事情を考えることも出来るが，これは例外であって，たまたま学会で話題になったテーマの補助的な手段を構成する一つの補題に複数の学者が興味を持ち，入試用に，更に教育的配慮で易しくしたものが出題される事がままあるのが主な理由であろう．さて，前問の確率変数 $\hat{\theta}_n$ の 2 次の積率は，(24), (25) と全く同じ考えにて，累次積分を行い，

$$\begin{aligned}E(\hat{\theta}_n{}^2)&=\iint\limits_{0<x_i\leqq\theta}\cdots\int(\max_{1\leqq i\leqq n}x_i)^2\frac{dx_1dx_2\cdots dx_n}{\theta^n}\\&=n\iint\limits_{A_1}\cdots\int(\max_{1\leqq i\leqq n}x_i)^2\frac{dx_1dx_2\cdots dx_n}{\theta^n}\\&=n\int_0^\theta\frac{x_1{}^2}{\theta^n}\left(\prod_{k=2}^n\int_0^{x_1}dx_k\right)dx_1\\&=\frac{n}{\theta^n}\int_0^\theta x_1{}^{n+1}dx_1=\frac{n\theta^2}{n+2}\end{aligned}\tag{27}$$

を得るので，分散 $V(\hat{\theta}_n)$ は公式より

$$V(\hat{\theta}_n)=E((\hat{\theta}_n-E(\hat{\theta}_n))^2)=E(\hat{\theta}_n{}^2)-(E(\hat{\theta}_n))^2$$
$$=\frac{n\theta^2}{n+2}-\left(\frac{n\theta}{n+1}\right)^2=\frac{n\theta^2}{(n+2)(n+1)^2} \tag{28}$$

を得る．

東大を除けば，大学院としての歴史を持つ大学程，作製者以外に全ての出題委員並びに可成の受験生が解ける，標準的な問題を出題する傾向がある．東大について云えば，標準的な考え方の外に，見落し勝ちな陥し穴を二，三設けた出題傾向にある．何れにせよ，入試であるから，定員線が，丁度50/100点に来る出題が望ましい．今回は**中心極限定理**の一種

> **定理**　母集団密度関数 $f(x;\theta_1,\theta_2,\cdots,\theta_k)$ の未知母数 $\theta_1,\theta_2,\cdots,\theta_p$ の大きさ n の標本に基く最尤推定量を $\hat{\theta}_1,\hat{\theta}_2,\cdots,\hat{\theta}_p$ とすると，分散の存在その他の一般的な条件の下で，$n\to\infty$ の時 $(\hat{\theta}_1,\hat{\theta}_2,\cdots,\hat{\theta}_p)$ は正規分布に確率収束する．従って，最尤推定量に対して，$c_n\to 1$ $(n\to\infty)$ なる数列があって，c_n を掛けると不偏推定量にする事が出来る．

の具体的な例題であり，標準的なよい問題と云えよう．

（第19話の126頁の問題 6 の解答より式番号も継承しての「**続名大多元中心**」）

(i)の解答　二項分布 X_k の**平均** $\mathbb{E}[X_k]$ は

$$\mathbb{E}[X_k]=(-1)\frac{2}{3}+2\frac{1}{3}=0 \tag{31}$$

になり，数表なしで答えられるように出題されている．**2 次の積率**は

$$\mathbb{E}[X_k^2]=(-1)^2\frac{2}{3}+2^2\frac{1}{3}=2. \tag{32}$$

従って，平均 0 の場分の**分散**は上の 2 次の積率 2 に等しく，**標準偏差**は $\sqrt{2}$．問題 5 の (ii) の**中心極限定理**(5) を本問に即して書き下すと，

$$\lim_{n\to\infty}\mathbb{P}\left(\frac{Y_n}{\sqrt{2}}>z\right)=\int_z^{\infty}\frac{1}{\sqrt{2\pi}}e^{-\frac{x^2}{2}}dx. \tag{33}$$

極限分布は**正規分布** $N(0,2)$ に従う．

（第17話の111頁の「続々名大多元中心」に続く）

第21話

クザンの分解

問題 1 (i) 複素平面 $\boldsymbol{C}$ 上の1点 $z=a$ から他の点 $z=b$ にいたる滑らかな単純弧 γ を考える．関数 $f(z)$ が γ の近傍で正則ならば，積分

$$g(z)=\frac{1}{2\pi i}\int_{\gamma}\frac{f(\zeta)}{\zeta-z}d\zeta \tag{1}$$

は $\boldsymbol{C}-\gamma$ で正則な関数を表すことを証明せよ．

(ii) 2点 $-1, 1$ を結ぶ線分 l の近傍において，関数 $h(z)$ が正則であるとする．このとき単位円の上半部 $\{z \mid |z|\leqq 1, \operatorname{Im} z\geqq 0\}$ と下半部 $\{z \mid |z|\leqq 1, \operatorname{Im} z\leqq 0\}$ の近傍において，それぞれ正則な関数 $h_1(z), h_2(z)$ を適当に選んで l の近傍において

$$h(z)=h_1(z)-h_2(z) \tag{2}$$

が成り立つようにできることを証明せよ． (神戸大学大学院入試)

問題 2 $f(z)$ を複素平面の単連結な領域 D において正則な関数とする．a, b を D の異なる2点とし，a を始点，b を終点とする D 内にある2つの Jordan 曲線 C_1, C_2 を考える．なお C_1, C_2 は共に長さを持ち，両者の共通点は端点以外に無いものとする．複素平面から C_j を除いて得られる領域を D_j とし

$$F_j(z)=\frac{1}{2\pi i}\int_{C_j}\frac{f(\zeta)}{\zeta-z}d\zeta,\ z\in D_j \quad (j=1,2) \tag{3}$$

と定義する．ただし，$i=\sqrt{-1}$．

(i) 複素平面から Jordan 閉曲線 $C_1\cup C_2$ を除いて得られる2つの領域のうち，有界な方を Δ，有界でない方を Δ' とすると

$$z \in \varDelta \quad \text{のとき} \quad F_1(z) - F_2(z) = \pm f(z) \tag{4}$$

$$z \in \varDelta' \quad \text{のとき} \quad F_1(z) = F_2(z) \tag{5}$$

が成立することを示せ．ただし，±の符号は C_1, C_2 の位置によりどちらか一方に定まる．

(ii)　$F_1(z)$ は D_1 において正則な関数であるが，この関数によって定義される関数要素を C_1 の一方の側から他方の側に（どちらから出発しても）C_1 を横切って解析接続することが可能であることを示せ．ただし C_1 の端点は除いて考える．

（奈良女子大学大学院入試）

問題 3　$f=f(z)$ を整関数（すなわち全平面 $\boldsymbol{C}$ で正則な解析関数）とし，$g(w)$ を次のように定義する：

$$g(w) = \frac{1}{2\pi i}\int_0^1 \frac{f(z)}{z-w}dz \tag{6}$$

ただし，ここで $\int_0^1$ は0と1を結ぶ直線 L 上の積分とする．（注意 $g(\omega)$ は全平面から L を除いた部分 $C-L$ で定義された正則解析関数である．）

(i)　$g(w)$ は0と1を通らない C 上の連続曲線に沿って解析接続可能である事を証明せよ．

(ii)　C を0を中心とする半径 $\frac{1}{2}$ の円周とし，$g(w)$ を C に沿って一周り解析接続して得られる関数を $G(w)$ とする．

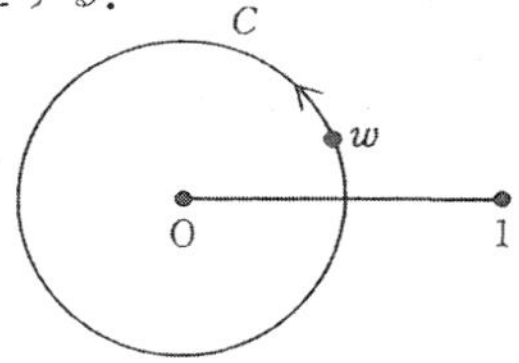

$G(w)-g(w)$ を与えられた関数 f を用いて表せ．　（東京大学大学院入試）

問題 4　$\varphi(z)$ は $|z|<\infty$ で正則で，n は正の整数とする．関数 $F(z)$ を

$$F(z) = \int_0^1 \frac{\varphi(\zeta)}{(\zeta - z)^n}d\zeta \tag{7}$$

によって定義する．ここで積分は0と1とを結ぶ閉線分 $[0,1]$ に沿って行われるものとする．

(i)　$F(z)$ は $C-[0,1]$ において正則であることを示せ．

(ii) $F(z)$ は開線分 $(0,1)$ を超えて解析接続できることを示せ．

(iii) 開線分 $(0,1)$ 上の任意の点 z_0 に対し，

$$\lim_{\varepsilon\to+0} F(z_0+i\varepsilon)-\lim_{\varepsilon\to+0} F(z_0-i\varepsilon)$$

を，関数 φ を使って表せ．　　　　　　　　　　　　　　　　　（東京大学大学院入試）

教育上の観点から，問題 1, 2, 3 は同類ではあるが敢えて全てを掲載した．同じ問題を少しづつ異なった側面から論じているので，一つの問題が解けなかった読者も，三問を読み較べると，関数論のコーシーの積分表示に学習が到達していれば，意自ら通じるであろう．問題 4 は $n=1$ の時の三問を一般の n に一般化したものである．院生等を研究者として育てる過程にて，既に得られている定理を一般化させることにより，論文作製の習作 étude を行なわせることがある．芸術家の卵が大家の模倣的なエチュードをするのと同じであり，創造性を求められる仕事の徒弟制的訓練の一形態である．かかる意味で，問題 3 から 4 への東大の推移は真に教育的で，大学院入試に適している．また，最後の行の“を”にコンマが付されているのは，直ぐ後にもう一つ“を”が来るからである．この機会に日本語の書き方も学ばれたい．

学問的には，(1), (3), (6) は**クザン積分**と呼ばれ，(4) を**クザン分解**と呼ぶ．我国が誇る数学者故岡潔先生は多変数の場合のクザン分解を考察し，多変数関数論で誰も解けなかったレビの問題を解かれた．また，(2)＝問題 3 の答は，正則関数が佐藤幹夫の意味での超関数であることを意味している．これを用いて，量子力学で有名なボゴリュウボフのくさびの刃定理等を導くことも出来る(拙著，複素関数論，森北の65頁参照)．かくして，本文は我国が世界に誇る岡や佐藤の数学のハードな部分を模型的に抽出したものであり，**多変数関数論**や**佐藤の超関数論**の**コホモロジー消滅定理**の証明のカラクリを浮彫りにしている．従って，出題者も Oka や Sato の School であり，容易に比定することができる．といって難かしいことは決してなく，エッセンスはコーシーの積分表示である．

問題 1 の (i) の解答　γ 上の連続関数 $f(\zeta)$ の最大値を M とする．$a\notin\gamma$ を取り，γ との距離を r とする．任意の正数 $\rho<r$ に対して，$|z-a|\leqq\rho,\ \zeta\in\gamma$ の時，$\left|\dfrac{z-a}{\zeta-a}\right|=\dfrac{|z-a|}{|\zeta-a|}\leqq\dfrac{\rho}{r}$．これを公比する等比級数の和の公式に持込み

$$\frac{f(\zeta)}{\zeta-z}=\frac{f(\zeta)}{\zeta-a}\cdot\frac{1}{1-\dfrac{z-a}{\zeta-a}}=\sum_{\nu=0}^{\infty}\frac{f(\zeta)}{\zeta-a}\left(\frac{z-a}{\zeta-a}\right)^{\nu} \qquad (8).$$

一般項の絶対値$\leqq\frac{M}{r}\left(\frac{\rho}{r}\right)^\nu$ であり，この右辺を一般項とする級数は公比$\frac{\rho}{r}<1$ なる等比級数として収束する．従ってワイエルシュトラスの M-判定法より，上の級数は絶対かつ一様収束する．故に，項別積分可能であって，$|z-a|\leqq\rho$ にて

$$g(z)=\frac{1}{2\pi i}\int_\gamma\frac{f(\zeta)}{\zeta-z}d\zeta$$
$$=\sum_{\nu=0}^{\infty}\left(\frac{1}{2\pi i}\int_\gamma\frac{f(\zeta)}{(\zeta-a)^{\nu+1}}d\zeta\right)(z-a)^\nu \tag{9}$$

なる収束整級数に展開される．$a\notin\gamma$ は任意であるから，$g(z)$ は $C-\gamma$ にて正則である．関数 f は γ 上連続であれば十分で，正則である必要はない．

問題 2 の (i) の解答　C_1 に沿って a から b に向い，C_2 の逆向きに b から a に戻る閉曲線 C が反時計の正の向きを持つとしよう．C で囲まれる領域 Δ に対して，コーシーの積分表示を適用すると，$z\in\Delta$ ならば直ちに

$$f(z)=\frac{1}{2\pi i}\int_C\frac{f(\zeta)}{\zeta-z}d\zeta$$
$$=\frac{1}{2\pi i}\int_{C_1}\frac{f(\zeta)}{\zeta-z}d\zeta-\frac{1}{2\pi i}\int_{C_2}\frac{f(\zeta)}{\zeta-z}d\zeta$$
$$=F_1(z)-F_2(z) \tag{10}$$

即ち，(4) 式，及び，$z\in\Delta'$ の時，コーシーの積分定理より

$$0=\frac{1}{2\pi i}\int_C\frac{f(\zeta)}{\zeta-z}d\zeta=F_1(z)-F_2(z) \tag{11}$$

即ち，(5) 式を得る．

問題 1 の (ii) の解答　$h(z)$ が正則である様な l の近傍を D としよう．正数 ε があって，$-1-\varepsilon, 1+\varepsilon\in D$．線分 $-1, 1$ を避けて下図の様に

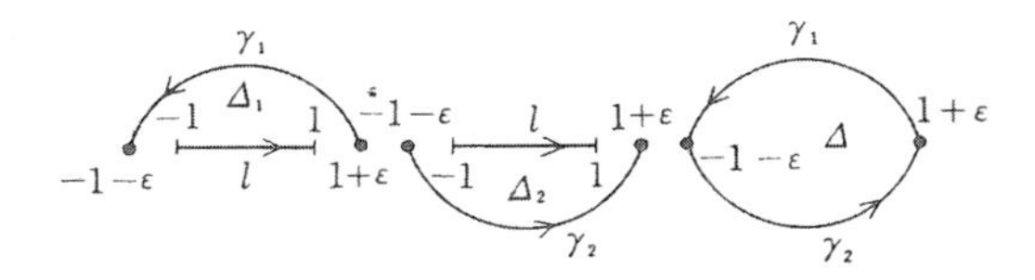

上半平面内にあって $1+\varepsilon$ から $-1-\varepsilon$ に至る D 内の道を γ_1 とし，下半平面内にあって $-1-\varepsilon$ から $1+\varepsilon$ に向う D 内の道を γ_2 としよう．この時，関数 $h_1(z), h_2(z)$ を，夫々，

$$h_1(z)=\frac{1}{2\pi i}\int_{\gamma_2}\frac{h(\zeta)}{\zeta-z}d\zeta \qquad (z\in \boldsymbol{C}-\gamma_1) \tag{12}$$

$$h_2(z)=-\frac{1}{2\pi i}\int_{\gamma_1}\frac{h(\zeta)}{\zeta-z}d\zeta \qquad (z\in \boldsymbol{C}-\gamma_2) \tag{13}$$

とおくと，(i) より $h_1(z), h_2(z)$ は，夫々，$\boldsymbol{C}-\gamma_2, \boldsymbol{C}-\gamma_1$ 特に上下半平面で正則である．γ_1 と γ_2 で囲まれる領域 Δ 内の点 z に対しては，コーシーの積分表示より

$$h_1(z)-h_2(z)=\frac{1}{2\pi i}\int_{\gamma_1}\frac{h(\zeta)}{\zeta-z}d\zeta + \frac{1}{2\pi i}\int_{\gamma_2}\frac{h(\zeta)}{\zeta-z}d\zeta=h(z) \tag{14}$$

が成立し，$h_1(z), h_2(z)$ が求める $h(z)$ の分解である．

この様に，特異点の集合が $\gamma_1\cup\gamma_2$ である関数 $h(z)$ を γ_i のみを特異点の集合とする関数の差で表す事を**クザンの分解**と云う．クザンの分解は，特異点の分解であり多変数関数論の重要な武器である．

1変数ではこの様に大学院入試クラスであるが，多変数では，核関数に対する要請から，(14)の右辺に対応するものが，元の $h(z)$ に戻らない．フレートホルム型の積分方程式を第17話のバナッハの不動点定理を用いて解き，(14)の右辺が始めに指定された $h(z)$ になる様，(14)の第2辺の被積分関数の方を定めると云う着想で，クザンの問題を解き，終に多変数関数の最も難かしい問題を解き，現代数学史上の輝しい数頁を飾ったのが岡潔である．

問題3と4の解答　n を自然数，$f(z)$ を $[0,1]$ の近傍 D で正則な関数とし，問題2の図の $-1-\varepsilon$ を0で $1+\varepsilon$ を1でおきかえ，分母の1乗を n 乗とし，関数 $g(z), G(z)$ を

$$g(z)=\frac{1}{2\pi i}\int_{\gamma_2}\frac{f(\zeta)}{(\zeta-z)^n}d\zeta \qquad (z\in \boldsymbol{C}-\gamma_2) \tag{15}$$

$$G(z)=-\frac{1}{2\pi i}\int_{\gamma_1}\frac{f(\zeta)}{(\zeta-z)^n}d\zeta \qquad (z\in \boldsymbol{C}-\gamma_1) \tag{16}$$

で定義すると，問題1の(ii)の様に $g(z), G(z)$ は，夫々，$\boldsymbol{C}-\gamma_2, \boldsymbol{C}-\gamma_1$ で正則であって，しかも $z\in\Delta$ に対しては，コーシーの積分表示より

$$G(z)-g(z)=-\frac{1}{2\pi i}\int_{\gamma_1}\frac{f(\zeta)}{(\zeta-z)^n}d\zeta - \frac{1}{2\pi i}\int_{\gamma_2}\frac{f(\zeta)}{(\zeta-z)^n}d\zeta=-\frac{f^{(n-1)}(z)}{(n-1)!} \tag{17}$$

が成立する．

関数 $g(z), G(z)$ を題意の様な線分01上の積分で表そう．$z\in D$ が上半平面内にすれば，

線分 01 と γ_2 で囲まれた領域 $\varDelta_2$ に対してコーシーの積分定理を適用し

$$g(z)=\frac{1}{2\pi i}\int_{\gamma_2}\frac{f(\zeta)}{(\zeta-z)^n}d\zeta$$
$$=\frac{1}{2\pi i}\int_0^1\frac{f(\zeta)}{(\zeta-z)^n}d\zeta \qquad (z\notin\bar{\varDelta}_2) \tag{18}$$

同様にして

$$G(z)=-\frac{1}{2\pi i}\int_{\gamma_1}\frac{f(\zeta)}{(\zeta-z)^n}d\zeta$$
$$=\frac{1}{2\pi i}\int_0^1\frac{f(\zeta)}{(\zeta-z)^n}d\zeta \qquad (z\notin\bar{\varDelta}_1) \tag{19}$$

さて，実数 z_0 を $0<z_0<1$ を満す様に任意に取り固定する．z_0 の近傍内に上半平面の点 z を取る．これは必らずしも 0 を中心とし，z_0 を通る円周上に取る必要はないが，問題 3 の(ii)に答える時にはそう取る．この様に z_0, z を取った後で，例の γ_1, γ_2 を下図の様に z_0 とその間を γ_1 が通過する様に取ろう．するとこの $\mathrm{Im}\, z>0$ に対して，図で γ_1 が無く γ_2 だけがある状態を考えると，$z\to z_0$, $\mathrm{Im}\, z>0$ には障害は無く，

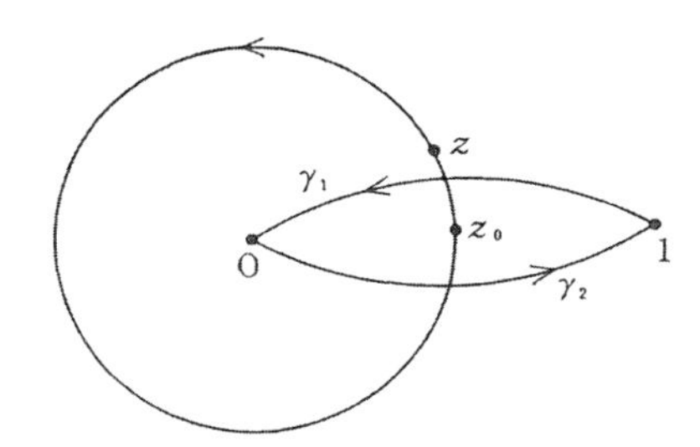

$$\lim_{z\to z_0,\,\mathrm{Im}z>0} g(z)=\lim_{z\to z_0,\,\mathrm{Im}z>0}\frac{1}{2\pi i}\int_0^1\frac{f(\zeta)}{(\zeta-z)^n}d\zeta$$
$$=\frac{1}{2\pi i}\int_{\gamma_2}\frac{f(\zeta)}{(\zeta-z_0)^n}d\zeta \tag{20}$$

を得る．この z が上の円周上を 0 の廻りを回転し線分01に近づく時は，上の図で γ_2 が無い状態を考えて

$$\lim_{z\to z_0,\,\mathrm{Im}z<0} G(z)=\lim_{z\to z_0,\,\mathrm{Im}z<0}\frac{1}{2\pi i}\int_0^1\frac{f(\zeta)}{(\zeta-z)^n}d\zeta$$
$$=-\int_{\gamma_1}\frac{f(\zeta)}{(\zeta-z_0)^n}d\zeta \tag{21}$$

を得るので，コーシーの積分表示より

$$
\begin{aligned}
&\lim_{z\to z_0, \operatorname{Im} z>0} \frac{1}{2\pi i}\int_0^1 \frac{f(\zeta)}{(\zeta-z)^n}d\zeta \\
&-\lim_{z\to z_0, \operatorname{Im} z<0} \frac{1}{2\pi i}\int_0^1 \frac{f(\zeta)}{(\zeta-z)^n}d\zeta \\
&=\frac{1}{2\pi i}\int_{\gamma_2} \frac{f(\zeta)}{(\zeta-z_0)^n}d\zeta+\frac{1}{2\pi i}\int_{\gamma_1} \frac{f(\zeta)}{(\zeta-z_0)^n}d\zeta \\
&=\frac{f^{(n-1)}(z_0)}{(n-1)!} \qquad (22)
\end{aligned}
$$

を得る．これは，$f=\varphi$ とすれば，問題 4 の(iii)の解答

$$F(z_0+i\varepsilon)-\lim_{\varepsilon\to+0} F(z_0-i\varepsilon)=2\pi i\frac{\varphi^{(n-1)}(z_0)}{(n-1)!} \qquad (23)$$

を与える．

上の考察にて，点 z が線分 01 上の点 z_0 の近傍にある時は，

$$g(z)=\frac{1}{2\pi i}\int_{\gamma_2} \frac{f(\zeta)}{(\zeta-z)^n}d\zeta \qquad (24)$$

を定義式として出発しても，z が上半平面にある時は

$$g(z)=\frac{1}{2\pi i}\int_0^1 \frac{f(\zeta)}{(\zeta-z)^n}d\zeta \qquad (25)$$

を定義式に切り換える事が出来，(25)の右辺は $\boldsymbol{C}-[0,1]$ では正則なので，z は z_0 の廻りに正の向きに一周する路，例えば，問題 3 の(ii)の円周に沿って，解析接続する事が出来，下半平面に廻って，線分01に肉薄した段階で定義式を

$$G(z)=-\frac{1}{2\pi i}\int_{\gamma_1} \frac{f(\zeta)}{(\zeta-z)^n}d\zeta \qquad (26)$$

に切り換えて終えば，(26)は z_0 の近傍 $\boldsymbol{C}-\gamma_1$ で正則であるから，線分01を越えて解析接続出来る．この時，z_0 の近傍の点 z において，一廻りして戻って来た浦島太郎的な $G(z)$ と元の $g(z)$ の差は

$$G(z)-g(z)=-\frac{f^{(n-1)}(z)}{(n-1)!} \qquad (27)$$

で与えられ，g は z_0 の廻りを解析接続出来るが一価ではない．なお，線分01を任意の曲線で置き換えても，事情は同じである．

問題 3 と 4 の別解　以上の正則的解答は上品であるが何か物足りない．整級数展開を利用して，積分 (7) を露骨に計算し，多価性の有り様をスケスケルックで見る解析的解答を与えよう．$\varphi(z)$ は $|z|<\infty$ で正則であるから，ここで整級数

$$\varphi(z)=\sum_{\nu=0}^{\infty}a_\nu z^\nu,\quad a_\nu=\frac{\varphi^{(\nu)}(0)}{\nu!} \tag{28}$$

に展開される．任意の正数 r に対し，点 $z=r$ で収束しているから，その一般項は有界であり，正数 $M=M(r)$ があって

$$|a_\nu|\leqq\frac{M}{r^\nu} \tag{29}$$

なる不等式が収束に関する悩みは全て解決して呉れる．先ず項別積分し，

$$F(z)=\int_0^1\frac{\sum_{\nu=0}^{\infty}a_\nu\zeta^\nu}{(\zeta-z)^n}d\zeta=\sum_{\nu=0}^{\infty}a_\nu\int_0^1\frac{\zeta^\nu}{(\zeta-z)^n}d\zeta$$
$$=\sum_{\nu=0}^{\infty}a_\nu\sum_{\mu=0}^{\nu}\frac{\nu!}{\mu!(\nu-\mu)!}z^\mu\int_0^1(\zeta-z)^{\nu-\mu-n}d\zeta$$

を得るが，

$$\int_0^1(\zeta-z)^{\nu-\mu-n}d\zeta$$
$$=\begin{cases}\left[\dfrac{(\zeta-z)^{\nu-\mu-n+1}}{\nu-\mu-n+1}\right]_0^1=\dfrac{(1-z)^{\nu-\mu-n+1}-(-z)^{\nu-\mu-n+1}}{\nu-\mu-n+1}, \\ \qquad\qquad\qquad\qquad \nu-\mu-n+1\neq0 \\ \Big[\log(\zeta-z)\Big]_0^1=\log\dfrac{z-1}{z}, \qquad \nu-\mu-n+1=0\end{cases}$$

を考慮に入れると，

$$F(z)=\sum_{\nu=0}^{n-2}a_\nu\sum_{\mu=0}^{\nu}\frac{\nu!\,z^\mu}{\mu!(\nu-\mu)!(\nu-\mu-n+1)}$$
$$\times\left(\frac{1}{(1-z)^{n+\mu-\nu-1}}-\frac{1}{(-z)^{n+\mu-\nu-1}}\right)$$
$$+\sum_{\nu=n-1}^{\infty}a_\nu\sum_{\substack{0\leqq\mu\leqq\nu\\ \mu\neq\nu-n+1}}\frac{\nu!\,z^\mu}{\mu!(\nu-\mu)!(\nu-\mu-n+1)}$$
$$\times((1-z)^{\nu-\mu-n+1}-(-z)^{\nu-\mu-n+1})$$
$$+\frac{1}{(n-1)!}\sum_{\nu=n-1}^{\infty}a_\nu\frac{\nu!}{(\nu-n+1)!}\log\frac{1-z}{z} \tag{30}$$

第１項と第２項は $C-\{0,1\}$ で一価正則な関数で，第３項

$$L(z)=\frac{\log\dfrac{z-1}{z}}{(n-1)!}\sum_{\nu=n-1}^{\infty}a_\nu\frac{\nu!}{(\nu-n+1)!}$$

$$=\frac{\log\frac{z-1}{z}}{(n-1)!}\sum_{\nu=n-1}^{\infty}\frac{\varphi^{(\nu)}(0)}{(\nu-n+1)!}z^{\nu-n+1}$$

$$=\frac{\log\frac{z-1}{z}}{(n-1)!}\sum_{\kappa=0}^{\infty}\frac{\varphi^{(n-1+\kappa)}(0)}{\kappa!}z^{\kappa}=\frac{\varphi^{(n-1)}(z)}{(n-1)!}\log\frac{z-1}{z}$$

は0, 1を対数特異点とする多価正則関数である．その多価な部分 $\mathrm{Im}\log\frac{z-1}{z}=\arg\frac{z-1}{z}$ の幾何学的な意味は z から線分01を見込む角 θ であり，θ は z が上半平面から実軸に近づくと π に近づく．

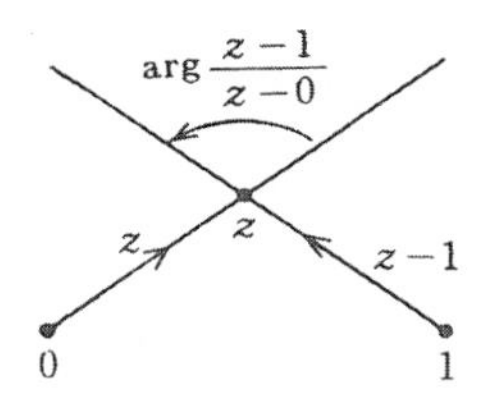

同様にして，下半平面からは $-\pi i$ に近づくから

$$\lim_{\epsilon\to+0}(F(z_0+i\epsilon)-\lim_{\epsilon\to+0}F(\epsilon_0-i\epsilon)=\lim_{\epsilon\to+0}L(z_0+i\epsilon)-\lim_{\epsilon\to+0}L(z_0-i\epsilon)$$

$$=\frac{\varphi^{(n-1)}(z_0)}{(n+1)!}\lim_{\epsilon\to+0}\left(\arg\frac{z_0+i\epsilon-1}{z_0+i\epsilon}-\arg\frac{z_0-i\epsilon-1}{z_0-i\epsilon}\right)=2\pi i\frac{\varphi^{(n-1)}(z_0)}{(n-1)!}.$$

（第18話の117頁の「続々々名大多元積分」より式番号も継承しての「**続々々々名大多元積分**」）

(iv)の解答　任意の ϵ に対して，(ii)の R を取ると，$a>R$ に対して，

$$|\int_0^u(G(t)-G_a(t)dt|\leq\int_0^u|G(t)-G_a(t)|dt<\int_0^u\epsilon dt=u\epsilon\leq\epsilon. \qquad (16)$$

(v)の解答　(ii)の解答(14)は $a\to\infty$ の時の収束，$G_a(t)\to G(t)$ が $[0,1]$ にて t に付いて一様である事を意味し，第3辺の積分記号の中の極限は，第4辺の様に，積分記号の外に出せる．

（第23話の156頁の「続々々々々名大多元積分」に続く）

第22話

完　全　列

問題 1　アーベル加群の可換図式

$$\begin{array}{ccccccccccc} & & & & & & 0 & & & & \\ & & & & & & \downarrow & & & & \\ 0 & \longrightarrow & A_1 & \xrightarrow{\alpha_1} & A_2 & \xrightarrow{\alpha_2} & A_3 & \xrightarrow{\alpha_3} & A_4 & \longrightarrow & 0 \\ & & \downarrow{\scriptstyle i_1} & & \downarrow{\scriptstyle i_2} & & \downarrow{\scriptstyle i_3} & & \downarrow{\scriptstyle i_4} & & \\ 0 & \longrightarrow & B_1 & \xrightarrow{\beta_1} & B_2 & \xrightarrow{\beta_2} & B_3 & \xrightarrow{\beta_3} & B_4 & \longrightarrow & 0 \\ & & \downarrow{\scriptstyle j_1} & & \downarrow{\scriptstyle j_2} & & \downarrow{\scriptstyle j_3} & & \downarrow{\scriptstyle j_4} & & \\ 0 & \longrightarrow & C_1 & \xrightarrow{\gamma_1} & C_2 & \xrightarrow{\gamma_2} & C_3 & \xrightarrow{\gamma_3} & C_4 & \longrightarrow & 0 \\ & & & & \downarrow & & & & & & \\ & & & & 0 & & & & & & \end{array} \tag{1}$$

が与えられ，縦横の列はすべて完全列ですするとする．このとき，準同型 $\partial\colon C_1 \to A_4$ を適当に定義して

$$B_1 \xrightarrow{j_1} C_1 \xrightarrow{\partial} A_4 \xrightarrow{i_4} B_4 \tag{2}$$

が完全列であるようにせよ．

(大阪市立大学大学院入試)

今回の主題は**完全列**である．**ホモロジー代数**の第一章であり，代数幾何，微分幾何，多変数関数論や偏微分方程式論等の解析学，云い換えれば，純粋数学の全ゆる分野に応用される．今回，予備知識は何も要らないが更に詳しく学びたい読者は，拙著「新修線形代数」(現代数学社）の8章も参照されたい．

加群　集合 G があり，G の任意の二元 x, y に対して，何らかの方法で和 $x+y$ が定義さ

れ，次の公理が満される時，Gを加法群，**アーベル群**，又は，本問の様に丁寧にアーベル加群と云う．

(G1)　$(x+y)+z=x+(y+z)$　$(x, y, z\in G)$.

(G2)　任意の $x, y\in G$ に対して，$x+z=y$ を満す $z\in G$ が一意的に存在する．この z を $z=y-x$ と書く．

(G3)　$x+y=y+x$　$(x, y\in G)$.

準同型対応　群 G から群 H への写像 $\varphi\colon G\to H$ は

$$\varphi(x+y)=\varphi(x)+\varphi(y) \tag{3}$$

を満し，加法の演算を保存する時，準同型対応と云う．

$$\mathrm{Ker}\,\varphi=\{x\in G;\ \varphi(x)=0\},\ \mathrm{Im}\,\varphi=\{\varphi(x);\ x\in G\} \tag{4}$$

で定義される G の部分群 $\mathrm{Ker}\,\varphi$ を φ の**核**，H の部分群 $\mathrm{Im}\,\varphi$ を φ の**像**と云う．ただし，0は零元を表す．

完全列　必らずしも可換でなくてもよい群とその間の準同型対応の有限個，又は，無限個の列

$$\cdots\longrightarrow G_{i-2}\xrightarrow{\varphi_{i-2}}G_{i-1}\xrightarrow{\varphi_{i-1}}G_i\xrightarrow{\varphi_i}G_{i+1}\xrightarrow{\varphi_{i+1}}G_{i+2}\longrightarrow\cdots \tag{5}$$

が与えられ，

$$\mathrm{Im}\,\varphi_{i-1}=\mathrm{Ker}\,\varphi_i \tag{6}$$

が成立する時，列 (5) は G_i で**完全**であると云う．列に記された全ての群での完全な列 (5) を，単に，**完全列**と云う．

例えば，本問の第1行の列

$$0\longrightarrow A_1\xrightarrow{\alpha_1}A_2\xrightarrow{\alpha_2}A_3\xrightarrow{\alpha_3}A_4\longrightarrow 0 \tag{7}$$

が A_1 で完全であるとは $0\to A_1$ の像である A_1 の零元のみから成る集合0が $A_1\xrightarrow{\alpha_1}A_2$ の核 $\mathrm{Ker}\,\alpha_1$ に等しく

$$\mathrm{Ker}\,\alpha_1=0,\ \text{即ち，}\alpha_1\ \text{は単射} \tag{8}$$

である事を意味する．又，A_4 で完全であるとは，$A_3\xrightarrow{\alpha_3}A_4$ の像 $\mathrm{Im}\,\alpha_3$ が $A_4\to 0$ の核 A_4 に等しく

$$\mathrm{Im}\,\alpha_3=A_4,\ \text{即ち，}\alpha_3\ \text{は全射} \tag{9}$$

が成立する事を意味する．(7) が完全列である事は (8),(9) の他に， $\mathrm{Im}\,\alpha_1=\mathrm{Ker}\,\alpha_2$, $\mathrm{Im}\,\alpha_2=\mathrm{Ker}\,\alpha_3$ も成立する事を意味する．

一般に，完全列 (5) に対して，$\mathrm{Im}\,\varphi_{i-1}=\mathrm{Ker}\,\varphi_i$ が成立しているから，φ_{i-1} の像に φ_i を作用させると 0 に写る．云いかえれば，φ_{i-1} に続けて φ_i を作用させると 0 であり，

$$\varphi_i\varphi_{i-1}(x)=0 \quad (x\in G_{i-1}) \tag{10}$$

が成立する．

可換図式 平面的な図式 (1) が**可換**であるとは，その中の任意の長方形，例えば，

$$\begin{array}{ccc} A_1 & \xrightarrow{\alpha_1} & A_2 \\ \downarrow{\scriptstyle i_1} & & \downarrow{\scriptstyle i_2} \\ B_1 & \xrightarrow{\beta_1} & B_2 \end{array} \tag{11}$$

にて，A_1 から B_2 に向う二通りの合成写像 $\beta_1 i_1$ と $i_2\alpha_1$ が等しく，$\beta_1 i_1=i_2\alpha_1$ が成立する事を意味する．図式(11)が式 $\beta_1 i_1=i_2\alpha_1$ に比べると，紙面を沢山費すが，事態を理解させる上では，紙面の消費を補って余りがある．

問題 1 の解答 （ア） **写像 ∂ の作り方** 写像 $\partial: C_1\to A_4$ を定義するには，先ず，C_1の任意の元 $c_1\in C_1$ の行き先 ∂c_1 を A_4 の中に見繕わねばなるまい．図式 (1) では直ちに矢印を逆行して A_4 に辿り着く訳には行かないので，step by step 着実に A_4に向って前進しよう．(1) の左下の C_1 から右上の A_4 に向うのを旨とし，右へ右へ，上へ上へと指向しよう．

さて，任意の $c_1\in C_1$ を取り，一応固定する．欧文の文章であれば，これから先は c_1 に定冠詞を付ける．図式にて合目的的に進むには γ_1 を作用させて一路右に寄せるしかなく，$\gamma_1c_1\in C_2$. ここで縦の列

$$A_2 \xrightarrow{i_2} B_2 \xrightarrow{j_2} C_2 \longrightarrow 0 \tag{12}$$

が C_2 で完全であるから，(9) で見た様に，j_2 が全射である事に気付き，$\gamma_1c_1\in C_2$ に対して，$b_2\in B_2$ があって，$j_2b_2=\gamma_1c_1$ が成立する事に気付く事が，最初の鍵であり，c_1 から出発して

$$\begin{array}{ccc} & & b_2 \\ & & \downarrow{\scriptstyle j_2} \\ c_1 & \xrightarrow{\gamma_1} & \gamma_1c_1 \end{array} \tag{13}$$

と，c_1 を一路右に寄せ，更に一路上に上げる事が出来た．これは二歩前進であり，これ

を教訓とし，この操作を続けよう．

写像 β_2 により b_2 を更に一路右に写して，$\beta_2 b_2 \in B_3$. 上の教訓に従い，柳の下の二匹目のどじょうを狙い，今度は $\beta_2 b_2$ を上に上げたい．その準備として，j_3 により下げると $j_3\beta_2 b_2 \in C_3$. ここで，図式

$$\begin{array}{ccc} B_2 & \xrightarrow{\beta_2} & B_3 \\ \downarrow{\scriptstyle j_2} & & \downarrow{\scriptstyle j_3} \\ C_2 & \xrightarrow{\gamma_2} & C_3 \end{array} \tag{14}$$

の可換性，$\gamma_2 j_2 = j_3\beta_2$ に気付く所が，一つのポイントであり，$j_3\beta_2 b_2 = \gamma_2 j_2 b_2$. 所で，$b_2$ の定め方より，$j_2 b_2 = \gamma_1 c_1$ であったから，$j_3\beta_2 b_2 = \gamma_2\gamma_1 c_1$. $\gamma_2\gamma_1$ とガンマが並んだので，図式

$$0 \longrightarrow C_1 \xrightarrow{\gamma_1} C_2 \xrightarrow{\gamma_2} C_3 \xrightarrow{\gamma_3} C_4 \tag{15}$$

の完全性がもたらす公式 (10) のもたらす，$\gamma_2\gamma_1 c_1 = 0$ に注目し，$j_3\beta_2 b_2 = 0$. かくして，$\beta_2 b_2 \in \mathrm{Ker}\, j_3$ を得た．今後は縦の列

$$0 \longrightarrow A_3 \xrightarrow{i_3} B_3 \xrightarrow{j_3} C_3 \tag{16}$$

の B_3 における完全性，核＝像の $\mathrm{Im}\, i_3 = \mathrm{Ker}\, j_3$ に注目する事も要点であり，$\beta_2 b_2 \in \mathrm{Ker}\, j_3 = \mathrm{Im}\, i_3$, 即ち，$a_3 \in A_3$ があり，$i_3 a_3 = \beta_2 b_2$. この a_3 に α_3 を作用させると，$\alpha_3 a_3 \in A_4$ を得る．

かくして，$c_1 \in C_1$ から出発して，経路

$$\begin{array}{ccccc} & & & & a_3 \xrightarrow{\alpha_3} \alpha_3 a_3 \in A_4 \\ & & & & \downarrow{\scriptstyle i_3} \\ & & b_2 & \xrightarrow{\beta_2} & \beta_2 b_2 \\ & & \downarrow{\scriptstyle j_2} & & \\ C_1 \ni c_1 & \xrightarrow{\gamma_1} & \gamma_1 c_1 & & \end{array} \tag{17}$$

を辿り，はるばると矢印を順行又は逆行し，A_4 の元 $\alpha_3 a_3$ に行き着いた．そこで，

$$\partial c_1 = \alpha_3 a_3 \tag{18}$$

と置こう．

（イ） **写像 ∂ が旨く定義出来る事**　(17), (18) により写像 ∂ が定義出来たと即断しては不合格である．$\alpha_3 a_3$ の値が図(17)の b_2 や a_3 の取り方に無関係に旨く定義出来 well-defined, bien défini, wohl definiert　である事を示さねばならない．他の $b_2' \in B_2$ と $a_3' \in A_3$ が $j_2 b_2'$

$=\gamma_1c_1$, $\beta_2b_2'=i_3a_3'$ を満すとしよう．先ず，$j_2b_2'=\gamma_1c_1=j_2b_2$ より，$j_2(b_2'-b_2)=0$，即ち，$b_2'-b_2\in\mathrm{Ker}\,j_2$. 縦の列(12)の完全性である核＝像の $\mathrm{Ker}\,j_2=\mathrm{Im}\,i_2$ より，$b_2'-b_2\in\mathrm{Im}\,i_2$ であり，$a_2\in A_2$ があって，$b_2'-b_2=i_2a_2$. 次に，$\beta_2b_2'=i_3a_3'$ なる条件を用いるべく，$b_2'=b_2+i_2a_2$ の両辺に準同型対応 β_2 を作用させて，$\beta_2b_2'=\beta_2(b_2+i_2a_2)=\beta_2b_2+\beta_2i_2a_2$. ここで，図式

$$\begin{array}{ccc} A_2 & \xrightarrow{\alpha_2} & A_3 \\ \downarrow{\scriptstyle i_2} & & \downarrow{\scriptstyle i_3} \\ B_2 & \xrightarrow{\beta_2} & B_3 \end{array} \tag{19}$$

の可換性に気付けば，$\beta_2i_2=i_3\alpha_2$. 従って，$i_3a_3'=\beta_2b_2'=\beta_2b_2+\beta_2i_2a_2=\beta_2b_2+i_3\alpha_2a_2$ より $\beta_2b_2=i_3(a_3'-\alpha_2a_2)$. 一方 a_3 の取り方より $\beta_2b_2=i_3a_3$. 従って，$i_3a_3=i_3(a_3'-\alpha_2a_2)$. ところが縦の列 (16) は A_3 で完全であるから，(8) で述べた様に i_3 は単射であり，$a_3=a_3'-\alpha_2a_2$. $a_3'=a_3+\alpha_2a_2$ の両辺に準同型対応 α_3 を作用させると $\alpha_3a_3'=\alpha_3(a_3+\alpha_2a_2)=\alpha_3a_3+\alpha_3\alpha_2a_2$. アルファが二つ並んだので，条件反射の様に，横の列

$$0 \longrightarrow A_1 \xrightarrow{\alpha_1} A_2 \xrightarrow{\alpha_2} A_3 \xrightarrow{\alpha_3} A_4 \tag{20}$$

の完全性を想起し，公式(10)を適用すると，$\alpha_3\alpha_2a_2=0$. かくして，$\alpha_3a_3'=\alpha_3a_3$ が成立し，(18) の $\partial c_1=\alpha_3a_3$ は(17)を満す b_2, a_3 の取り方には無関係である事を識る．

（ウ） **写像 ∂ の準同型性** 二つの $c_1^{(1)}, c_1^{(2)}\in C_1$ に対して，$b_2^{(1)}, b_2^{(2)}\in B_2$ と $a_3^{(1)}$, $a_3^{(2)}\in A_3$ に (17) が成立し，$\gamma_1c_1^{(i)}=j_2b_2^{(i)}$, $\beta_2b_2^{(i)}=i_3a_3^{(i)}$ $(i=1, 2)$ なる様に取る．$\gamma_1, j_2, \beta_2, i_3$ は準同型であるから，

$$\begin{aligned}\gamma_1(c_1^{(1)}+c_1^{(2)})&=\gamma_1c_1^{(1)}+\gamma_1c_1^{(2)}=j_2b_2^{(1)}+j_2b_2^{(2)},\\ \beta_2(b_2^{(1)}+b_2^{(2)})&=\beta_2b_2^{(1)}+\beta_2b_2^{(2)}=i_3a_3^{(1)}+i_3a_3^{(2)}\\ &=i_3(a_3^{(1)}+a_3^{(2)})\end{aligned}$$

が成立し

$$\begin{aligned}\partial(c_1^{(1)}+c_1^{(2)})&=\alpha_3(a_3^{(1)}+a_3^{(2)})=\alpha_3a_3^{(1)}+\alpha_3a_3^{(2)}\\ &=\partial c_1^{(1)}+\partial c_1^{(2)}\end{aligned}$$

を得，∂ は準同型である．

以上により，準同型対応 $\partial: C_1\to A_4$ が得られたので，列 (2) の完全性，即ち，二つの等式，$\mathrm{Im}\,j_1=\mathrm{Ker}\,\partial$, $\mathrm{Im}\,\partial=\mathrm{Ker}\,i_4$ を示そう．等式を示すのに，二つの不等式を示すのは常用手段であり，4 個の不等式を次に示そう．

（エ） **$\mathrm{Im}\, j_1 \subset \mathrm{Ker}\, \partial$ の証明**　任意の $b_1 \in B_1$ に対して，$c_1 = j_1 b_1 \in C_1$ とおく．可換性より，$\gamma_1 c_1 = \gamma_1 j_1 b_1 = j_2(\beta_1 b_1)$ が成立し，この c_1 に対する図式(17)での b_2 が，$b_2 = \beta_1 b_1$ に当る．完全性より $\beta_2 b_2 = \beta_2 \beta_1 b_1 = 0$ が成立するので，$i_3 0 = 0 = \beta_2 b_2$ を考慮に入れると，(17)，(18)による ∂ の定義より，$\partial(j_1 b_1) = \partial c_1 = \alpha_3 0 = 0$．かくして，$\mathrm{Im}\, j_1 \subset \mathrm{Ker}\, \partial$．

（オ） **$\mathrm{Ker}\, \partial \subset \mathrm{Im}\, j_1$ の証明**　任意の $c_1 \in \mathrm{Ker}\, \partial$ に対して，$c_1 \in C_1$, $\partial c_1 = 0$．つまり，$b_2 \in B_2$ と $a_3 \in A_3$ があって，$\gamma_1 c_1 = j_2 b_2$, $\beta_2 b_2 = i_3 a_3$, $\alpha_3 a_3 = \partial c_1 = 0$．ここで横の列(20)の A_3 における完全性を考慮に入れると，公式(9)より，$a_2 \in A_2$ があって，$\alpha_2 a_2 = a_3$．可換性より，$\beta_2 i_2 a_2 = i_3 \alpha_2 a_2 = i_3 a_3 = \beta_2 b_2$，即ち，$\beta_2(b_2 - i_2 a_2) = 0$ が成立し，$b_2 - i_2 a_2 \in \mathrm{Ker} \beta_2$．ここで横の列

$$0 \longrightarrow B_1 \xrightarrow{\beta_1} B_2 \xrightarrow{\beta_2} B_3 \xrightarrow{\beta_3} B_4 \longrightarrow 0 \tag{21}$$

の B_2 における完全性より，$b_2 - i_2 a_2 \in \mathrm{Ker}\, \beta_2 = \mathrm{Im}\, \beta_1$，即ち，$b_1 \in B_1$ があって，$b_2 - i_2 a_2 = \beta_1 b_1$．この時，$j_2 \beta_1 b_1 = j_2(b_2 - i_2 a_2) = j_2 b_2 - j_2 i_2 a_2$．ここで，縦の列(12)の完全性に注意すると，公式(10)より $j_2 i_2 a_2 = 0$．故に $j_2 \beta_1 b_1 = j_2 b_2$．よって，$\gamma_1(c_1 - j_1 b_1) = \gamma_1 c_1 - \gamma_1 j_1 b_1 = \gamma_1 c_1 - j_2 \beta_1 b_1 = j_2 b_2 - j_2 b_2 = 0$, $c_1 - j_1 b_1 \in \mathrm{Ker}\, \gamma_1$．列(15)の C_1 における完全性を考慮に入れると，公式(8)より $c_1 - j_1 b_1 = 0$，即ち，$c_1 = j_1 b_1 \in \mathrm{Im}\, j_1$．かくして，$\mathrm{Ker}\, \partial \subset \mathrm{Im}\, j_1$ が示された．

（カ） **$\mathrm{Im}\, \partial \subset \mathrm{Ker}\, i_4$ の証明**　任意の $a_4 \in \mathrm{Im}\, \partial$ を取ると，$c_1 \in C_1$, $b_2 \in B_2$, $a_3 \in A_3$ があって，$\gamma_1 c_1 = j_2 b_2$, $\beta_2 b_2 = i_3 a_3$, $a_4 = \alpha_3 a_3$．この時，$i_4 a_4 = i_4 \alpha_3 a_3 = \beta_3 i_3 a_3 = \beta_3 \beta_2 b_2$．横の列(21)の完全性に注目すると，公式(10)より，$i_4 a_4 = 0$，即ち，$a_4 \in \mathrm{Ker}\, i_4$ が成立し，$\mathrm{Im}\, \partial \subset \mathrm{Ker}\, i_4$ が示された．

（キ） **$\mathrm{Ker}\, i_4 \subset \mathrm{Im}\, \partial$ の証明**　最後に，任意の $a_4 \in \mathrm{Ker}\, i_4$ に対して，横の列(7)の A_4 における完全性を考慮に入れると，公式(9)より，$a_3 \in A_3$ があって，$a_4 = \alpha_3 a_3$．可換性より，$\beta_3 i_3 a_3 = i_4 \alpha_3 a_3 = i_4 a_4 = 0$，即ち，$i_3 a_3 \in \mathrm{Ker}\, \beta_3$．横の列(21)の B_3 における完全性より，$i_3 a_3 \in \mathrm{Ker}\, \beta_3 = \mathrm{Im}\, \beta_2$，即ち，$b_2 \in \beta_2$ があって，$\beta_2 b_2 = i_3 a_3$．この時，$\gamma_2 j_2 b_2 = j_3 \beta_2 b_2 = j_3 i_3 a_3$ であるが，縦の列(16)の完全性を考慮に入れると，$j_3 i_3 a_3 = 0$．$j_2 b_2 \in \mathrm{Ker}\, \gamma_2$ なので，横の列(15)の C_2 における完全性より，$c_1 \in C_1$ があって，$\gamma_1 c_1 = j_2 b_2$．この $c_1 \in C_1$ と $b_2 \in B_2$, $a_3 \in A_3$, $a_4 \in A_4$ に対しては図(17)が成立し，(18)より $a_4 = \partial c_1$，即ち，$a_4 \in \mathrm{Im}\, \partial$．かくして，最後の $\mathrm{Ker}\, i_4 \subset \mathrm{Im}\, \partial$ が示され，本問の解答を終る．

問題 2　群とその準同型の作る可換な diagram

$$\begin{array}{ccccc} G & \xrightarrow{\varphi} & H & \xrightarrow{\psi} & K \\ \downarrow{\scriptstyle\alpha} & & \downarrow{\scriptstyle\beta} & & \downarrow{\scriptstyle\gamma} \\ G' & \xrightarrow[\varphi']{} & H' & \xrightarrow[\psi']{} & K' \end{array} \tag{22}$$

において，$\mathrm{Im}(\varphi)=\mathrm{Ker}(\psi), \mathrm{Im}(\varphi')=\mathrm{Ker}(\psi')$ とする．その時，剰余群に関する下記の同型対応が成り立つ事を証明せよ．

$$\frac{\mathrm{Im}(\beta)\cap\mathrm{Im}(\varphi')}{\mathrm{Im}(\beta\circ\varphi)}\cong\frac{\mathrm{Ker}(\gamma\circ\psi)}{\mathrm{Ker}(\beta)\cdot\mathrm{Ker}(\psi)} \tag{23}$$

（東京大学大学院入試）

類別　群 G を群，H をその部分群 H とする．G の二元 x, y は，H の元 u が存在して，$xu=y$（又は $ux=y$）が成立する時，H を法として**右合同**（又は **左合同**）であると言い，$x\sim y\,(\mathrm{mod}H_r)$（又は $x\sim y\,(\mathrm{mod}H_\ell)$）と記す．右（又は左）合同は同値率である．右（又は左）剰余類の全体集合 $\{xH\,;\,x\in G\}$（又は $\{Hx\,;\,x\in G\}$）を G の**類別**と言う．

正規部分群　G を群，H をその部分群とする．任意の元 $x\in G$ に対する左右の剰余類 $xH=Hx$ が等しい時，H を G の**正規部分群**と言う．この時，剰余類全体の集合 $\{xH\,;\,x\in G\}$ は演算 $(xH)(yH)=(xy)H$ により群を為す．これを G の正規部分群による**商群**と言い，G/N と表す．

問題 2 の解答　任意の $z\in\mathrm{Im}(\beta\circ\varphi)$ に対して，$x\in G$ があって，$z=\beta(\varphi(x))$．図式(1)の可換性 $\beta\circ\varphi=\alpha\circ\varphi'$ より，$z=\beta(\varphi(x))=\varphi'(\alpha(x))\in\mathrm{Im}\varphi'$ で，$\mathrm{Im}(\beta\circ\varphi)\subset\mathrm{Im}\beta\cap\mathrm{Im}\varphi'$．

(i)　$\mathrm{Im}(\beta\circ\varphi)$ は $\mathrm{Im}\beta\cap\mathrm{Im}\varphi'$ の**正規部分群である事**．任意の $z\in\mathrm{Im}\beta\cap\mathrm{Im}\varphi'$ に対して，$x\in H, y\in G$ があって，$z=\beta(x)=\varphi'(y)$．又，任意の $u\in\mathrm{Im}(\beta\circ\varphi)$ に対して，$v\in G$ があって，$u=\beta(\varphi(v))=\varphi'(\alpha(v))$ で，$zu=\beta(x)\beta(\varphi(v))=\beta(x\varphi(v))$．条件 $\mathrm{Im}(\varphi)=\mathrm{Ker}(\psi)$ の右辺の核，従って，$\mathrm{Im}(\varphi)$ も H の正規部分群である．従って，$\mathrm{xIm}\varphi=(\mathrm{Im}\varphi)x$．即ち，$v$ とは別の $v'\in G$ があり，$x\varphi(v)=\varphi(v')x$．これより，$zu=\beta(x\varphi(v))=\beta(\varphi(v')x)=(\beta\circ\varphi)(v')\beta(x)=(\beta\circ\varphi)(v')z\in\mathrm{Im}\beta\circ\varphi z$．この様に，$z\mathrm{Im}(\beta\circ\varphi)=\mathrm{Im}(\beta\circ\varphi)z$ が示されるので，$\mathrm{Im}(\beta\circ\varphi)$ は $\mathrm{Im}\beta\cap\mathrm{Im}\varphi'$ の正規部分群である．

(ii)　$\mathrm{Ker}(\beta)\cdot\mathrm{Ker}(\psi)$ は $\mathrm{Ker}(\gamma\circ\psi)$ の**正規部分群である事**．核 $\mathrm{Ker}(\beta)$ と $\mathrm{Ker}(\psi)$ は H の正規部分群である．任意の $z\in\mathrm{Ker}(\beta)\cdot\mathrm{Ker}(\psi)$ に対して，$x, y\in H$ があって，$z=xy, \beta(x)$ と $\psi(y)$ は夫々 H' と K の単位元 e である．可換性 $\gamma\circ\psi=\psi'\circ\beta$ より，$(\gamma\circ\psi)(z)=\gamma(\psi(x))\gamma(\psi(y))=(\gamma\circ\psi)(x)=\psi'(\beta(x))=e$ が成立し，$z\in\ker\gamma\circ\psi$，即ち，$\ker\beta\cdot\ker\psi\subset\ker\gamma\circ\psi$．任意に $z\in\ker\gamma\circ\psi$ を取ると，核 $\ker\beta$ と $\ker\psi$ の正規性より，$z\ker\beta\cdot\ker\psi=\ker\beta z\ker\psi=\ker\beta\cdot\ker\psi z$ が成立し，正規性の証明を終わる．

(i), (ii)より(23)の両辺の商群を定義する事が出来る．任意の$x\in \ker\gamma\circ\psi$に対して，$\mathrm{Ker}(\gamma\circ\psi)$の$\mathrm{Ker}(\beta)\cdot\mathrm{Ker}(\psi)$を法とする剰余類$x\mathrm{Ker}(\beta)\cdot\mathrm{Ker}(\psi)$の像を$\xi(x\mathrm{Ker}(\beta)\cdot\mathrm{Ker}(\psi))=\beta(x)(\mathrm{Im}\beta\circ\varphi)$と，$x$の$\beta$による像の$\mathrm{Im}\beta\circ\varphi$を法とする剰余類を対応させる事により，(23)の逆向きの準同型対応

$$\xi:\mathrm{Ker}(\gamma\circ\psi)/\mathrm{Ker}\beta\cdot\mathrm{Ker}\psi\to\mathrm{Im}\beta\cap\mathrm{Im}\varphi'/\mathrm{Im}(\beta\circ\varphi) \tag{24}$$

を定義する準備として，次の(iii)を証明する．

(iii)　$\beta(\mathrm{Ker}\beta\cdot\mathrm{Ker}\psi)\subset\mathrm{Im}\beta\circ\varphi$．任意の$x\in\mathrm{Ker}\beta\cdot\mathrm{Ker}\psi$に対して，$y\in\mathrm{Ker}\beta, z\in\mathrm{Ker}\psi$があって，$x=yz$．$\beta(x)=\beta(y)\beta(z)=\beta(z)$．条件より，この$z\in\mathrm{Ker}\psi=\mathrm{Im}\varphi$に対して，$u\in G$があって，$z=\varphi(u)$．従って，$\beta(x)=\beta(z)=\beta(\varphi(u))\in\mathrm{Im}\beta\circ\varphi$．

(iii), (iv)より準同型対応ξはwell-defined旨く定義される．

(iv)　**ξが同型対応である事．** $x\in\mathrm{Ker}\beta\cdot\mathrm{Ker}\psi$の像$\xi(x)=\beta(x)(\mathrm{Im}(\beta\circ\psi))$が$\mathrm{Im}\beta\cap\mathrm{Im}\varphi'/\mathrm{Im}(\beta\circ\varphi)$に於ける単位元であれば，$\beta(x)\in\mathrm{Im}(\beta\circ\varphi)$．$v\in G$があって，$\beta(x)=\beta(\varphi(v))$．$u=x\varphi(v^{-1})$と置くと，$\beta(u)=\beta(x)(\beta\varphi(v))^{-1}=e$が成立し，$u\in\mathrm{Ker}\beta$．$x=u\varphi(v)$であるから，$x\in\mathrm{Ker}\beta\cdot\mathrm{Im}\varphi=\mathrm{Ker}\beta\cdot\mathrm{Ker}\psi$．

(v)　**ξが全射である事**　任意の$z\in\mathrm{Im}\beta\cap\mathrm{Im}\varphi'$に対して，$x\in H, y\in G'$があって，$z=\beta(x)=\varphi'(y)$．可換性$\gamma\circ\psi=\psi'\circ\beta$と完全性$\mathrm{Im}\varphi'=\mathrm{Ker}\psi'$より，$\gamma\circ\psi(x)=\psi'\circ\beta(x)=\psi'(\varphi'(x))\in\psi'(\mathrm{Ker}\psi')$．$x\in\mathrm{Ker}\gamma\circ\psi$であって，$z=\beta(x)$であるから，$\xi(x\mathrm{Ker}\beta\cdot\mathrm{Ker}\psi)=\beta(x)\mathrm{Im}\beta\circ\varphi=z\mathrm{Im}\beta\circ\varphi$が成立し，$\xi$は全射である．

(話題23の156頁より，式番号を継承しての「**続九大正規分布**」)

不等式$|f(z)|\leqq e^{-R^2}$と|複素積分|≦周長×被積分関数上界，を用いると，$R\to\infty$の時，

$$\left|\int_{S_r}f(z)\,dz\right|\text{及び}\left|\int_{S_\ell}f(z)\,dz\right|\leq(b-a)e^{-R^2}\leq\frac{b-a}{R^2}\to 0 \tag{20}$$

が成立し，154頁の(17)のCauchyの積分定理にて，$R\to\infty$として，証明終わり，即ち，

$$\int_{-\infty}^{\infty}e^{-(x+ia)^2}dx=\sqrt{\pi}\quad(a\text{ は実数}). \tag{21}$$

第23話

調和性より正則性を導くこと

問題 1　複素関数 $\varphi(z)$ が $\{|z|\leqq 1\}$ において連続で $|\varphi(z)|<M$ とする．$M<|\lambda|<2M$ なる任意の複素数 λ に対して $\log|\varphi(z)-\lambda|$ が $\{|z|\leqq 1\}$ で調和ならば $\varphi(z)$ または $\bar{z}$ について正則であることを証明せよ．　　　　　　　　　　　　　　　　　　　　(富山大学大学院入試)

問題 2　n は 2 以上の整数，R は正の実数，i を虚数単位とし，以下の問に答えよ．

あ．$0\leq\varphi\leq\dfrac{\pi}{2}$ において

$$\sin\varphi\geq\frac{2\varphi}{\pi} \tag{1}$$

であることを示せ．

い．$0\leq\theta\leq\dfrac{\pi}{2n}$ において

$$|\exp(\mathrm{i}R^n\exp(\mathrm{i}n\theta))|\leq\exp\left(-R^n\frac{2n\theta}{\pi}\right) \tag{2}$$

であることを示せ．(この問題文と解答は153頁以降に続く)

(東京大学大学院理学系研究科地球惑星科学専攻)

問題 1 の解答　$M<|w|<2M$ の時，$\Psi(z)=\log|\varphi(z)-w|$ は $|z|\leqq 1$ で調和であるから，実解析的であり，$|\varphi(z)-w|^2=e^{2\psi(z)}$ は C^∞ 級である．$|\varphi(z)-w|^2=(\varphi(z)-w)(\overline{\varphi(z)}-\bar{w})=\varphi(z)\overline{\varphi(z)}-w\overline{\varphi(z)}-\bar{w}\varphi(z)+w\bar{w}=|\varphi(z)|^2-w\overline{\varphi(z)}-\bar{w}\varphi(z)+|w|^2$ が成立しているから，$M<|\omega|<2M$ の時，$|z|\leqq 1$ で

$$\Psi(z,w)=|\varphi(z)|^2-w\overline{\varphi(z)}-\bar{w}\varphi(z) \tag{3}$$

は C^∞ 級である．都合よく

$$\frac{1}{2}(\Psi(z,\,-w)-\Psi(z,\,w))$$
$$=\frac{1}{2}(|\varphi(z)|^2+w\overline{\varphi(z)}+\bar{w}\varphi(z)-|\varphi(z)|^2+w\overline{\varphi(z)}+\bar{w}\varphi(z))=w\overline{\varphi(z)}+\bar{w}\varphi(z) \qquad (4)$$

が成立するから，$w\overline{\varphi(z)}+\bar{w}\varphi(z)$ も，$M<|w|<2M$ の時，$|z|\leqq 1$ で C^∞ 級である．特に $w=r,\ M<r<2M$ に対して，$w\overline{\varphi(z)}+\bar{w}\varphi(z)=r(\overline{\varphi(z)}+\varphi(z))$，従って，$\varphi(z)+\overline{\varphi(z)}$ は $|z|\leqq 1$ で C^∞ 級である．又，$w=ir$ に対して，$w\overline{\varphi(z)}+\bar{w}\varphi(z)=ir(\overline{\varphi(z)}-\varphi(z))$，従って，$\overline{\varphi(z)}-\varphi(z)$ は $|z|\leqq 1$ で C^∞ 級である．かくして，

$$\varphi(z)=\frac{(\overline{\varphi(z)}+\varphi(z))-(\overline{\varphi(z)}-\varphi(z))}{2},\quad \overline{\varphi(z)}=\frac{(\overline{\varphi(z)}+\varphi(z))+(\overline{\varphi(z)}-\varphi(z))}{2}$$

は共に $|z|\leqq 1$ で C^∞ 級である．ここで，定義

$$z=x+iy,\quad \bar{z}=x-iy, \qquad (5)$$

$$\frac{\partial}{\partial z}=\frac{1}{2}\left(\frac{\partial}{\partial x}+\frac{1}{i}\frac{\partial}{\partial y}\right),\quad \frac{\partial}{\partial \bar{z}}=\frac{1}{2}\left(\frac{\partial}{\partial x}-\frac{1}{i}\frac{\partial}{\partial y}\right) \qquad (6)$$

及び公式

$$\Delta=\frac{\partial^2}{\partial x^2}+\frac{\partial^2}{\partial y^2}=4\frac{\partial}{\partial z\partial \bar{z}} \qquad (7)$$

を想起しよう．φ と $\bar{\varphi}$ が C^∞ 級である事を示したので，φ,φ を $z,\bar{z}$ で公式 (7) を用いて偏微分する事が出来る．一方，関数 $2\log|\varphi(z)-w|=\log|\varphi(z)-w|^2=\log(\varphi(z)-w)(\overline{\varphi(z)}-\bar{w})$ が **調和** とは，ラプラスの方程式，

$$\frac{1}{4}\Delta^2\log|\varphi(z)-w|=\frac{\partial^2}{\partial z\partial\bar{z}}\log(\varphi(z)-w)(\overline{\varphi(z)}-\bar{w})=0 \qquad (8)$$

が成立する事を意味する．(8)の真中の辺を偏微分し

$$0=\frac{\partial^2}{\partial z\partial\bar{z}}\log(\varphi(z)-w)(\overline{\varphi(z)}-\bar{w})$$
$$=\frac{1}{\varphi(z)-w}\frac{\partial^2\varphi}{\partial z\partial\bar{z}}-\frac{1}{(\varphi(z)-w)^2}\frac{\partial\varphi}{\partial z}\frac{\partial\varphi}{\partial\bar{z}}+\frac{1}{\overline{\varphi(z)}-\bar{w}}\frac{\partial^2\bar{\varphi}}{\partial z\partial\bar{z}}-\frac{1}{(\overline{\varphi(z)}-\bar{w})^2}\frac{\partial\bar{\varphi}}{\partial z}\cdot\frac{\partial\bar{\varphi}}{\partial\bar{z}}$$
$$(9)$$

が $M<|w|<2M$ を満す全ての w に対して，$|z|\leqq 1$ で成立している．(9) の両辺に $(\varphi(z)-w)^2(\varphi(z)-\bar{w})^2$ を掛け，$w,\bar{w}$ で整理すると，w の任意性より

$$\frac{\partial^2 \varphi}{\partial z \partial \bar{z}}=0 \qquad (10), \qquad \frac{\partial \varphi}{\partial z}\frac{\partial \varphi}{\partial \bar{z}}=0 \qquad (11)$$

を得る．公式 (7) より，(10)はラプラスの方程式に他ならないから，先ず φ は調和である．(11)より $\frac{\partial \varphi}{\partial \bar{z}}=0$ 又は $\frac{\partial \varphi}{\partial z}=0$. $\frac{\partial \varphi}{\partial \bar{z}}=0$ は (6) より，コーシー－リーマンの偏微分方程式に他ならぬから，この時 C^∞ 級の φ は正則である．$\zeta=\bar{z}$ に対して，$\frac{\partial \varphi}{\partial z}=0$ は，$\frac{\partial \varphi}{\partial \bar{\zeta}}=0$ を与えるので，φ は $\zeta=\bar{z}$ に関して正則である．φ は z 又は $\bar{z}$ の正則関数である．

問題 1 の応用として，多変数関数論で有名な

Hartogs の定理　Ω を C^n の領域，$\varphi(z)$ を Ω 上の複素数値関数で，$z\in\Omega$ の時，$|\varphi(z)|<R$ で，しかも，$U-\Gamma$ で正則な関数 $f(z)$ があって，Γ で正則でないとする．ただし $U=\{(z, w)\in C^{n+1};\ z\in\Omega,\ |w|<R\}$, $\Gamma=\{(z, w)\in U;\ \varphi(z)=w\}$. この時，$\varphi(z)$ は Ω で正則である．

を証明する事が出来る．薄い特異点の集合は正則関数の零集合，即ち，解析集合である．

（151頁の**東大地惑の問題 2** に続く）

う．実積分

$$A_n=\int_0^\infty \exp(-x^n)\,\mathrm{d}x \tag{12}$$

を用いて，複素定積分

$$S_n=\int_0^\infty \exp(\mathrm{i}x^n)\,\mathrm{d}x \tag{13}$$

は

$$S_n=\exp\left(\mathrm{i}\frac{\pi}{2n}\right)A_n \tag{14}$$

と表されることを示せ．

ヒント：次頁の図の積分路 C に沿った複素積分

$$I_n=\int_C \exp(\mathrm{i}z^n)\,\mathrm{d}z \tag{15}$$

を考え，問(い)の結果を用いて，$R\to\infty$ の極限を考察せよ．

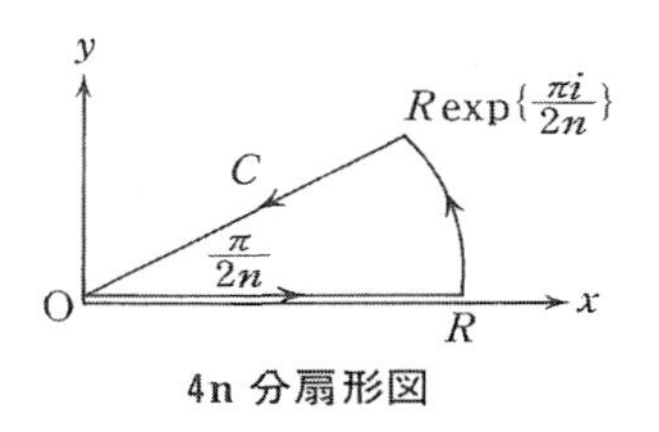

4n 分扇形図

（東京大学大学院理学系研究科地球惑星科学専攻）

問題 2 の解答　あ　(1)式右辺の φ を左辺に移項し，関数

$$p(\varphi)=\frac{\sin\varphi}{\varphi},\qquad p'(\varphi)=\frac{\varphi\cos\varphi-\sin\varphi}{\varphi^2}=\cos\varphi\frac{\varphi-\tan\varphi}{\varphi^2}\tag{16}$$

を導入し，導関数右辺分子を又，微分すると，$0<\varphi<\pi/2$ において，$(\varphi-\tan\varphi)'=1-\sec^2\varphi<0$ であるから，関数 $\varphi-\tan\varphi$ は単調減少であり，左端点にて値 0 を取るから，$\varphi-\tan\varphi<0$．すると，関数 $p(\varphi)$ も $0<\varphi<\pi/2$ において，単調減少で，今度は右端点にて，値 $2/\pi$ を取るから，$p(\varphi)>p(\pi/2)=2/\pi$．$\varphi$ を左辺に戻し，不等式(1)を得る．

い　ここで，**Euler オイラーの公式** $e^{iz}=\cos z+i\sin z$ を想起，指数の法則 $e^{x+iy}=e^xe^{iy}$ と，オイラーの公式が導く $|e^{iy}|=1$ より，$|e^{x+iy}|=e^x$，即ち，複素変数指数関数の絶対値は，実部の指数関数であり，$iR^ne^{in\theta}=iR^n(\cos n\theta+i\sin n\theta)$ の実部は $-R^n\sin n\theta$ であるから，(あ)の(1)に $\varphi=n\theta$ を代入し，(2)を得る．

う．拙著「改訂増補　新修解析学」89頁で学んだ

Cauchy の積分定理． D を，複素変数 z の平面 C の，区分的に滑らかな閉曲線で囲まれる領域，$f(z)$ を D の閉包 $\bar{D}$ の近傍で正則な関数とすると，

$$\int_{\partial D}f(z)\,dz=0\tag{17}$$

の実積分への応用が今回のメインテーマであり，正則関数として $f(z):=e^{iz^n}$，区分的に滑らかな閉曲線として，4n 分扇形図の扇形を構成する積分路 C に対して，Cauchy の積分定理を適用する：

4n 分扇形図の実軸上の線分 $\gamma_1: z=x\ (0\leq x\leq R)$ に沿っての $f(z)$ の積分こそ，実変数 x の複素数値関数 $f(x)$ の積分 S_n である．$z=R$ から $z=R\exp\left(\frac{\pi i}{2n}\right)$ 迄の円弧 γ_2 を z の偏角 θ により助変数表示すると $z=R\exp(i\theta)\ (0\leq\theta\leq\frac{\pi}{2n})$，$dz=iR\exp(i\theta)$

$d\theta$ であるから，この円弧に沿っての複素積分は，

$$\int_{\gamma_2} f(z)\,dz = \int_0^{\frac{\pi}{2n}} \exp(iR^n \exp(in\theta))\, iR\exp(i\theta)\,d\theta \tag{18}$$

であり，布石された不等式(2)により，θ に関する積分(18)の被積分関数は不等式

$$|\exp(iR^n\exp(in\theta))\,iR\exp(i\theta)| \leq R\exp(iR^n\exp(in\theta))| \leq R\exp\left(-R^n\frac{2n\theta}{\pi}\right) \tag{19}$$

により評価されているので，$R\to\infty$ の時，

$$|\int_{\gamma_2} f(z)\,dz| \leq \int_0^{\frac{\pi}{2n}} R\exp\left(-R^n\frac{2n\theta}{\pi}\right)d\theta = \frac{\pi R}{-2nR^n}\exp\left(-R^n\frac{2n\theta}{\pi}\right)\Big|_0^{\frac{\pi}{2n}}$$
$$= \frac{\pi(1-\exp(-R^n))}{2nR^{n-1}} \tag{20}$$

は 0 に収束する．$R\exp\left(\frac{\pi i}{2n}\right)$ から原点迄の線分 γ_3 に沿っての複素積分は，線分 γ_3 の助変数表示が $z=t\exp\left(\frac{\pi i}{2n}\right)$ (t は R から 0 迄) であるから，

$$\int_{\gamma_3} f(z)\,dz = \int_R^0 \exp\left(it^n\exp\left(\frac{\pi i}{2}\right)\right)\exp\left(\frac{\pi i}{2n}\right)dt = -\exp\left(\frac{\pi i}{2n}\right)\int_0^R \exp(-t^n)\,dt. \tag{21}$$

(15)が指示する正則関数 $f(z)=\exp(iz^n)$ に上記 Cauchy の積分定理を適用すると，$\int_{\gamma_1} f(z)\,dz + \int_{\gamma_2} f(z)\,dz + \int_{\gamma_3} f(z)\,dz = 0$ が成立し，$R\to\infty$ の時，分母の $n-1 \geqq 1$ であるから，上の(20)で見た様に，$\int_{\gamma_2} f(z)\,dz \to 0$ であり，(21)に留意すると(14)を得る．

特に，$n=2$ の時，第 4 話問題 1 ；$\int_{-\infty}^{\infty} e^{-x^2} = \sqrt{\pi}$ を勘案すると，

$$\int_0^{\infty} \exp(ix^2)\,dx = \exp\left(i\frac{\pi}{4}\right)\int_0^{\infty} \exp(-x^2)\,dx. \tag{22}$$

Euler の公式 $e^{iz}=\cos z + i\sin z$ より，

$$\int_0^{\infty} \cos(x^2)\,dx + i\int_0^{\infty} \sin(x^2)\,dx = \cos\frac{\pi}{4}\frac{\sqrt{\pi}}{2} + i\sin\frac{\pi}{4}\frac{\sqrt{\pi}}{2} \tag{23}$$

の実部同士と虚部同士を等しいと置き，fantastic な次の積分公式(24)

問題 3

$$\int_0^{\infty} \cos(x^2)\,dx = \int_0^{\infty} \sin(x^2)\,dx = \frac{1}{2}\sqrt{\frac{\pi}{2}} \tag{24}$$

を証明せよ．

(大阪大学大学院工学研究科電気工学専攻，通信工学専攻，電子工学専攻)

の解答を得る．(24)の被積分関数の原始関数は初等関数で表されないが，広義積分はCauchy の積分定理を用いて具体的に求められる所に，関数論の醍醐味（王朝時代．舶来 cheese 美味の表現）がある．

（第21話の142頁の「続々々々名大多元積分より式番号も継承しての「続々々々名大多元積分」）

(6)の第3式を $G_a(t)$ に代入して得る，第5辺の極限移行の前の項は，有界閉区間の直積 $[0,u]\times[0,a]$ 上の連続関数の累次積分であるから，Fubini の定理を適用して得る，第6辺に微分積分学の基本定理を適用すると，

$$\int_0^u G(t)\,dt=\int_0^u \lim_{a\to\infty}G_a(t)\,dt=\lim_{a\to\infty}\Big(\int_0^u G_a(t)\Big)\,dt=$$

$$\lim_{a\to\infty}\Big(\int_0^u\Big(\int_0^a g(x,t)\,dx\Big)dt\Big)=\lim_{a\to\infty}\Big(\int_0^a\Big(\int_0^u\frac{\partial f}{\partial t}(x,t)\,dt\Big)\,dx=$$

$$\lim_{a\to\infty}\Big(\int_0^a\Big(\int_0^u\frac{\partial f}{\partial t}(x,t)\,dt\Big)dx\Big)=\lim_{a\to\infty}\Big(\int_0^a\Big(f(x,u)-f(x,0)\Big)dx=$$

$$\int_0^\infty f(x,u)\,dx-\int_0^\infty f(x,0)\,dx=F(u)-F(0). \tag{17}$$

この名大多元数理の出題は問題3の具体的な関数 $f(x,t)=\mathrm{e}^{-x^2}\cos tx$ に対する case study である．第19話の中心極限定理として追加した問題6も具体的な二項分布に対する中心極限定理の case study である．この case study 性が，両問を通じた名大多元数理院試の出題の特性である．

第4話問題7の解答　閉長方形の四辺，底，右，上，左を助変数が増加する向きに，$s_b: z=x+ia\ (-R\le x\le R)$，$s_r: z=R+it\ (a\le t\le b)$，$s_t: z=x+ib\ (-R\le x\le R)$，$s_\ell: z=-R+it\ (a\le t\le b)$ と表示する．整関数 $f(z)$ を題意の閉長方形の周に沿って複素積分する際，一筆書きに書ける向きを採用すると，第7話41頁の Cauchy の積分定理より，

$$\Big(\int_{s_b}+\int_{s_r}-\int_{s_t}-\int_{s_\ell}\Big)f(z)\,dz=0. \tag{18}$$

指数関数，$f(z)=f(x+iy)=e^{-(x+iy)^2}=e^{-x^2+y^2-2ixy}$ の絶対値は z^2 の実部の指数関数値であるから，

$$|f(z)|=e^{-x^2+y^2}. \tag{19}$$

横の，右辺 s_r：と左辺 s_ℓ では共に $|f(z)|\le e^{-R^2}$．周長×被積分関数上界は複素積分の絶対値の上界であるから，更に第6話の37頁の「続名大多元積分」で準備した

（第22話の150頁の「続九大正規分布」に続く）

第24話

量子力学のシュレディンガー方程式

問題 1　一次元ポテンシャル $V(x)$ の中を自由運動する量子力学的粒子がある．

$$V(x)=\begin{cases} 0 & \left(|x|\leqq\dfrac{a}{2}\right) \\ \infty & \left(|x|>\dfrac{a}{2}\right) \end{cases} \tag{1}$$

であるとき，次の問に答えよ．

(i)　エネルギー固有値と規格化された固有関数を求めよ．

(ii)　各固有状態について，位置と運動の不確定性を求めよ．

(iii)　各固有状態について運動量の確率密度を求めよ．

（カリフォルニヤ州立大学大学院化学専攻，富山大学大学院物理学専攻入試）

新入生諸君へ　本書もフィニッシュに入り，最後の3回は我国がノーベル賞受賞科学者を世界に誇る量子力学を素材とする．本書は読切形式なので，今回から本書を読み始められる新入生諸君も多かろう．この機会に，本問を通じて，諸君が大学に入学して卒業する迄，教養，学部を通じて学ぶであろう，物理学，化学，数学の展望を開き，将来の大学生活のパノラマをお見せしたいと思う．

線形代数における固有値と固有ベクトル　高校の数 I にてベクトルを学び，数II B（代数・幾何）にて，行列が一次変換に対応する事を学んだ．例えば，行列 $A=\begin{bmatrix} a & b \\ c & d \end{bmatrix}$ は一次変換

$$\begin{bmatrix} x \\ y \end{bmatrix}=\begin{bmatrix} a & b \\ c & d \end{bmatrix}\begin{bmatrix} X \\ Y \end{bmatrix} \tag{2}$$

を与え，1次変換(2)と行列 A とを同一視する事が出来る．諸君は大学の教養部 junior では，(2)の2次の行列や数II B（代数・幾何）の3次の行列の代りに，更に一般の n 次の行列やベクトルを学ぶであろう．例えば，数 λ が行列 A の**固有値**であるとは，零ベクトルでないベクトル x があって

$$Ax=\lambda x \tag{3}$$

を満す事を云い，xを固有値 λ に対する**固有ベクトル**と云う．Aが n 次の対称行列であれば，相異なる固有値に対する固有ベクトルは互に直交し，しかも，大きさが1で互に直交するベクトルを n 個取って，任意のベクトルをこれらのスカラー倍の和，即ち，1次結合として表す事が出来る．云い換えれば，固有ベクトルが直交座標系を構成する．

解析学は∞次元の幾何学であり，以上，諸君が教養 junior で学ぶであろう事柄は，学部 senior において，関数が表すベクトルに対しても拡張する事が出来る．正数 a に対し，$-\frac{a}{2}\leqq x\leqq\frac{a}{2}$ で定義された二つの連続関数 f, g の内積を

$$\langle f, g\rangle=\int_{-\frac{a}{2}}^{\frac{a}{2}}f(x)\overline{g(x)}dx \tag{4}$$

で定義する．ただし，複素数値関数 $g=u+iv$ に対して，$\overline{g}=u-iv$ は共役な複素数値関数を表す．三角関数の積和の公式より，自然数 m, n に対して

$$\int_{-\frac{a}{2}}^{\frac{a}{2}}\cos\frac{(2m-1)\pi x}{a}\cos\frac{(2n-1)\pi x}{a}dx$$

$$=\int_{-\frac{a}{2}}^{\frac{a}{2}}\frac{\cos\frac{2(m+n-1)\pi x}{a}+\cos\frac{2(m-n)\pi x}{a}}{2}dx$$

$$=\begin{cases}\left[\dfrac{a\sin\frac{2(m+n-1)\pi x}{a}}{4(m+n-1)\pi}+\dfrac{a\sin\frac{2(m-n)\pi x}{a}}{4(m-n)\pi}\right]_{-\frac{a}{2}}^{\frac{a}{2}}=0 & (m\neq n)\\[2ex] \left[\dfrac{a\sin\frac{2(m+n-1)\pi x}{a}}{4(m+n-1)\pi}+\dfrac{x}{2}\right]_{-\frac{a}{2}}^{\frac{a}{2}}=\dfrac{a}{2} & (m=n)\end{cases} \tag{5}$$

を得るのは，高校の数III（微分・積分）の学力である．初等幾何の類推より，(4)で定義された内積が零である二つの関数 f, g は互に**直交**すると定義しよう．この定義に従い，(5)の様な関数の積分を余弦の積，正弦と余弦の積に施せば，関数列

$$\left\{\sqrt{\frac{2}{a}}\cos\frac{\pi x}{a},\ \sqrt{\frac{2}{a}}\sin\frac{2\pi x}{a},\ \sqrt{\frac{2}{a}}\cos\frac{3\pi x}{a},\ \sqrt{\frac{2}{a}}\sin\frac{4\pi x}{a},\ \cdots\right\}$$

は大きさが1で互に直交して，所謂，**正規直交列**をなし，丁度座標軸の役割を果す事が分る．この様な直交関数は∞個あるので，関数の作る空間は∞次元であり，それを対象とする解析学は無限次元の幾何学である．マンガ的に諸君の行末，来し方を図式化すると

高校＝2, 3次元の幾何 → 教養＝有限次元の幾何

　　　　　　　　　　　→ 学部＝∞次元の幾何

であり，ここに新入生諸君の数学における進路と諸君を待ち受ける困難，高校から教養，教養から学部と夫々の節で飛躍すべき点が明確となる．

固有値と固有関数　新入生諸君が今から大学教養部の線形代数で徹底的に鍛えられるであろう事は，実は∞次元の幾何，即ち，解析学での次の様な議論の為の有限次元における準備である．

関数 u に対し，2次の導関数 $\frac{d^2u}{dx^2}$ を対応させる対応は**微分作用素**の一種であるが，線形である．これを行列の場合になぞらえ，**微分方程式の境界値問題**

$$\frac{d^2u}{dx^2}=-k^2u,\quad u\left(-\frac{a}{2}\right)=u\left(\frac{a}{2}\right)=0 \tag{6}$$

が $u\neq0$ なる解を持つスカラー k^2 を問題(6)の**固有値**，**解** $u\neq0$ を固有ベクトル，又は，**固有関数**と云う．厳密には $-k^2$ が固有値であり，答案にはその様に書くべきであるが，本書では便宜上固有値を与える k を固有値と略称しよう．**大学の先生方によく識って頂きたい事**は，具体的な関数が微分方程式の解である事を示す事や，満す様に定数を定める事は数Ⅲ又は，昭和57年度からの微分・積分のカリキュラムであるが，微分方程式の解を求めよとの大学入試への出題はカリキュラムにない．九大，福教大以外の九州地区の殆んど全ての大学は文部省の指導要領から逸脱して出題なさるので，この機会に抗議しておく．大学入試の出題は勿論大学の自治に委ねるべきであるが，何を行なってもよいと云うものではなかろう．しかし，関数 $u=A\cos kx+B\sin kx$ が(6)の解である様に，k, A, B を定めよ，との大学入試への出題は，文部省の指導要領にかなっている．2回微分すると，$u''=-k^2(A\cos kx+B\sin kx)=-k^2u$ が成立している事を確かめる事が出来る．次に境界条件を調べよう．$u\left(-\frac{a}{2}\right)=A\cos\frac{ak}{2}-B\sin\frac{ak}{2}=0$，$u\left(\frac{a}{2}\right)=A\cos\frac{ak}{2}+B\sin\frac{ak}{2}=0$ の両辺の和と差を作り，$2A\cos\frac{ak}{2}=0$ 又は $2B\sin\frac{ak}{2}=0$．ところで，$\cos^2 kx+\sin^2 kx=1$ なので $\cos\frac{ak}{2}=\sin\frac{ak}{2}=0$ は起り得ない．一つずつが零になる．かくして，二通りの分類

がある．

(イ)　$A \neq 0, B=0$．この時 $\cos\frac{ak}{2}=0$ より $\frac{ak}{2}=m\pi-\frac{\pi}{2}$，即ち，$k=\frac{(2m-1)\pi}{a}$ $(m \geqq 1)$ を得る．(4) の意味での大きさが1である様に (5) の方法で正規化，即ち，**規格化**すると

固有値 $k=\frac{(2m-1)\pi}{a}$ に対する固有関数 $u_{2m-1}(x)$

$$=\sqrt{\frac{2}{a}}\cos\frac{(2m-1)\pi x}{a} \quad (m=1, 2, \cdots) \tag{7}$$

を得る．同様にして

(ロ)　$A=0, B \neq 0$ の時，

固有値 $k=\frac{2m\pi}{a}$ に対する固有関数 $u_{2m}(x)$

$$=\sqrt{\frac{2}{a}}\sin\frac{2m\pi x}{a} \quad (m=1, 2, \cdots) \tag{8}$$

を得る．既に見た様に，これらの三角関数列 $\{u_n(x); (n \geqq 1)\}$ は関数空間における正規直交系，即ち，∞ 次元空間の座標軸をなすが，そのルーツが微分方程式の固有値問題にある事が今分った．数学の解説は打ち留めにして，次に物理に向う．

古典力学における Hamilton 関数　これは教養 junior 後半の物理のカリキュラムである．m 個の質点の系があり，拘束条件が位置の関係式で与えられ，その結果自由度が $n(\leqq m)$ であれば，位置に関する情報を適当に n 個 $q_1, q_2, \cdots, q_n$ と選ぶ事により，この質点系を記述する事が出来る．これらの q_i を**広義の座標系**と呼び，運動量 K と位置エネルギー U との差

$$L=L(q_1, q_2, \cdots, q_n, \dot{q}_1, \dot{q}_2, \cdots, \dot{q}_n, t)=K-U \tag{9}$$

を **Lagrange** 関数，又は，**運動ポテンシャル**と云う．ただし，力学では時刻 t による微分を $\dot{q}_i$ の様に上にドット・を付けて表す．

$$p_i=\frac{\partial L}{\partial \dot{q}_i} \quad (i=1, 2, \cdots, n) \tag{10}$$

を広義の運動量成分と云う．更に

$$H=H(q_1, q_2, \cdots, q_n, p_1, p_2, \cdots, p_n, t)=\sum_{i=1}^{n} p_i\dot{q}_i-L \tag{11}$$

を **Hamilton** 関数と云い，

$$\frac{dq_i}{dt}=\frac{\partial H}{\partial p_i}, \quad \frac{dp_i}{dt}=-\frac{\partial H}{\partial q_i} \quad (i=1, 2, \cdots, n) \tag{12}$$

を**ハミルトンの運動の正準方程式**と云う．以上が，諸君が教養 junior で学ぶであろう**古典力学**である．

量子力学における Hamilton 演算子　次に senior 学部に進学しよう．プランク定数 h に対して，妙な活字を導入し $\hbar=\dfrac{h}{2\pi}$ とおき，エッチバー，又はエッチスラッシュと読む．古典力学におけるハミルトン関数 H において，運動量 $p=(p_x, p_y, p_z)$ の代りに

$$p\to\frac{\hbar}{i}\mathrm{grad}=\frac{\hbar}{i}\left(\frac{\partial}{\partial x},\frac{\partial}{\partial y},\frac{\partial}{\partial z}\right) \tag{13}$$

なる微分演算子で置き換えて得られる演算子を**ハミントン演算子**と呼び，方程式

$$i\hbar\frac{\partial\psi}{\partial t}=H\psi \tag{14}$$

に代入するのが**量子力学**の立場である．(14)を **Schrödinger 方程式**と呼ぶ．新入生諸君は大体のムードが分ればよい．完全に分る読者は，直ちに日米の大学院の方に入院し，大学に入学する必要がないからである．ところで，多変数 $x, y, z, \cdots$ の関数を他を固定して，x だけを変数と見て微分する事を偏微分と云い，$\dfrac{\partial}{\partial x}$ と書き教養の後半で学ぶ．
$i=\sqrt{-1}$ は虚数単位である．純虚数 $i\theta$ に対する指数関数は次式で与えられ，本質的に三角関数である：

(オイラーの公式)　$$e^{i\theta}=\cos\theta+i\sin\theta \tag{15}$$

一般に質量 m の粒子がポテンシャル $V(x)$ で与えられる力場で運動する時のハミルトン関数(11)は運動エネルギー E にも等しく，運動量を p とすると

$$H=\frac{p^2}{2m}+V(x) \tag{16}$$

である．この古典力学に対して，(13)なる演算子での置き換えを実行し，**シュレディンガー方程式**

$$i\hbar\frac{\partial\psi}{\partial t}=\left(-\frac{\hbar^2}{2m}\frac{d^2}{dx^2}+V(x)\right)\psi \tag{17}$$

を得る．

ここで，方程式(17)の解の量子力学的意味が正に問題であるが，その絶対値の自乗 $|\psi|^2=\psi\bar{\psi}$ は，位置 x における粒子の存在の確率密度関数に等しい．勿論，(17)には虚数単位 $i=\sqrt{-1}$ が現れているから，ψ は複素数値関数であり，$\bar{\psi}(x, t)$ は共役複素数値関数である．純虚数の指導関数(15)を用い，

$$\psi(x,t)=u(x)e^{-\frac{iEt}{\hbar}} \tag{18}$$

なる様に表すのが，量子力学の作法である．(17)に(18)を代入し

$$\left(-\frac{\hbar^2}{2m}\frac{d^2}{dx^2}+V(x)\right)u(x)=Eu(x) \tag{19}$$

を得るので，Eはハミルトン演算子Hの固有値であり，**エネルギー固有値**と呼ばれる．

問題1の解答　ポテンシャル $V(x)$ が(1)で与えられる本問は，下図の様な，**無限に深い井戸形のポテンシャル**に模型化出来る．条件(1)より $-\frac{a}{2}\leqq x\leqq\frac{a}{2}$ では $V(x)=0$ なので，これを(19)に代入し，微分方程式

$$\frac{d^2u}{dx^2}=-k^2u\left(-\frac{a}{2}\leqq x\leqq\frac{a}{2}\right),\quad k=\frac{\sqrt{2mE}}{\hbar} \tag{20}$$

を得る．更に，$|x|\geqq\frac{a}{2}$ では $V(x)=\infty$ なので，境界条件

$$u\left(-\frac{a}{2}\right)=u\left(\frac{a}{2}\right)=0 \tag{21}$$

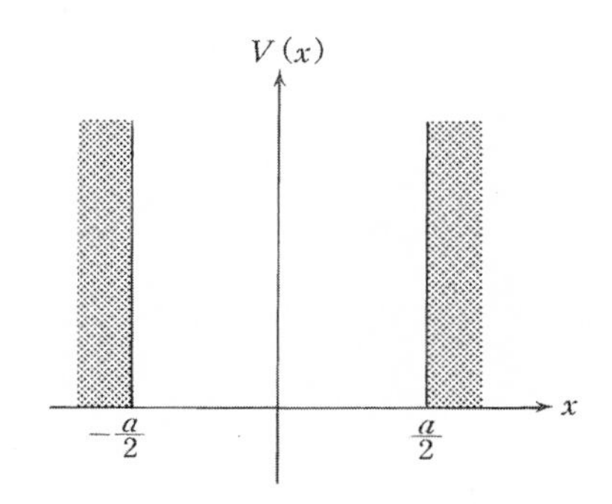

を得る．かくして，u は境界値問題 (6) の解である事が分った．

(i)の解答　既に学んだ様に，自然数 n に対する $k_n=\frac{n\pi}{a}$ が境界値問題 (6) の固有値であり，対応する規格化された固有関数は n が奇数の時は (7)，偶数の時は (8) で表され，大学入試的様相を呈する．この時固有エネルギーは(20)より，

$$E_n=\frac{\hbar^2k_n{}^2}{2m}=\frac{n^2\pi^2\hbar^2}{2ma^2}=\frac{n^2h^2}{8ma^2} \tag{22}$$

で与えられる．

(ii)の解答　シュレディンガーの方程式(17)の解 ψ の総計力学的意味が正に問題で悩ま

しいが，端的に申せば，$|\psi(x,t)|^2=u^2(x)$は時刻 t における粒子の存在の確率密度関数を表す．それを見越して，(6) の解 u を規格化していたのである．ここ迄来ると，もはや，統計学の問題であり，平均

$$E(x)=\int_{-\frac{a}{2}}^{\frac{a}{2}} xu^2(x)dx=0 \tag{23}$$

は (7) にせよ (8) にせよ奇関数の積分であり，眺めただけで計算しなくても零である．運動量 p の平均の方は

$$E(p)=\int_{-\frac{a}{2}}^{\frac{a}{2}} \bar{\psi}p\psi dx=\int_{-\frac{a}{2}}^{\frac{a}{2}} \bar{\psi}\frac{\hbar}{i}\frac{d}{dx}\psi dx=0 \tag{24}$$

と積の順序に注意しつつ p のところに**演算子 $\frac{\hbar}{i}\mathrm{grad}=\frac{\hbar}{i}\frac{d}{dx}$ を代入する所が量子力学的**であり，(24) は余弦と正弦の積が作る奇関数の積分であるから，零である．分散も同じ精神で計算する．n＝奇数 の時は，規格化された固有関数 (7) に対し

$$\begin{aligned}
\mathrm{Var}(x)&=\int_{-\frac{a}{2}}^{\frac{a}{2}} x^2u^2(x)dx=\frac{4}{a}\int_0^{\frac{a}{2}}x^2\cos^2\frac{n\pi x}{a}dx\\
&=\frac{2}{a}\int_0^{\frac{a}{2}}x^2\left(1+\cos\frac{2n\pi x}{a}\right)dx\\
&=\frac{a^2}{12}+\left[\frac{x^2\sin\frac{2n\pi x}{a}}{n\pi}\right]_0^{\frac{a}{2}}-\frac{2}{n\pi}\int_0^{\frac{a}{2}}x\sin\frac{2n\pi x}{a}dx\\
&=\frac{a^2}{12}+\left[\frac{ax\cos\frac{2n\pi x}{a}}{n^2\pi^2}\right]_0^{\frac{a}{2}}-\frac{a}{n^2\pi^2}\int_0^{\frac{a}{2}}\cos\frac{2n\pi x}{a}dx\\
&=\frac{a^2}{12}-\frac{a^2}{2n^2\pi^2}
\end{aligned} \tag{25}$$

u は微分方程式 $u''=-k^2u$ の解なので

$$\begin{aligned}
\mathrm{Var}(p)&=\int_{-\frac{a}{2}}^{\frac{a}{2}} \bar{\psi}p^2\psi dx=\int_{-\frac{a}{2}}^{\frac{a}{2}} \bar{\psi}\left(\frac{\hbar}{i}\frac{d}{dx}\right)^2\psi dx\\
&=-\hbar^2\int_{-\frac{a}{2}}^{\frac{a}{2}} u\frac{d^2u}{dx^2}dx=k^2\hbar^2\int_{-\frac{a}{2}}^{\frac{a}{2}} u^2(x)dx
\end{aligned} \tag{26}$$

くどくなるが (26) の様に物理的量 p^2 に対して，演算子 $\left(\frac{\hbar}{i}\frac{d}{dx}\right)^2$ を対応させるのが量子

力学である．波動関数 u は規格化されているから，u^2 の定積分は 1 であり

$$\mathrm{Var}(p)=k^2\hbar^2=\frac{n^2\pi^2\hbar^2}{a^2}=\frac{n^2h^2}{4a^2} \tag{27}$$

n=偶数 の時も，同様な計算を行い，結局，固有値 $k=\frac{n\pi}{a}$ に対して

$$\mathrm{Var}(x)=\frac{a^2}{12}\left(1-\frac{6}{n^2\pi^2}\right),\quad \mathrm{Var}(p)=\frac{n^2h^2}{4a^2} \tag{28}$$

を得る．分散の積を評価すると

$$\mathrm{Var}(x)\mathrm{Var}(p)=\frac{h^2(n^2\pi^2-6)}{48\pi^2}\geqq\frac{h^2}{16\pi^2} \tag{29}$$

を得る．この式は粒子の位置 x と運動量 p のバラツキを同時に小さく出来ない事を意味する．云い換えれば，$h=0$ の場合に対応する古典力学では粒子の位置と運動量に同時に確定した値を与える事が出来たが，

$$h=6.62\times10^{-27}\mathrm{erg\cdot sec}$$

なる量子力学では不可能である事を意味する．これを，**Heisenberg** の不確定性原理と云う．

命の惜しい中年の著者はガンが恐くて，よくレントゲン写真を取るが，実はレントゲン照射そのものがガンを発生させる確率は，ガンの発見率に比べて，その対数を比較すると余り小さくない．常にレントゲン照射をすれば，確実にガンを発見出来るが，その代償として非常に高い確率で逆にガンを発生させ，死に至る．又，酒，煙草，コーヒーの発ガン率は高いが，その微量採取の発ガン率は，これら発ガン物質の採取がストレスを解消させて，ガンの発生を押える率よりも少ない．要は自分が満喫して隣接の他人に発ガン物質を吹き付け未必の殺人行為をせぬ事である．そして大事な事は，この様な事にくよくよと確率の計算をしてストレスを起しガンを発生させる率は，その為にガンを押える率よりも大きい．これ等も，一種の不確定性原理と思うが，如何に．

(iii)の解答　一般に演算子 $\lambda\frac{d}{dx}$ の指数関数を解析関数 f に作用させると，テイラー展開の公式より

$$e^{\lambda\frac{d}{dx}}f=\sum_{hr=0}^{\infty}\frac{\lambda^\nu}{\nu!}\frac{d^\nu}{dx^\nu}f(x)=f(x+\lambda) \tag{30}$$

を得るので，演算子 $e^{\lambda\frac{d}{dx}}$ は独立変数の λ だけの平行移動である．運動量 p の特性関数

$\varphi(s)$ を $p\to\frac{\hbar}{i}\frac{d}{dx}$ なる置き換えの量子力学の作法に従って微分演算子を $\bar{\psi}$ と ψ で挟んで計算すると，

$$\varphi(s)=E(e^{ips})=E(e^{s\hbar\frac{d}{dx}})=\int_{-\frac{a}{2}}^{\frac{a}{2}}\overline{\psi(x)}e^{s\hbar\frac{d}{dx}}\psi(x)dx$$

$$=\int_{-\frac{a}{2}}^{\frac{a}{2}}u(x)u(x+s\hbar)dx \tag{31}$$

を得る．ただし，u は解析関数としての(7)，(8)である．n＝奇数の時，固有値 $k=\frac{n\pi}{a}$ に対する固有関数(7)を(31)に代入し，三角関数の積和の公式より

$$\varphi(s)=\frac{2}{a}\int_{-\frac{a}{2}}^{\frac{a}{2}}\cos\frac{n\pi x}{a}\cos\frac{n\pi(x+\hbar s)}{a}dx$$

$$=\frac{1}{a}\int_{-\frac{a}{2}}^{\frac{a}{2}}\left(\cos\frac{n\pi s\hbar}{a}+\cos\frac{n\pi(2x+s\hbar)}{a}\right)dx$$

$$=\cos\frac{n\pi s\hbar}{a}+\left[\frac{1}{2n\pi}\sin\frac{n\pi(2x+s\hbar)}{a}\right]_{-\frac{2}{2}}^{\frac{a}{2}}$$

$$=\cos\frac{nsh}{2a}+\frac{\sin\left(n\pi+\frac{nsh}{2a}\right)-\sin\left(-n\pi+\frac{nsh}{2a}\right)}{2n\pi}$$

$$=\cos\frac{nsh}{2a} \tag{32}$$

を得る．オイラーの公式(15)より，運動量 p の特性関数は

$$\varphi(s)=\cos\frac{nsh}{2a}=\frac{e^{i\frac{nh}{2a}s}+e^{-i\frac{nh}{2a}s}}{2} \tag{33}$$

で与えられる．n＝偶数の時も同様である．**Dirac のデルタ関数** $\delta(x)$ を関数 f との積の積分が

$$\int_{-\infty}^{+\infty}f(x)\delta(x)dx=f(0) \tag{34}$$

を満すものと定義すると，δ は $x=0$ である確率が1である様な分布を表す．(33)を考慮に入れて，天下り的に

$$\int_{-\infty}^{+\infty}e^{isx}\frac{\delta\left(x-\frac{nh}{2a}\right)+\delta\left(x+\frac{nh}{2a}\right)}{2}dx=\frac{e^{i\frac{nh}{2a}s}+e^{-i\frac{nh}{2a}s}}{2} \tag{35}$$

を得るが，分布と特性関数の対応は１対１なので，運動量 p は $p=\pm\frac{nh}{2a}$ である様な確率が平等かつ対称に $\frac{1}{2}$ である様な対称な分布に従う．その確率密度関数はディラックのデルタ関数を用いて

$$運動量 p の確率密度=\frac{\delta\left(x+\frac{nh}{2a}\right)+\delta\left(x-\frac{nh}{2a}\right)}{2} \tag{36}$$

を得る．これは，左右どちらの方向か分らぬが，同じ確率で粒子が一定の速度 $v=\frac{p}{m}=\frac{nh}{2am}$ $(n=1, 2, 3, \cdots)$ で飛んでいる事を意味する．これに基き分散を計算しても

$$\mathrm{Var}(p)=\frac{1}{2}\left(\left(-\frac{nh}{2a}\right)^2+\left(\frac{nh}{2a}\right)^2\right)=\frac{n^2h^2}{4a^2} \tag{37}$$

で，(27)の計算結果と符合する．

問題 2　次の問い(i), (ii), (iii)に答えよ．

(i)　1次元の井戸型ポテンシャル

$$V(x)=0 \quad (0\leq x\leq L) \qquad \infty \quad (その他のとき) \tag{38}$$

内の自由粒子のシュレディンガー方程式は(39)式のように表される．

$$-\frac{\hbar^2}{2m}\frac{d^2}{dx^2}\Psi(x)=E\Psi(x). \tag{39}$$

ここで m, x, Ψ, E はそれぞれ粒子の質量，位置座標，波動関数，エネルギーである．(39)を解くと一般解は(40)のように定まる．k は波数であり，(41)式で与えられる．A, B, C, D は定数である．

$$\Psi(x)=Ae^{icx}+Be^{-icx}=C\sin kx+D\cos kx, \tag{40}$$

$$k=\frac{\sqrt{2mE}}{\hbar}. \tag{41}$$

さて，問題である．(40)式の一般解に境界条件を考慮すると，波動関数およびエネルギーはどのように表されるか．

(問題文の(ii), (iii)及び問題 3 と解答は第25話の174頁「続九大物質理工・九大名大化学井戸型」に続く)

(九州大学大学院総合理工学府物質理工学専攻入試)

第25話

量子力学と固有値問題

問題 量子力学的には一次元ポテンシャル $V(x)$ の中での電子の波動関数 $u(x)$ は次のシュレディンガー方程式で与えられる：

$$\left(-\frac{\hbar^2}{2m}\frac{d^2}{dx^2}+V(x)\right)n(x)=Eu(x) \tag{1}$$

ただし，m は電子の質量，$\hbar$ は $\dfrac{h}{2\pi}$(h はプランク定数)，E は電子エネルギーである．ポテンシャル $V(x)$ が下図で与えられるとき，次の問に答えよ．

(i) $V_0=+\infty$ のとき，電子エネルギーを求めよ．

(ii) $0<V_0<+\infty$ のとき，電子は離散的エネルギーを持つことを示せ．ただし $E<V_0$ とする．

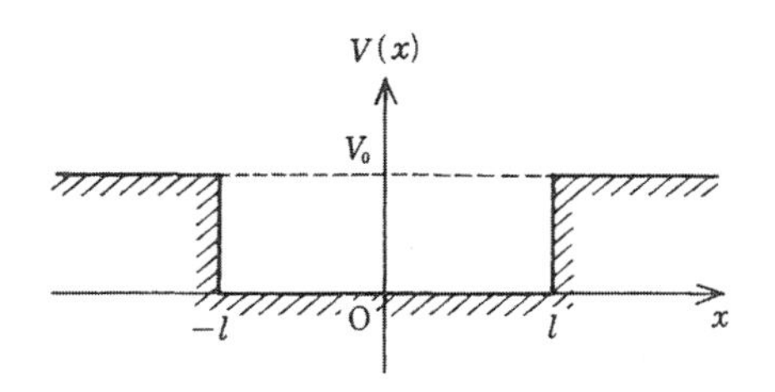

(京都大学大学院電気専攻入試)

前回は量子力学におけるシュレディンガーの方程式の固有値問題を解き，無限に深い井戸形ポテンシャルの中での運動を論じたが，今回は微速前進し，有限の深さの井戸形のポ

テンシャルの中での運動を論じよう．と申せば，新入生諸君には大変高級な議論をする様に受取られそうであるが，残念ながら，そうではない．物理学的に申せば，著者でも解ける位であるから，読者に難かしい筈はないし，数学的には高校生でも分る様に説明するのが，数学の教師たる著者の努めである．前回同様，新入生に，大学に入学してから卒業し，場合によっては学問にとりつかれて大学院に入院する迄に，学ぶであろう，大学での数学のパノラマを垣間見せる事が目的である．今回も朝倉の金沢秀夫「量子力学」を参照している．

複素変数の指数関数　実変数 x のテイラー展開の公式

$$e^x=\sum_{\nu=0}^{\infty}\frac{x^\nu}{\nu!}=1+\frac{x}{1!}+\frac{x^2}{2!}+\cdots+\frac{x^\nu}{\nu!}+\cdots \tag{2}$$

に実数 x の代りに強引に純虚数 $i\theta$ を代入し，実部と虚部に分けると，$i^2=-1$ なので，

$$\begin{aligned}e^{i\theta}&=1+\frac{i\theta}{1!}+\frac{i^2\theta^2}{2!}+\frac{i^3\theta^3}{3!}+\frac{i^4\theta^4}{4!}+\frac{i^5\theta^5}{5!}+\cdots\\&=\left(1-\frac{\theta^2}{2!}+\frac{\theta^4}{4!}-\cdots\right)+i\left(\theta-\frac{\theta^3}{3!}+\frac{\theta^5}{5!}-\cdots\right)\end{aligned} \tag{3}$$

を得る．(3) の実部は $\cos\theta$ の，虚部は $\sin\theta$ のテイラー展開に他ならないから，

（オイラーの定理）
$$e^{i\theta}=\cos\theta+i\sin\theta \tag{4}$$

を得る．(4) に $-\theta$ を代入して，$e^{-i\theta}=\cos\theta-i\sin\theta$. (4) との和，差を 2 や $2i$ で割ると，

$$\cos\theta=\frac{e^{i\theta}+e^{-i\theta}}{2},\quad \sin\theta=\frac{e^{i\theta}-e^{-i\theta}}{2i} \tag{5}$$

を得て，**三角関数は指数関数の一種**である事を識る．このココロが大切である．オイラーの公式は次に述べる様に微分方程式の見通しのよい解を得る為にある．

定数係数線形微分方程式の解　定数 $a_0, a_1, a_2, \cdots, a_n$ に対して，n 階の微分方程式

$$a_0\frac{d^ny}{dx^n}+a_1\frac{d^{n-1}y}{dx^{n-1}}+\cdots+a_{n-1}\frac{dy}{dx}+a_ny=0 \quad (a_0\neq 0) \tag{6}$$

を考察しよう．定数 ρ に対して，指数関数 $y=e^{\rho x}$ は

$$\frac{d^k}{dx^k}e^{\rho x}=\rho^k e^{\rho x} \tag{7}$$

を満すから，$y=e^{\rho x}$ が微分方程式 (6) の解である為の必要十分条件は，ρ が n 次の代数方程式

$$a_0\rho^n+a_1\rho^{n-1}+\cdots+a_{n-1}\rho+a_n=0 \tag{8}$$

の解である事である．(8) を (6) の**特性方程式**と云う．n 次方程式 (8) が相異なる n 個の根（解という言葉は微分方程式のそれに用いたい）$\rho_1, \rho_2, \cdots, \rho_n$ を持てば，

$$y=c_1e^{\rho_1x}+c_2e^{\rho_2x}+\cdots+c_ne^{\rho_nx} \tag{9}$$

は n 個の任意定数 $c_1, c_2, \cdots, c_n$ を含む解，即ち，(6) の**一般解**である．

特性方程式 (8) が虚根 $\alpha\pm i\beta$ を持つ時も悩むには及ばない．指数の法則と (5) より，1次結合

$$\frac{c^{(\alpha+i\beta)x}+c^{(\alpha-i\beta)x}}{2}=c^{\alpha x}\frac{e^{i\beta x}+e^{-i\beta x}}{2}=e^{\alpha x}\cos\beta x \tag{10},$$

$$\frac{e^{(\alpha+i\beta)x}-c^{(\alpha-i\beta)x}}{2i}=c^{\alpha x}\frac{e^{i\beta x}-e^{-i\beta x}}{2i}=e^{\alpha x}\sin\beta x \tag{11}$$

も解であり，複素解 $e^{(\alpha\pm i\beta)x}$ を実解 $e^{\alpha x}\cos\beta x, e^{\alpha x}\sin\beta x$ で置き換えれば，実数体に籠って議論が出来る．

Schrödinger 方程式　質量 m の電子の運動量を p とする時，一次元ポテンシャルが $V(x)$ で与えられる力場での**古典力学**における**ハミルトン関数**は

$$H=\frac{p^2}{2m}+V(x) \tag{12}$$

で与えられる．**量子力学**では，**物理量** p に**微分演算子** $\frac{\hbar}{i}\frac{d}{dx}$ を代入すると，**ハミルトン演算子** H が得られる．これを $i\hbar\frac{\partial\psi}{\partial t}=H\psi$ に代入したものが**シュレディンガーの方程式**

$$i\hbar\frac{\partial\psi}{\partial t}=\left(-\frac{\hbar^2}{2m}\frac{\partial^2}{\partial x^2}+V(x)\right)\psi \tag{13}$$

である．更にオイラーの公式 (4) で定義される関数を用い

$$\psi(x, t)=u(x)e^{\frac{iE}{\hbar}t} \tag{14}$$

とおくと，$u(x)$ は (1) の解である．$u\neq0$ なる解を持つ E を**エネルギー固有値**と云う．

(i)は無限に深い井戸形のポテンシャルであり，前回に詳しく解説したので，(ii)，即ち，**有限の深さの井戸形ポテンシャル**を考察しよう．

$-l<x<l$ では，$V(x)=0$ ですから，(1) は

$$\frac{d^2u}{dx^2}+\xi^2u=0,\quad \xi=\frac{\sqrt{2mE}}{\hbar} \tag{15}$$

となる．$|x|>l$ では，$V(x)=V_0$ であるから，(1) は

$$\frac{d^2u}{dx^2}-\eta^2u=0, \quad \eta=\frac{\sqrt{2m(V_0-E)}}{\hbar} \tag{16}$$

となる．共に，定数係数の 2 階微分方程式であり，その 特性方程式は，夫々，$\rho^2+\xi^2=0$, $\rho^2-\eta^2=0$ であり，虚根 $\pm\xi i$ を持つ場合と， 実根 $\pm\eta$ を持つ場合であり，まるで， 微分方程式の解の見本市である．従って，(15), (16) の一般解は，夫々，

$$u=A\cos\xi x+B\sin\xi x \tag{17}$$,

$$u=Ce^{-\eta x}+De^{\eta x} \tag{18}$$

である．

固有関数の一意性　Eを (1) の固有エネルギーとし， 二つの関数 $u_1(x), u_2(x)$ が**固有関数**，即ち，恒等的に零でない (1) の解としよう．各 u_j は

$$\frac{\hbar^2}{2m}\frac{d^2u_j}{dx^2}+V(x)uj(x)=Euj(x) \tag{19}$$

の解であるから，例えば $|x|>l$ で

$$\frac{1}{u_1}\frac{d^2u_1}{dx^2}=\frac{2m}{\hbar^2}(V_0-E)=\frac{1}{u_2}\frac{d^2u_2}{dx^2}$$

が成立し，$|x|>l$ 及び $|x|<l$ で

$$\frac{d}{dx}\left(u_2\frac{du_1}{dx}-u_1\frac{du_2}{dx}\right)=u_2\frac{d^2u_1}{dx^2}-u_1\frac{d^2u_2}{dx^2}\equiv 0 \tag{20}$$

を得る．従って

$$u_2\frac{du_1}{dx}-u_1\frac{du_2}{dx}=\text{定数} \tag{21}$$

でなければならぬ．

固有エネルギー E に対して，二つの固有関数 $u_1(x), u_2(x)$ は自乗可積分であるから，$x\to\pm\infty$ の時，$u_2\frac{du_1}{dx}-u_1\frac{du_2}{dx}\to 0$ である．(21) より

$$u_2\frac{du_1}{dx}-u_1\frac{du_2}{dx}\equiv 0 \tag{22}$$.

故に商の微分の公式より

$$\frac{d}{dx}\left(\frac{u_2}{u_1}\right)=\frac{u_1\frac{du_2}{dx}-u_2\frac{du_1}{dx}}{{u_1}^2}=0 \tag{23}$$.

即ち,

$$u_2 = au_1, \quad a = 定数 \tag{24}$$

でなければならぬ．これを**固有関数の一意性**と云う．

固有関数の偶奇性　やはり，E を固有エネルギー，$u(x)$ を固有関数としよう．我々の場合，一次元ポテンシャルは

$$V(-x) = V(x) \tag{25}$$

を満し，**偶関数**である．すると，$v(x) = u(-x)$ も方程式 (1)の固有エネルギーEに対する固有関数である．一意性より定数 a があって，$v(x) = au(x)$，即ち，$u(-x) = au(x)$ が成立する．x の所に $-x$ を代入し，$u(x) = au(-x)$. よって，$u(x) = au(-x) = a^2u(x)$. $u(x) \neq 0$ であるから，$a^2 = 1$. つまり，$u(-x) = \pm u(x)$，即ち，$u(x)$ は偶関数か奇関数の何れかでなければならない．これを固有関数の**偶奇性**と云い，量子力学で重要な概念である．

上に見た様に，固有関数 $u(x)$ は有界な $|x| < \ell$ では(17)で与えられるが，上に見た固有関数の偶奇性より，(17)は偶関数の余弦関数

$$u(x) = A\cos\xi x \tag{26}$$

か，奇関数の正弦関数

$$u(x) = B\sin\xi x \tag{27}$$

しか取り得ない．固有関数 $u(x)$ は非有界な $|x| > \ell$ では(18)で与えられるが，先ず，固有関数 $u(x)$ は自乗可積分であるから，$x < -\ell$ では，

$$u(x) = De^{\eta x}, \tag{28}$$

$x > \ell$ では

$$u(x) = Ce^{-\eta x} \tag{29}$$

しか取り得ない．

(ii) の解答　以上研究した事をまとめると，もしも E が固有エネルギーであれば，固有関数 $u(x)$ は(15), (16)で与えられる正数 ξ, η に対して

(ア)　**偶関数**の固有関数

$$u(x) = \begin{cases} Ce^{\eta x}, & x < -l \\ A\cos\xi x, & -l \leqq x \leqq l \\ Ce^{-\eta x}, & x > l \end{cases} \tag{30},$$

(イ) **奇関数の固有関数**

$$u(x)=\begin{cases} -Ce^{\eta x}, & x<-l \\ B\sin\xi x, & -l\leqq x\leqq l \\ Ce^{-\eta x}, & x\geqq l \end{cases} \tag{31}$$

所で，固有関数 $u(x)$ とその導関数 $\dfrac{du}{dx}$ は $x=\pm l$ で連続でなければならないので，(30)，(31)より，夫々，

$$Ce^{-\eta l}=A\cos l\xi,\quad \eta Ce^{-\eta l}=\xi A\sin l\xi, \tag{32}$$

即ち，

$$\eta=\xi\tan l\xi \tag{33}$$

又は，

$$Ce^{-\eta l}=B\sin l\xi,\quad \eta Ce^{-\eta l}=-\xi B\cos\xi l, \tag{34}$$

即ち，

$$\eta=-\xi\cot l\xi \tag{35}$$

が成立しなければならない．所で，ξ と η の間には，(15)，(16) より

$$\eta=\frac{1}{\hbar}\sqrt{2mV_0-\hbar^2\xi^2} \tag{36}$$

が成立し，(33)，(35)は，夫々，方程式

$$\frac{1}{\hbar}\sqrt{\frac{2mV_0}{\xi^2}-\hbar^2}=\tan l\xi \tag{37}$$

$$\frac{\hbar\xi}{\sqrt{2mV_0-\hbar^2\xi^2}}=-\tan l\xi \tag{38}$$

である．関数

$$f(\xi)=\frac{1}{\hbar}\sqrt{\frac{2mV_0}{\xi^2}-\hbar^2}$$

は，次の様なグラフを持つ単調減少関数であり，

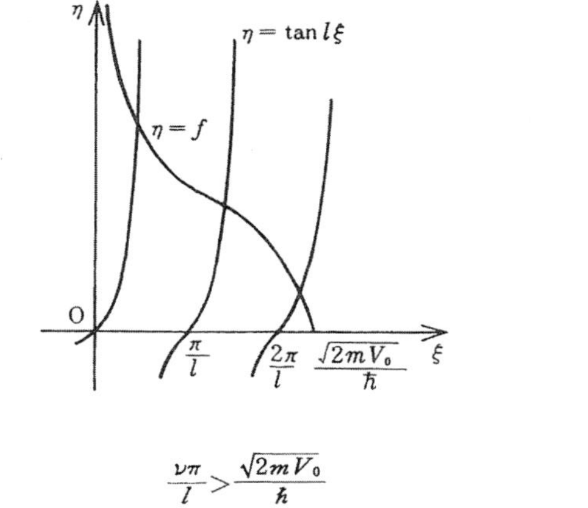

$$\frac{\nu\pi}{l} > \frac{\sqrt{2mV_0}}{\hbar} \tag{39}$$

なる最小の整数 ν に対して，方程式 (37) は丁度 $\nu(\geq 1)$ 個の根を持つ．同様にして

$$g(\xi) = \frac{\hbar\xi}{\sqrt{2mV_0 - \hbar^2\xi^2}} \tag{40}$$

は下の様なグラフを持つ単調増加関数であり，

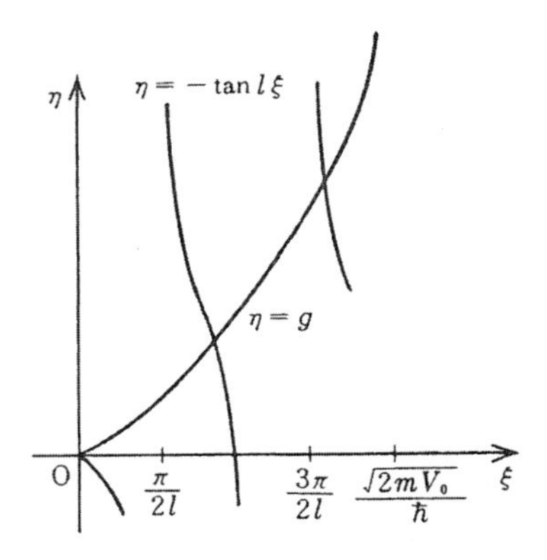

$$\frac{(2\mu+1)\pi}{2l} \geqq \sqrt{2mV_0} \tag{41}$$

なる最小の整数 μ に対して，方程式 (37) は丁度 $\mu(\geqq 0)$ 個の根を持つ．$\mu=0$ であるかも

知れないが，$\nu \geqq 1$ であり，固有エネルギー E は，固有関数として偶関数を与える場合と奇関数を与える場合を合計すると $\nu+\mu(\geqq 1)$ 個あり，必らず，存在して，しかも有限個である．

トンネル効果　有限な井戸の高さ $V_0>E$ であるから，古典力学では，$|x|>l$ なる範囲に電子を見出す事はないが，量子力学では，(30)でも(31)でも，$|x|>l$ にて $u^2(x)=C^2e^{-2\eta|x|}>0$ であり，粒子が存在する確率は正である．これを**トンネル効果**と云う．

（話題24の166頁より，式番号を継承しての「**続九大物質理工・九大名大化学井戸型**」）

(ii)　上で求めた波動関数を規格化せよ．

(iii)　長さ L の円周（リング）上に存在する自由粒子のシュレディンガー方程式は問い(i)と同様に(39)式で与えられ，その一般解は(39)式となる．ポテンシャルは円周上だけゼロで，それ以外は∞である．円周上の自由粒子の場合は，波動関数は条件 $\Psi(x)=\Psi(x+L)$ を満足せねばならない．この周期性条件を考慮すると，波動関数およびエネルギーはどのように表されるか．

（九州大学大学院総合理工学府物質理工学専攻入試）

問題 3　半径 a の円周上を運動している一個の電子に対するシュレディンガー方程式は

$$-\frac{\hbar^2}{2m}\frac{1}{a^2}\frac{d^2}{d\theta^2}\psi(\theta)=E\psi \tag{42}$$

である．ここに θ は回転角である．固有値と固有関数，角運動量を論じよ．

（九州大学大学院化学専攻入試）

（名古屋大学大学院化学専攻入試）

問題 2 の(i), (ii)の解答　(40)式第三辺を(39)に代入(41)を得る．境界条件 $\Psi(0)=0$ より，$D=0$．境界条件 $\Psi(L)=0$ より $kL=n\pi$（n は正整数）．規格化条件，$[0,L]$ 上の Ψ^2 の積分$=1$ より，$C^2L/2=1$．エネルギーとその波動関数は

$$E_n=\frac{\hbar^2}{2m}\left(\frac{n\pi}{L}\right)^2=\frac{n^2\pi^2\hbar^2}{2mL^2}=\frac{n^2\pi^2}{8mL^2},\quad \Psi_n(x)=\sqrt{\frac{2}{L}}\sin\frac{n\pi x}{L}. \tag{43}$$

（問題 2 の(iii)と問題 3 の解答は第26話の182頁「続々九大物質理工・九大名大化学井戸型」に続く）

第26話

量子力学とフーリエの方法

問題　辺の長さが a, b の長方形の面内で質量 m の粒子が運動している．長方形の中ではポテンシャルエネルギーは0，外では ∞ であるとして，Schrödinger の方程式を解き，次の問に答えよ．

(i)　粒子のエネルギーと規格化された波動関数を求めよ．

(ii)　基底状態において粒子の存在確率が一番高いのはどこか．

(iii)　$a>b$ とするとき，第1励起状態ではどこで粒子の存在確率が一番高くなるか．

（名古屋大学大学院物理学専攻入試）

ノーベル化学賞に輝く福井謙一先生の電子軌道論の片鱗を，入試問題を通じて垣間見る為，30回迄，**量子力学**における**シュレディンガー方程式**を考察し，今回は**無限に深い2次元の井戸形ポテンシャル**の中の粒子の運動を論じよう．

ハミルトニヤン　x, y 平面上で運動している質量 m の粒子の運動量を p とする．p は2次元のベクトルであって，その x 成分を p_x，y 成分を p_y，即ち，$p=(p_x, p_y)$ とする．この粒子が，ポテンシャルが $V(x, y)$ で与えられる力場で運動する場合の**古典力学**における**ハミルトン関数** H は

$$H=\frac{1}{2m}(p_x{}^2+p_y{}^2)+V(x, y) \tag{1}$$

で与えられる．古典力学から量子力学への移行は簡単であって，

$$p_x \to \frac{\hbar}{i}\frac{\partial}{\partial x}, \quad p_y \to \frac{\hbar}{i}\frac{\partial}{\partial y} \tag{2}$$

なる置き換えにより，ハミルトニヤン，即ち，**ハミルトン演算子**

$$H = -\frac{\hbar^2}{2m}\left(\frac{\partial^2}{\partial x^2}+\frac{\partial^2}{\partial y^2}\right)+V(x, y) \tag{3}$$

を得る．ここに，$\hbar$ はプランク定数 $h=6.62\times10^{-27}$erg•sec を 2π で割った，$\hbar=\dfrac{h}{2\pi}$ である．ハミルトン演算子 H を演算子 $i\hbar\dfrac{\partial}{\partial t}$ に等しいと置くと，**シュレディンガーの方程式**
ーの方程式

$$i\hbar\frac{\partial\psi}{\partial t} = -\frac{\hbar^2}{2m}\left(\frac{\partial^2\psi}{\partial x^2}+\frac{\partial^2\psi}{\partial y^2}\right)+V(x, y)\psi \tag{4}$$

を得る．なお多変数 x, y, t の関数を，例えば，y, t を定数と見て，変数 x について微分することを，**偏微分**すると云い，上の様に $\dfrac{\partial}{\partial x}$ で表す．(4) の様に，偏導関数の間の関係式で規定される方程式を**偏微分方程式**と云う．

方程式 (4) にて i は虚数単位 $\sqrt{-1}$ であるから，ψ は当然複素数値である．その解 $\psi(x, y, t)\neq0$ を

$$\iint|\psi(x, y, t)|^2 dxdy=1 \tag{5}$$

なる様に**規格化**した時，$|\psi(x, y, t)|^2$ は時刻 t での点 (x, y) における粒子の存在の確率密度を表し，**波動関数**と呼ばれる．

(オイラーの公式)

$$e^{i\theta}=\cos\theta+i\sin\theta \tag{6}$$

によって純虚数に対する指数関数を定義し，これを用いて

$$\psi(x, y, t)=u(x, y)e^{-\frac{iE}{\hbar}t} \tag{7}$$

とおくと，ψ に関する偏微分方程式は u に関する偏微分方程式

$$-\frac{\hbar^2}{2m}\left(\frac{\partial^2 u}{\partial x^2}+\frac{\partial^2 u}{\partial y^2}\right)+V(x, y)u=Eu \tag{8}$$

となる．$u\neq0$ なる解 u が存在する様な定数 E を**固有エネルギー**，　この u を**固有関数**と云う．$\cos^2\theta+\sin^2\theta=1$ が成立するから，(6), (7) より $|\psi|^2=u^2$ であり，規格化された固有関数 $u(x, y)$ も粒子の存在の確率密度関数を与えるので，u を波動関数と呼ぶ人も多い．

我々のポテルシャル V は

$$V(x, y)=\begin{cases} 0, & 0\leqq x\leqq a,\ 0\leqq y\leqq b \\ \infty, & \text{otherwise}\end{cases} \tag{9}$$

で与えられる．条件，$0 \leqq x \leqq a, 0 \leqq y \leqq b$ では $V=0$，より (8) は

$$\frac{\partial^2 u}{\partial x^2}+\frac{\partial^2 u}{\partial y^2}=-k^2 u, \quad k=\frac{\sqrt{2mE}}{\hbar} \tag{10}$$

となる．条件，$(x, y) \notin [0, a] \times [0, b]$ では $V=\infty$，は u に対する**境界条件**

$$u(x, 0)=u(x, b) \equiv 0, \ u(0, y)=u(a, y) \equiv 0 \tag{11}$$

を与える．従って，数学的に表現すれば，固有エネルギー E は偏微分方程式の境界値問題 (10)-(11) の固有値 k に対して

$$E=\frac{\hbar^2 k^2}{2m} \tag{12}$$

で与えられ，波動関数 u は固有値 k に対する正規化された固有関数である．

フーリエの方法　前回と前々回では一次元ポテンシャルが考察の対象であり，方程式 (4) に相当するシュレディンガーの方程式は偏微分方程式であったが，u が満す (10)に相当する式は常微分方程式であった．今度は固有エネルギー E を求める方程式 (10) が偏微分方程式なのが，今回の新たな展開である．

偏微分方程式に対処するには，伝統的な Fourier の方法による．先ず，方程式(10)と境界条件(11)を満す関数 u で変数分離形 $u(x, y)=X(x)Y(y)$ をしているものを見出そう．勿論，$X(x)$ は x だけの関数，$Y(y)$ は y だけの関数である．

$$\frac{\partial^2 u}{\partial x^2}=X''(x)Y(y), \quad \frac{\partial^2 u}{\partial y^2}=X(x)Y''(y) \tag{13}$$

であるから，これらを(10)に代入して移項すると

$$\frac{X''}{X}=-k^2-\frac{Y''}{Y} \tag{14}$$

を得る．(14)の左辺は x だけの関数，右辺は y だけの関数であり，両者が等しいから，定数 c に等しい．三通りの場合がある．

（ア）　$c=0$ の時，関数 $X(x)$ は常微分方程式

$$\frac{d^2 X}{dx^2}=0 \tag{15}$$

の解であるから，1次式であり，$X=c_1 x+c_2$ である．$X(x)$ は更に境界条件

$$X(0)=X(a)=0 \tag{16}$$

を満さねばならぬから，$c_1=c_2=0$，即ち，$X \equiv 0$ である．この時，$u(x, y)=X(x)Y(y) \equiv 0$ は固有関数であり得ない．

（イ） $c>0$ の時，$\alpha=\sqrt{c}$ とおくと，関数 $X(x)$ は常微分方程式

$$\frac{d^2X}{dx^2}-\alpha^2X=0 \tag{17}$$

の解である．指数関数 $X=e^{\rho x}$ が(17)の解である為の必要十分条件は，ρ が特性方程式 $\rho^2-\alpha^2=0$ の根 $\rho=\pm\alpha$ である事である．よって，(17)の一般解は

$$X=c_1e^{-\alpha x}+c_2e^{\alpha x} \tag{18}$$

である．(18)の X が(16)を満す様に，c_1, c_2 を定めると $c_1=c_2=0$ であり，やはりこの場合も，固有関数を与えない．

（ウ） $c<0$ の時，$\alpha=\sqrt{-c}$ とおくと，関数 $X(x)$ は常微分方程式

$$\frac{d^2X}{dx^2}+\alpha^2X=0 \tag{19}$$

の解である．特性方程式 $\rho^2=-\alpha^2$ の根は $\rho=\pm\alpha i$ である．$e^{i\alpha x}, e^{-i\alpha x}$ は(19)の解であるから，その一次結合

$$\frac{e^{i\alpha x}+e^{-i\alpha x}}{2}=\frac{(\cos\alpha x+i\sin\alpha x)+(\cos\alpha x-i\sin\alpha x)}{2}=\cos\alpha x,$$

$$\frac{e^{i\alpha x}-e^{-i\alpha x}}{2i}=\frac{(\cos\alpha x+i\sin\alpha x)-(\cos\alpha x-i\sin\alpha x)}{2i}=\sin\alpha x \tag{20}$$

も(19)の解であり，一般解

$$X=c_1\cos\alpha x+c_2\sin\alpha x \tag{21}$$

を得る．先ず，$0=X(0)=c_1$．次に $0=X(a)=c_2\sin\alpha a$ より $\alpha a=\mu\pi$，即ち

$$\alpha=\frac{\mu\pi}{a}\quad(\mu=1, 2, 3, \cdots) \tag{22}$$

に対する $X=\sin\dfrac{\mu\pi x}{a}$ は確かに，境界条件(16)を満す常微分方程式(19)の解であり，α は境界値問題(19)-(16)の固有値，$X=\sin\dfrac{\mu\pi x}{a}$ は固有関数である．

次に，連れ合いの y の関数 $Y(y)$ を求めよう．(14)より

$$\frac{d^2Y}{dy^2}=-\beta^2Y,\quad \beta=\sqrt{k^2-\alpha^2} \tag{23}$$

が成立する．$Y(y)$ は更に境界条件

$$Y(0)=Y(b)=0 \tag{24}$$

を満さねばならぬ．X に対する考察を参照すると，$k>\alpha$ でしかも

$$\beta=\frac{\nu\pi}{b}\quad(\nu=1, 2, 3, \cdots) \tag{25}$$

の時，固有関数 $Y(y)=\sin\dfrac{\nu\pi y}{b}$ を得る．

(i)**の解答**　以上をまとめると

$$\alpha=\frac{\mu\pi}{a},\ \beta=\frac{\nu\pi}{b}\quad(\nu,\mu=1,2,3,\cdots) \tag{26}$$

の時，(12),(22),(23),(26)より，**固有エネルギーは**

$$E_{\mu,\nu}=\frac{\hbar^2k^2}{2m}=\frac{\hbar^2(\alpha^2+\beta^2)}{2m}=\frac{\hbar^2(b^2\mu^2+a^2\nu^2)\pi^2}{2ma^2b^2} \tag{27}$$

で与えられる．

$$\iint_{\substack{0\leqq x\leqq a\\0\leqq y\leqq b}}\sin^2\frac{\nu\pi x}{a}\sin^2\frac{\mu\pi y}{b}dxdy$$

$$=\int_0^a\frac{1-\cos\frac{2\nu\pi x}{a}}{2}dx\int_0^b\frac{1-\cos\frac{2\mu\pi y}{b}}{2}dy$$

$$=\left[\frac{x-\frac{a\sin\frac{2\nu\pi x}{a}}{2\nu\pi}}{2}\right]_0^a\left[\frac{y-\frac{b\sin\frac{2\mu\pi y}{b}}{2\mu\pi}}{2}\right]_0^b=\frac{ab}{4} \tag{28}$$

であるから，**規格化された波動関数は**

$$\psi_{\mu,\nu}(x,y,t)=u_{\mu,\nu}(x,y)e^{-\frac{iEt}{\hbar}},$$

$$u_{\mu,\nu}(x,y)=\frac{2}{\sqrt{ab}}\sin\frac{\mu\pi x}{a}\sin\frac{\nu\pi y}{b}. \tag{29}$$

(ii)**の解答**　$\mu,\nu\geqq1$ であるから，(27) で与えられるエネルギー準位 $E_{\mu,\nu}$ は $\mu=\nu=1$ の時，最低である．この時の粒子の存在の確率密度は $0\leqq x\leqq a,\ 0\leqq y\leqq b$ にて

$$|\psi_{1,1}(x,y,t)|^2=u_{1,1}{}^2(x,y)=\frac{4}{ab}\sin^2\frac{\pi x}{a}\sin^2\frac{\pi y}{b} \tag{30}$$

であり，その外には存在しない．(30)は $x=\dfrac{a}{2},y=\dfrac{b}{2}$ の時，即ち，長方形の中心 $\left(\dfrac{a}{2},\dfrac{b}{2}\right)$ にて最大値 $\dfrac{4}{ab}$ を取る．次にその量子力学的意味を探ろう．xの期待値，即ち，平均値は部分積分により

$$\mathrm{E}(x)=\iint_{\substack{0\leqq x\leqq a\\0\leqq y\leqq b}}x\frac{4}{ab}\sin^2\frac{\pi x}{a}\sin^2\frac{\pi y}{b}dxdy$$

$$=\frac{2}{a}\int_0^a x\sin^2\frac{\pi x}{a}dx$$

$$=\frac{1}{a}\int_0^a x\left(1-\cos\frac{2\pi x}{a}\right)dx$$

$$=\frac{1}{a}\left[\frac{x^2}{2}\right]_0^a-\frac{1}{a}\int_0^a x\cos\frac{2\pi x}{a}dx$$

$$=\frac{a}{2}-\left[\frac{x\sin\frac{2\pi x}{a}}{2\pi}\right]_0^a+\frac{1}{2\pi}\int_0^a \sin\frac{2\pi x}{a}dx$$

$$=\frac{a}{2}+\frac{1}{2\pi}\left[-\frac{a\cos\frac{2\pi x}{a}}{2\pi}\right]_0^a=\frac{a}{2} \qquad (31).$$

同様にして，$\mathrm{E}(y)=\dfrac{b}{2}$ を得るので，

$$(E(x), E(y))=\left(\frac{a}{2}, \frac{b}{2}\right) \qquad (32).$$

固有エネルギーが最低となる**基底状態**において，粒子の存在確率が一番高い点は平衡状態の点である．これは古典力学と異なる結論である．

(iii)の解答　$a>b$ であるから，$E_{1,1}$ の次に小さい $E_{\mu,\nu}$ の値は $\mu=2, \nu=1$ で指定される固有エネルギー $E_{2,1}$ である．この**第1励起状態**における粒子の存在確率は

$$|\psi_{2,1}(x,y,t)|^2=u_{2,1}{}^2(x,y)=\frac{4}{ab}\sin^2\frac{2\pi x}{a}\sin^2\frac{\pi y}{b} \qquad (33)$$

で与えられる．(33) は $(x,y)=\left(\dfrac{a}{4}, \dfrac{b}{2}\right)$ 又は $\left(\dfrac{3a}{4}, \dfrac{b}{2}\right)$ にて最大となる．$u_{2,1}$ の様に正と負の値を取る波動関数は，符号が変る所で0になり，**節** node をもつと云う．

フーリエ解析　入試問題に対する解答は以上で終るが，境界値問題 (10)-(11) に対する固有値と固有関数をフーリエの方法に基き，変数分離形の関数 $u(x,y)=X(x)Y(y)$ のカテゴリーの中で求めた．視野を広げて別の方法に基けば，更に別の固有値と固有関数が得られるのではないか，との疑問を持たれる読者の数学的感覚は鋭い．秀才を落ち零れにせぬ為，フーリエの方法で全てが尽されている事を解説しよう．

$[-a, a]$ で連続な関数 $f(x)$ に対して，

$$\int_{-a}^a f(x)\cos\frac{\nu\pi x}{a}dx=\int_{-a}^a f(x)\sin\frac{\nu\pi x}{a}dx=0 \quad (\nu=0,1,2,\cdots) \qquad (34)$$

が成立している時，$f(x)\equiv 0$ が成立する事を背理法で示そう．もしも，$f(x)\not\equiv 0$ であれば，点 $\alpha\in[-a,a]$，その δ-近傍，正数 ε があって，$f(x)>\varepsilon$ $\left(x\in\left[\alpha-\dfrac{a\delta}{\pi}, \alpha+\dfrac{a\delta}{\pi}\right]\right)$ が成立しているとしてよい．三角多項式

$$p_n(x)=\left(1+\cos\frac{\pi(x-\alpha)}{a}-\cos\delta\right)^n \tag{35}$$

に対して，条件(34)より

$$\begin{aligned}0&=\int_{-a}^{a}f(x)p_n(x)dx\\&=\int_{\alpha-\frac{a\delta}{\pi}}^{\alpha+\frac{a\delta}{\pi}}f(x)p_n(x)dx+\left(\int_{-a}^{\alpha-\frac{a\delta}{\pi}}+\int_{\alpha+\frac{a\delta}{\pi}}^{a}\right)f(x)p_n(x)dx\end{aligned} \tag{36}$$

が成立し，右辺第１式$\geqq\dfrac{2a\varepsilon\delta}{\pi}$ であるが，右辺第２式$\to 0$ $(n\to\infty)$ であるから，矛盾．かくして，$f(x)\equiv 0$ である．これを**三角関数列の完全性**と云う．

さて，x について周期 $2a$，y について周期 $2b$ の自乗可積分関数 $f(x,y)$ の作る線形空間 L において，内積を次式で定義する：

$$\langle f, g\rangle=\iint_{\substack{-a\leqq x\leqq a\\-b\leqq y\leqq b}} f(x,y)\overline{g(x,y)}\,dxdy. \tag{37}$$

$$s_0(x)=\frac{1}{\sqrt{2a}},\ s_{2\mu-1}(x)=\frac{\cos\mu x}{\sqrt{a}},\ s_{2\mu}(x)=\frac{\sin\mu x}{\sqrt{a}},\ (\mu\geqq 1),$$

$$t_0(y)=\frac{1}{\sqrt{2b}},\ t_{2\nu-1}(y)=\frac{\cos\nu y}{\sqrt{b}},\ t_{2\nu}(y)=\frac{\sin\nu y}{\sqrt{b}}\quad(\nu\geqq 1)$$

とおくと，(28)の様な計算にて，$\{s_\mu(x)t_\nu(y);\ \mu,\nu\geqq 0\}$ は正規直交列，即ち，(37)の意味で内積を定義すると大きさが１で互に直交している事を示す事が出来る．この様な意味で $\{s_\mu(x)t_\nu(y)\ ;\ \mu,\nu\geqq 0\}$ は空間 L において直交座標系を形成する．しかも，$f\in L^2$ と全ての $s_\mu(x)t_\nu(y)$ との内積が０であれば，先程示した三角級数の完全性より $f\equiv 0$ であるから，この座標系は完全で，他に付け加える余地がない．よって，

$$f(x,y)=\sum c_{\mu,\nu}s_\mu(x)t_\nu(y),\ c_{\mu,\nu}=\langle f, s_\mu t_\nu\rangle \tag{38}$$

なる様に三角級数に展開出来る．

固有値問題 (10)–(11) に帰ると，関数 $u(x,y)$ を x,y について，夫々，周期 $2a,2b$ の奇関数である様に拡張する事が出来る．(38)の内積にて余弦に対する積分は，奇関数の積分であり０である．従って $f(x,y)$ は次の正弦級数に展開される：

$$f(x,y)=\sum_{\mu,\nu\geqq 1}A_{\mu,\nu}\sin\frac{\mu\pi x}{a}\sin\frac{\nu\pi y}{b} \tag{39}$$

（話題25の174頁より，式番号を継承しての「**続々九大物質理工・九大名大化学井戸**」．この円周上の電子は**ベンゼン分子の** π **運動**の良いモデル．）

問題 2 の(iii)と問題 3 の解答　ψ が満たす Schrödinger 方程式は(8)である．この 2 次元 Laplacian　Δ を極座標 $x=r\cos\theta, y=r\sin\theta$ を用いて表すと，

$$\Delta=\frac{\partial^2}{\partial x^2}+\frac{\partial^2}{\partial y^2}=\frac{\partial^2}{\partial r^2}+\frac{1}{r}\frac{\partial}{\partial r}+\frac{1}{r^2}\frac{\partial^2}{\partial \theta^2}. \tag{44}$$

我々の電子は円周 $r=a$ 上に束縛され，$r\fallingdotseq a$ の時 $\psi=0$ で ψ は θ の周期 2π の関数である．$r=a$ の時 $V=0$ を(44)に代入すると(42)を得る．簡単の為，

$$n=\frac{\sqrt{2mE_n}}{\hbar}a,\quad E_n=\frac{n^2\hbar^2}{2ma^2} \tag{45}$$

と置く．指数関数 $\psi=e^{\zeta\theta}$ が(42)の解である為の必要十分条件は $\zeta=\pm ni$．解 $\psi=e^{\pm ni\theta}$ が θ の周期 2π の関数である為の必要十分条件は n が整数．エネルギー順位(45)の第二式の規格化された波動関数は

$$E_n=\frac{n^2\hbar^2}{2ma^2},\quad \psi_n(\theta)=\frac{e^{ni\theta}}{\sqrt{2\pi}}\quad (n=0,\pm1,\pm2,\cdots). \tag{46}$$

古典力学の角運動量 $\ell=xp_y-yp_x$ に 2 次元の(13)で，角運動量演算子

$$\ell=\frac{\hbar}{i}\left(x\frac{\partial}{\partial y}-y\frac{\partial}{\partial x}\right) \tag{47}$$

に変身させ，極座標での偏微分公式

$$\frac{\partial}{\partial x}=\cos\theta\frac{\partial}{\partial r}-\frac{\sin\theta}{r}\frac{\partial}{\partial\theta},\quad \frac{\partial}{\partial y}=\sin\theta\frac{\partial}{\partial r}+\frac{\cos\theta}{r}\frac{\partial}{\partial\theta} \tag{48}$$

を代入し，$r=a$ に束縛すれば，θ に関する偏微分は常微分の

$$\ell=\frac{\hbar}{i}\frac{d}{d\theta}. \tag{49}$$

求める角運動量 ℓ の期待値は，次の様に θ に関する常微分演算子 ℓ を左から ψ^*，右から ψ で挟んで微分演算を行うのが，量子力学，量子化学の作法で，

$$E(\ell)=\int_0^{2\pi}\psi^*\ell\psi d\theta=\int_0^{2\pi}\frac{e^{-ni\theta}}{\sqrt{2\pi}}\frac{\hbar}{i}\frac{d}{d\theta}\frac{e^{ni\theta}}{\sqrt{2\pi}}d\theta=\int_0^{2\pi}\frac{e^{-ni\theta}}{\sqrt{2\pi}}\frac{n\hbar e^{ni\theta}}{\sqrt{2\pi}}d\theta=n\hbar. \tag{50}$$

出題校別索引

例えば，北海道大学の次にある数字７の様に，大学名の次の数字は問題文掲載頁を意味する．数字が重複する場合は，重複度に応じての数の問題が掲載されている事を意味する．重複度だけ，そのテーマが重複大学に重視されている事を意味する．大学名は慣例に従い，北から南，東から西の順とする．

索　引

さ行

た行

な行

は行

ま行

や行

ら行

わ行

著者紹介：

梶原　壌二（かじわら・じょうじ）

1934年長崎県に生まれる．1956年九州大学理学部数学科卒
九州大学名誉教授
理学博士

専攻　多変数関数論　無限次元複素解析学

主著　複素関数論（森北出版）
解析学序説（森北出版）
関数論入門——複素変数の微分積分学，微分方程式入門（森北出版）
大学テキスト関数論，詳解関数論演習（小松勇作と共著）（共立出版）
新修線形代数，新修解析学，大学院入試問題演習——解析学講話，大学院入試問題解説——理学・工学への数学の応用，新修応用解析学，新修文系・生物系数学，Macintosh などによるパソコン入門 Mathematica と Theorist での大学院入試への挑戦，Elite 数学（現代数学社）

復刻版　大学院への解析学演習

2021年12月21日　　初版第1刷発行

著　者　　梶原壌二

発行者　　富田　淳

発行所　　株式会社　現代数学社

〒606-8425
京都市左京区鹿ヶ谷西寺ノ前町1
TEL 075（751）0727　FAX 075（744）0906
https://www.gensu.co.jp/

装　幀　　中西真一（株式会社 CANVAS）

印刷・製本　　有限会社ニシダ印刷製本

ISBN978-4-7687-0573-5　　2021 Printed in Japan